权威·前沿·原创

皮书系列为
“十二五”“十三五”国家重点图书出版规划项目

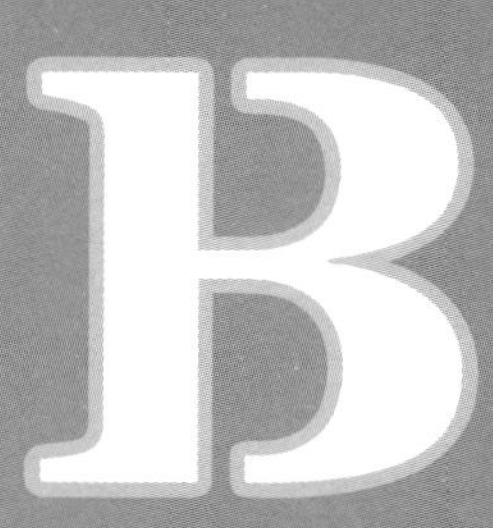

BLUE BOOK

智库成果出版与传播平台

北京科普发展报告(2019~2020)

ANNUAL REPORT ON BEIJING SCIENCE POPULARIZATION DEVELOPMENT(2019-2020)

北京市科技传播中心／研创
主　编／高　畅　孙　勇　李　群
副主编／邓爱华　王　伟　郝　琴　刘　涛

社会科学文献出版社
SOCIAL SCIENCES ACADEMIC PRESS (CHINA)

图书在版编目（CIP）数据

北京科普发展报告.2019－2020／高畅，孙勇，李群主编．－－北京：社会科学文献出版社，2020.7
（北京科普蓝皮书）
ISBN 978－7－5201－6989－9

Ⅰ.①北… Ⅱ.①高… ②孙… ③李… Ⅲ.①科学普及－研究报告－北京－2019－2020 Ⅳ.①N4

中国版本图书馆CIP数据核字(2020)第137738号

北京科普蓝皮书
北京科普发展报告（2019～2020）

主　　编／高　畅　孙　勇　李　群
副主编／邓爱华　王　伟　郝　琴　刘　涛

出版人／谢寿光
组稿编辑／周　丽
责任编辑／张丽丽
文稿编辑／杨鑫磊

出　　版／社会科学文献出版社·城市和绿色发展分社（010）59367143
地址：北京市北三环中路甲29号院华龙大厦　邮编：100029
网址：www.ssap.com.cn
发　　行／市场营销中心（010）59367081　59367083
印　　装／天津千鹤文化传播有限公司

规　　格／开　本：787mm×1092mm　1/16
印　张：21.25　字　数：317千字
版　　次／2020年7月第1版　2020年7月第1次印刷
书　　号／ISBN 978－7－5201－6989－9
定　　价／148.00元

北京科普蓝皮书编委会

主要编撰者简介

高　畅　法学博士，应用经济学博士后。北京市科技传播中心副主任，副研究员。主要研究方向为科技政策与创新战略、科技传播与普及等。主持或参与国家社科基金项目、国家科技支撑计划项目、北京市科技计划项目等50余项，在EI/ISTP、中文核心期刊及其他学术期刊发表论文33篇，作为主要著作人出版书籍21部，获得各类奖项5项。

孙　勇　北京市科技传播中心副主任（主持工作），副研究员。主要研究方向为科技传播与普及。主持或参与北京市各类科技项目30余项，发表论文10余篇。

李　群　应用经济学博士后，中国社会科学院数量经济与技术经济研究所综合室主任、研究员、博士研究生导师、博士后合作导师。主要研究方向为经济预测与评价、人力资源与经济发展、科普评价。科技部、中组部、原人事部、全国妇联、全国总工会、北京市科委等部门有关领域的咨询专家，中国博士后科学基金评审专家，国家社科基金重大项目评审专家，北京市自然科学基金、科普专项基金评审专家。主持国家社科基金项目、国家软科学项目、中国社会科学院重大国情调研项目等课题6项，主持省部级课题29项。

摘　要

本书总报告对2019年北京科普事业发展成就进行归纳，通过构建北京科普发展评价指标体系，测算得到2017年北京科普发展指数为4.81，较2016年降低了0.27。北京科普事业由高速增长转为中高速增长，但北京科普发展整体向好趋势没有改变，其中科普传媒特别是新型媒体发展为北京科普事业发展提供了较大动力，“东西朝海”四区是北京科普发展的主引擎。供给侧篇，深入研究了北京市科普公共服务能力，从人员、场地、经费、传媒、活动、创新创业六个方面分析了北京市科普供给的发展，指出北京科技资源丰富，科普供给无论是在数量上还是在层次上都处于全国领先地位，但仍存在科普供给和需求之间不协调、科普需求得不到满足等问题。同时，从青少年科技后备人才培养、防范化解重大风险和加强大数据技术应用三个方面，对北京增强科普服务供给能力提出了对策建议。“大科普”篇，探究了“大科普”的含义，指出“大科普”对应的是融合科普的概念，讨论的是科普融合发展的问题；从哲学社会科学普及的重要性出发，结合北京科创中心与文化中心建设，探索北京引领全国哲学社会科学普及工作的路径，力图扭转长期以来科普工作重心在自然科学与技术方面的现状；同时，总结了科普新媒体在新业态下的新特征，分析了京津冀地区文化产业和科技事业融合发展的现状。国际化篇，分析了北京科普产业“引进来”与“走出去”的现状，指出目前北京与国外在科普方面的交流活动次数逐年递增，但形式和内容较为单一，科普图书版权引进多、原创出版少，科普产业国际资本合作体量小，科普合作形式较为简单，即北京科普产业在国际化方面以“内向化”即引进为主，并从加快培育北京科普品牌、推进北京“三城一区”建设两个方面入手，提出提升科普国际影响力的路径。案例篇，研究了科技的发展与普及对文物保护修复的重要价值，分析了科普在抗击新冠肺炎疫情中的重要作用，指出要在科普发展中积极发挥区块链的重要作用。区域篇，选取北京市海淀区、西城区和朝阳区三个区域，细致分析了它们的科普活动发展特色，以期为其他地区科普发展提供借鉴。

关键词： 科普产业　“大科普”　科普国际化

目　录

Ⅰ　总报告

B.1　北京科普事业发展报告（2019～2020）

……………………　李　群　孙　勇　高　畅　邓爱华　刘　涛 / 001

一　引言 …………………………………………………………… / 002

二　北京科普能力建设进展情况 ………………………………… / 002

三　北京科普综合评价及科普发展指数测算 …………………… / 016

四　2020年北京科普事业发展展望 ……………………………… / 027

五　促进北京科普事业发展的对策建议 ………………………… / 032

Ⅱ　供给侧篇

B.2　北京市科普公共服务能力研究……………………………… 邱成利 / 038

B.3　北京市科普高质量供给研究……………………… 孙文静　高　畅 / 051

B.4　北京青少年科技俱乐部科技英才早期发现与培养的探索与实践

……………………………………………… 朱广清　周　琳　阎　芳 / 064

B.5 北京防范化解重大风险科普服务供给能力研究………… 王　伟 / 075
B.6 大数据时代科普供给侧改革
——“智能+”北京科普供给模式研究 …… 毕　然　孙　勇 / 085

Ⅲ　“大科普”篇

B.7 北京推进“大科普”的理念研究………………………… 牛桂芹 / 102
B.8 推进北京哲学社会科学普及研究………………………… 刘　涛 / 133
B.9 北京“大科普”新媒体新业态新发展研究
…………………………… 刘基伟　闵素芹　周一杨　曲　文 / 142
B.10 京津冀文化与科技融合发展现状与趋势 …… 侯昱薇　李　茂 / 159

Ⅳ　国际化篇

B.11 北京科普产业双向国际化发展研究 ………… 司海平　高　畅 / 169
B.12 打造北京科普品牌，提升中国科普国际影响力
…………………………………………………… 李恩极　郝　琴 / 184
B.13 北京“三城一区”建设引领中国科普走向国际化路径研究
………………………………………………………… 祖宏迪 / 197

Ⅴ　案例篇

B.14 科技支撑的文物保护修复新理念与技术进步研究 …… 许文婕 / 208
B.15 科学助力，共同抗疫
——基于京津冀疫情分布地图查询系统以及每日疫情时空分析
………………………… 毛维娜　于怡鑫　童爱香　苗润莲 / 220
B.16 发挥区块链在科普工作中的重要作用
…………………………………… 李　群　李　晔　陈奕延 / 230

Ⅵ 区域篇

B.17 海淀区科普多样化精品化可持续发展分析
…………………………… 周学政 毛维娜 张洪源 刘玲丽 / 241
B.18 西城区构建精细化管理矩阵 引领科普服务供给侧改革
…………………………………………… 毛维娜 李 鹏 孙艳艳 / 260
B.19 朝阳区：典型性、示范性项目驱动科普服务能力提升
…………………………………………… 苗润莲 邢 杰 李 梅 / 274

附 录 ………………………………………………………………………… / 293

Abstract ………………………………………………………………………… / 306
Contents ………………………………………………………………………… / 308

皮书数据库阅读使用指南

总 报 告

General Report

B.1

北京科普事业发展报告（2019～2020）

李 群　孙 勇　高 畅　邓爱华　刘 涛*

摘　要： 本报告对2019年北京科普事业发展成就进行归纳；通过测算，指出2017年北京科普发展指数为4.81，较2016年降低了0.27，北京科普事业由高速增长转为中高速增长，整体向好的发展趋势没有改变，其中科普传媒，特别是新型媒体发展为北京科普事业提供了较大动力，“东西朝海”四区是北京科普发展的主引擎；从开展特色科普活动、加强重点人群

* 李群，应用经济学博士后，中国社会科学院基础研究学者，中国社会科学院数量经济与技术经济研究所研究员、博士研究生导师、博士后合作导师，主要研究方向为经济预测与评价、人力资源与经济发展、科普评价；孙勇，副研究员，北京市科技传播中心副主任（主持工作），主要研究方向为科技传播与普及、科技创新政策；高畅，法学博士，应用经济学博士后，北京市科技传播中心副主任，副研究员，主要研究方向为科技政策与创新战略、科技传播与普及等；邓爱华，副研究员，北京市科技传播中心发展研究部主任，主要研究方向为科技传播与普及；刘涛，博士，河北科技大学信息管理系，主要研究方向为经济预测与评价、科技产业政策。

科普和科普开放合作几个方面提出建议。本报告围绕建设全国科技创新中心的重大任务，对一年来北京科普事业发展的最新趋势进行总结，为北京科普工作进一步发展提供了有益的材料。

关键词： 科普事业 公民科学素质 科普综合评价

一 引言

全国科技创新中心是国家创新驱动战略下党中央赋予北京的全新战略定位。北京作为全国科普资源最为丰富的地区，有责任服务于国家战略，发挥优质科普资源优势，在全国科技创新中心建设过程中进一步发挥引领作用。本报告旨在围绕2020年全国科技创新中心建设确定的目标，即初步成为具有全球影响力的科技创新中心，对一年来北京科普事业发展的最新趋势进行总结，为北京科普工作的进一步发展提供参考意见。

本报告分为四部分：首先，对近年来北京科普组织管理和资源建设的突出亮点进行归纳；其次，结合近年来北京和全国科普统计数据，计算北京科普发展指数并进行分析；再次，结合北京建设全国科技创新中心，对2020年科普重点任务进行解读；最后，从开展特色科普活动、加强重点人群科普和科普开放合作几个方面提出建议。

二 北京科普能力建设进展情况

（一）科普基础能力显著增强

2019年，北京市坚持以习近平新时代中国特色社会主义思想为指导，深入贯彻党的十九大和十九届二中、三中、四中全会精神，按照《“十三五”国家科普与创新文化建设规划》《北京市“十三五”时期科普发展规划》《北京市全民科学素质行动计划纲要实施方案》等要求，由市科技部门牵头、市科普工作联席会议成员单位和各区协同推进、社会组织共同参与，加强科普能力建设，提升公民科学素质，积极发挥科学普及作为创新发展“两翼”之一的基础工程作用，为北京建设具有全球影响力的科技创新中心和国际一流和谐宜居之都营造了良好的创新文化环境。

北京继续坚持科普工作联席会议制度，联席成员单位在规划、指导、组织、协调等方面发挥了重要作用。各成员单位、各区充分利用自身的优势资源，通过规划指导、政策支持、平台搭建、资金扶持等方式，有效带动社会各界参与科普工作；紧密结合本部门、本区的工作职能，凝聚了一批行业领域的科普人才，打造了一批知名度较高的科普品牌，组织开展了群众性、社会性的科普宣传和科普活动，营造了尊重知识、崇尚科学、鼓励创新的良好社会氛围，协同推进首都科普事业不断创新发展。

1. 科普人才队伍发展壮大

随着科普事业蓬勃发展、政策环境不断优化，更多的人投身科普工作，北京市高素质、多层次、跨领域、专兼职结合的科普人才队伍逐渐形成。据统计，2018 年北京地区科普人员总数为 6.13 万人，较 2017 年增加 1.03 万人，主要是科普兼职人员增加了 9800 人。每万人口拥有科普人员 28.46 人。其中，科普专职人员有 0.849 万人，占科普人员总数的 13.85%；科普兼职人员有 5.28 万人，占科普人员总数的 86.13%。专职科普创作人员有 1535 人，占科普专职人员总数的 18.08%；专职科普讲解人员有 1874 人，占专职科普人员总数的 22.07%。兼职科普人员年度实际投入工作量为 5.18 万人月。注册科普志愿者有 2.73 万人。

2. 科普基础设施不断完善

北京市命名市级科普基地 419 家，其中教育基地 358 家、培训基地 10 家、传媒基地 33 家、研发基地 18 家。建成中小学校科学探索实验室 102 座，将科技创新与学校课程相结合，激发了中小学生的科学兴趣，增强了创新实践能力，为科技创新中心建设奠定了坚实的后备人才基础。建成社区科普体验厅 107 座，实施社区科技互动展示项目 1000 余项，促进了科技资源、科技成果和科普活动向基层延伸扩散，增强了百姓对科技发展的幸福感。

3. 科普影视、图书期刊精品不断涌现

北京市科学技术委员会与北京电视台科教频道合作制作播出的《北京七十年科学瞬间》专题节目，带领观众回顾了新中国成立以来特别是北京科技创新发展的历史瞬间、成就。市应急管理局、市教育委员会联合制作的中小学公共安全教育特别节目《公共安全开学第一课》在北京电视台播出，开展交通安全、消防安全、水域安全和防拐骗四类安全知识科普。市卫生健康委员会与北京电视台《健康北京》栏目合作拍摄了科普专家访谈节目 86 期，策划专题节目 25 个，推荐健康科普专家 106 位。

市体育局与北京体育广播合作制作播出《1025 动生活》和《界内界外》两档科普广播节目，围绕 2022 年冬奥会和冬残奥会筹办等主题，结合日常健康运动科普热点，全年累计播出 360 余期，节目总时长超过 500 小时。北京电台新闻广播、城市广播、外语广播等齐发声，播报贴近生活、贴近群众的科学知识和科技新闻。

科普图书原创水平提升，涌现了《身边事物简史丛书》《打捞遗失的繁星》《化学入门科普绘本：阳光的故事》《大开眼界——总动员》等科普丛书及 AR 数字内容等一批科普图书精品。市科学技术委员会支持的《“向太空进发”中国载人航天科学绘本系列》入选中宣部 2019 年主题出版重点出版物。北京地区累计入围全国优秀科普作品 185 部，占全国总量的 53%。

平面媒体广泛开展科普宣传，成为科普资讯、科普知识的权威发布平台。各成员单位、各区利用报纸、期刊传播科普知识，倡导科学理念，推广科学技术的应用，培养了公众科普阅读的习惯。

（二）科普主体进一步强化

1. 科普主体服务能力持续增强

北京从事科普产品研发、科普展览展示、科技传播等方面的科普机构数量不断增加，基础设施水平不断提升，服务规模不断扩大，服务质量不断提高。北京科普基地联盟、北京科普资源联盟等科普组织表现活跃，通过科普培训、科普宣传、科普资源对接等方式，面向社会开展科普服务。北京科学中心形成“三位一体”建设体系，让公众得以接触前沿科技和体验科研探索活动；还研发了展线课程，至今已面向47所中小学校讲授1486场课程，直接参与人数超过2.8万人次。由中国科普研究所、中国科普作家协会、北京市科普文化促进会等24家科研院所、科技类企事业单位、社会团体共同发起的科普研学联盟举办了第二届中国科普研学论坛暨科普研学联盟年会，围绕“科普研学发展的融合与创新”主题，进行了科普研学工作的交流探讨，推动了科普研学领域的发展。

2. 高校科研院所开放力度加大

北京地区的高校院所、企事业单位、重点实验室、工程（技术）研究中心等创新主体通过开放日、展览展会、特色活动等多种形式，在普及科学知识、推广科技成果、服务科普需求等方面发挥了重要作用。在由中国科学院北京分院举办的首届科普展教品DIY大赛暨中国科学院第二届科学节中，中国科学院北京分院系统12家单位创作了20个科普教具、科普展品、VR科普演示等科普作品，开展了科普手拉手进校园、科普秀、走进重点实验室等科普活动，以科普为窗口，展示了中国科学院的科技创新能力，弘扬了中国科学院的科学精神。北京市科学技术研究院（下文简称“北科院”）举办了首届“北科院科技周”，设立了学术交流、实验室开放和科学普及三个板块。北科院的9个市级重点实验室和3个工程（技术）研究中心向社会开放，共开展活动40余场，参与人数超过3万人次，拉近了公众与研究机构的距离，让公众深入了解科学知识、感受科研过程、体验科技成果，增进对科技创新的理解并增强了获得感。由市委宣传部、市国资委、市文化和旅游局、市总工会、团市委和市妇联等部门联合主办的第四届“首都国企开放日”组织了48家企业，开放了126条参观线路，搭建了国企与公众的沟通桥梁，展示了新时代国企科技成果，弘扬了工匠精神和创新精神。

3. 积极推动科技资源科普化

北京地区的高校、科研院所、高新企业等积极推动科技成果科普化，将中国天眼“FAST”、智能驾驶、语音识别等高端科技资源和高精尖科技成果开发、转化为生动、形象的科普化展品。“FAST在眼前”科普互动展品采用混合现实技术，结合万维望远镜互动平台，以500米口径球面射电望远镜工程建设、技术特点、科学目标为核心，形成互动式天文科普展示系统。航母舰载机起飞与降落交互体验系统、中医养生智能系统等科普展项在2019年北京科技周主场亮相，广受欢迎。其中，航母舰载机起飞与降落交互体验系统，整体开发以航母舰载机实物为原型，融入知识性、趣味性、互动性，注重体验者的感受，通过触摸屏与三维动画同步配合实物展品的演示，让公众了解了航母舰载机具有的高科技含量和重要性。

（三）科普新传媒建设全面铺开

充分利用以“两微一端”为代表的新媒体在科普传播中的影响力，探索大数据平台、App等科普传播新渠道，将科普资源快速、精准地送达科普受众。科普联席会议各成员单位和各区积极打造融媒体科普传播格局，加强与电视、广播、平面等媒体的深度合作，充分激发了传统媒体的科普活力。

1. “两微一端”新媒体传播力度增大

市科委“科普北京”微信公众号聚焦高精尖科技领域，关注国内外的前沿科学以及重大科技创新进展，并以科普化视角和解读方式，为社会公众提供权威、科学、准确的科普信息内容和资讯，打造有料、有趣、有思想的科普新媒体平台，全年发布文章500余篇，配图4300余张，阅读量达25万余次。市科委“全国科技创新中心网络服务平台”上线试运行后，着力宣传全国科技创新中心的建设成果，累计访问量超20万人次，访客覆盖全国各个省级行政区，得到26个国家用户的关注。

市生态环境局的“京环之声”微信公众号开设科普专栏，围绕应对气候变化、夏季臭氧污染、低碳生活、扬尘治理等广泛开展生态环境保护和生态文明建设科普宣传，在世界地球日当天开展“助力蓝天环保行”微博大V行活动，通过京环之声、达人等微博平台推送环保科普文章，并通过大V账号进行广泛传播。市文物局上线“北京市博物馆大数据平台”公众服务客户端，打通了文物行政主管部门、博物馆和公众之间的信息获取通道，实现30家博物馆3万余件藏品公开，把科学文化带进千家万户。市应急管理局利用“北京应急”“应急知事”微信公众号，“北京应急”微博平台与“北京市应急管理局”官方网站，传递官方消息，普及应急管理知识。市农业农村局通过“施肥宝”手机App，建立了土肥技术专家咨询系统和土肥技术精准高效推送服务系统，打造了易懂易用的“互联网+土肥技术”一站式服务平台，加速了土肥科学技术全面普及。

2. 科普微视频创作日益活跃

在移动互联网和数字化时代，微视频成为新媒体日益发展和短阅读成为潮流环境下的创新尝试。科普微视频以大众喜闻乐见、简便易行的形式开拓了科普新天地。DOU知短视频科普知识大赛围绕科学知识、科学实验、科学考察、科研成果四大主题，涉及天文、地理、生物、物理、化学等各自然学科，共收到1078件作品，大赛作品累计播放量超过3.8亿次。北京地区累计入围全国优秀科普微视频作品107部，占全国总量的46%。北京地区出版科普（技）音像制品近350种，光盘发行总量为160余万张。

（四）科普服务科创中心建设的作用日益凸显

1. 科普提升城市应急管理能力

北京市通过开展各类应急科普工作，增强了城市应对突发公共事件的能力。市应急管理局组织的“北京市应急管理宣讲团”走进基层，开展政策法规、安全与应急知识、典型榜样、事故警示等方面的巡回宣讲，围绕“防风险、除隐患、遏事故”，开展了一系列贴近职工和社会公众的科普服务活动，推动安全生产科普宣传进企业、进学校、进机关、进社区、进农村、进家庭、进公共场所。市红十字会推进应急救护培训工作系统化、多样化、规范化建设，通过常规课程、演练展示、救护教育视频公共宣传，以自主组织或依托政府活动等形式，向市民宣传、普及应急救护知识和技能，加强了社会急救力量，进一步提高了处置突发灾难事故的能力，提升了人民群众的健康生活水平。市地震局开展了地震应急科普宣传工作，加强对地震事件的信息发布、应急和处置，及时回应社会和公众的关切，并辅以科普解读，举办各类防灾减灾科普宣传活动，全方位提升全民防震减灾科学素质。市气象局重点围绕世界气象日、防灾减灾日、全国科技周、全国科普日以及汛期等科普关键节点，通过开放科普基地、气象台站，举办各类展览、知识竞赛、讲座以及科普进基层活动，向公众传播、普及气象防灾减灾、应对气候变化等科学知识。通过各类应急科普，加强城市运行保障和筑牢百姓生命财产安全防线。

2. 科普服务惠及百姓民生

基层社区是科普工作落地、贴近百姓民生的最佳接合点，各成员单位、各区积极开展社区科普工作，将科技前沿且贴近民生的优质科普资源引入社区，丰富了社区科普的宣传方式和体验，为百姓提供了有特色、实用性的科普服务。例如，市科委支持街道、社区建设科普体验厅，将科技成果带到居民身边，让他们感受到科技让生活更美好。东城区北新桥街道于科技周期间在 12 个社区举办了中医院文化节科普活动。朝阳门街道将“人工智能与新技术”讲座带进社区。西城区金融街街道多年来通过打造“智慧生活科学馆”，推出科技手工制作、乐高机器人、少年软笔书法、科学英语等活动，提高了辖区居民的幸福指数。怀柔区开展“科普社区行，共建文明城”活动，向居民普及绿色低碳、安全健康、应急避险等理论和知识，加强居民应用科学知识解决实际问题、参与公共事务的能力，促进全区形成科学文明健康的生活方式。平谷区以社区科普大学为龙头，与居民生活相结合，开展了垃圾分类、手工 DIY、消防演习等多种科普活动，不断提高社区居民的科学素质。

3. 京津冀科普融合发展

京津冀三地组织相关单位推出包括京津冀灶王民俗文化展、京津冀古代建筑文化展、西周燕都遗址博物馆“燕国达人”研学等展览及活动，促进京津冀科学文化资源共享、全面合作、深度交流。北京市公园管理中心主办的“京津冀园林科普行”已举办四届，该活动与天津、河北的园林、教育单位合作，围绕生态文明教育，有效地传播了中国园林历史文化、现代园林科技，促进了三地园林行业的交流。2019年北京市公园管理中心所属10家单位的30余项优秀科普课程和科普项目走进承德市的博物馆、学校，为当地居民及青少年带来了园林文化体验、动植物保护、生物多样性保护、古树文化等科普内容和互动体验活动。

4. 国际科普交流合作密切

通过举办北京国际科技传播交流周，组织北京中外科技馆馆长对话会、北京国际科学节圆桌会议、北京国际科技电影展和世界科普展示等交流活动，北京科普工作积极融入全球创新网络，国际影响力持续提升。北科院通过开展“北科院科普走出去”系列活动，与沿线国家和地区开展科学文化交流，推进了北京与国际博物馆、知名学府和研究机构等在科普工作方面的战略合作，为科学研究、展览交流、藏品交换等提供了支撑。由中国科学技术交流中心、中国科协青少年科技中心、中国宋庆龄青少年科技文化交流中心、北京国际科技服务中心共同主办的“一带一路”科普交流周活动在2019年北京科技周期间同步举办，有来自瑞典、捷克、韩国、泰国、马来西亚、德国、挪威、波兰、新加坡、俄罗斯、英国、奥地利、爱沙尼亚共13个国家的科普场馆、科研机构、科学中心代表参加，通过“科学艺术”“趣味科学”“魔法化学”“奇妙物理”四个方面的内容，面向公众开展了科普报告、科普展演等互动交流活动。市公园管理中心与英国孔子学院合作开展了中国园林文化与科普交流项目，如与班戈大学孔子学院合作举办了“中国花园日”活动，以及“中国古典园林文化”主题讲座，并在英国当地小学开展神乐署雅乐文化体验和“中国特有珍稀植物”科普互动活动，推动了北京与英国孔子学院在中国园林文化传播、中国动植物研究与科学普及、公众教育人才培养等领域的合作。

（五）特色活动影响力进一步增强

1. 大型科普活动示范带动作用明显

2019年北京科技周主场通过“规划引领”“建设成就”“美好生活”“科普惠民”四个篇章，展示了人工智能、集成电路、航空航天、智能装备、前沿新材料等领域的科技创新成果、科普展项和互动体验产品共280余个项目，8 天共吸引 12 万人次现场参观体验。还举办了“科学之夜”活动，为公众带来了科普会演、科学实验、科学沙龙等多项充满科学性、趣味性、互动性的科普活动和亲子体验。科技周期间，各成员单位、各区举办了科普游园、科普讲堂、科普大赛等丰富多彩、形式多样的品牌活动，通过丰富多彩的科普活动和新鲜有趣的科普体验，增强了公众对科学发展和科技创新的关注、参与和支持。

2019 年全国科普日活动主要由全国科普日北京主场、“首都科普”联合行动和基层科普联合行动组成，同年还组织了第九届北京科学嘉年华、京津冀科学教育馆联盟成立活动、北京科学中心科普系列活动、京津冀科普资源推介活动、北京科学教育馆科学传播大赛等活动，开展基层科普活动 1000 余项，公众参与达 24 万人次。其中，全国科普日北京主场暨第九届北京科学嘉年华在北京科学中心举行，共有 372 项科学互动体验项目让观众近距离感受科技的魅力。

2019 年国庆节期间，北京市举办了“普天同庆 · 共筑中国梦”国庆游园活动，重点在北京 10 座公园布置了特色展览，多角度呈现了新中国成立 70 年来取得的伟大成就。如海淀公园主打“科技”主题，展现了我国建设世界科技强国的宏伟蓝图，让公众在游园中了解我国科技发展取得的硕果。

2019 年中国北京世界园艺博览会共有来自全球五大洲的 86 个国家和 24 个国际组织，以及中国各省级行政区的花卉园艺同台亮相，开展了园艺科普讲座、科普手作活动、科普体验、科普游戏等，让游客感受到现代园艺科技为人们生活增添的美丽色彩。

2. 行业领域科普活动各具特色

北京市科普工作联席会议成员单位结合自身的工作内容，组织开展了丰富多彩的科普活动。北京市科委支持科技日报社举办的“全国中小学生创 · 造大赛”成为教育部认可的 2019 年度全国性竞赛活动；市委组织部将科普工作纳入干部教育培训整体设计，综合运用主体班学习、专题培训、境外培训和在线学习等多种方式，重点加强对领导干部科学思想、科学精神的培养，帮助领导干部提升科学决策、科学管理能力；市委宣传部、首都文明办通过“北京榜样”“百姓宣讲”等品牌活动以及市属新闻媒体，多角度展现一线科技工作者爱岗敬业、勇于创新、无私奉献的精神风貌和独特贡献，促进城市文明程度不断提升；北京市发展改革委开展北京市中小学生节能和资源循环利用实践教育基地公益部分改造项目，通过“小手拉大手”效应，增强全社会节能环保、循环经济意识；北京市教委推动科技教育活动在北京各个城区、学校中蓬勃开展，举办了北京市中小学生科学传播大赛、科学建议奖评选活动、北京市中小学生科技创客活动、北京市学生科技挑战营活动等，切实提升了中小学生的科学素质；市经济和信息化局作为“2019 年世界机器人大会”承办单位之一，通过举办一系列特色活动全方位推动了机器人产业生态体系建设，拓展了公众对机器人技术认知的深度。

北京市公安局组织开展了科技活动周、110 宣传日、首都网络安全日、禁毒宣传月、反电信诈骗日、出入境政策宣传以及“警企共创、汇智引流”技术论坛等内容丰富的活动，科普工作取得了良好效果。市委社会工委、市民政局宣传推广社会建设和民政方面的先进经验和先进典型，彰显民政工作在创新社会治理、服务民生保障等方面的作用。北京市司法局将宪法学习宣传放在首要位置，聚焦领导干部和青少年两个重点对象，关注公共空间和公共媒体两个主要阵地，不断扩大宪法宣传的覆盖面、提升精准度、加强渗透力。北京市财政局大力支持科普工作，为全市举办科普活动、建设科普设施、研发科普产品提供了经费保障。北京市人力社保局拓展科普职业发展通道，为科普事业提供有力的人才支撑。北京市规划和自然资源委员会以开展第 50 个世界地球日主题宣传活动为科普主要载体，围绕“珍爱美丽地球守护自然资源”的主题，组织各单位开展了多种形式的科普宣传活动，增强社会公众爱护家园和保护自然的意识。北京市生态环境局组织展厅、环保设施向公众开放，开展了生态环境教育进课堂、“绿色用车环保出行”科普展、“绿色宣讲”、“北京生态环境文化周”等丰富多彩的活动，推动生态环境领域的公众科学素质的提升。

北京市城市管理委员会围绕垃圾分类、燃气安全、节能、城市精细化管理、景观布置、背街小巷整治、充电桩建设等工作，从公众的科普需求出

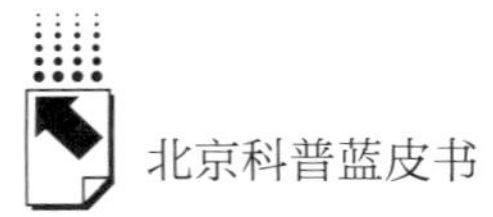

发，有针对性地开展了城市管理相关科普工作，增强公众参与城市管理的意识和责任感。北京市农业农村局与故宫博物院联合开展了“观鱼知乐——宫廷金鱼文化与故宫博物院藏金鱼题材文物联展”活动，组织了鲜食玉米节、珍稀水生野生动物科普互动展等特色科普活动，通过手机 App、微信公众号等多渠道、多角度宣传农业科普知识。北京市商务局着力培育绿色消费、低碳消费意识，举办以“品质生活绿色出行”为主题的新能源汽车促销节活动，对新能源汽车的购车政策、性能、日常保养、使用便利性、未来展望等方面进行宣传与解读，引导消费者自觉践行绿色出行。北京市文化和旅游局依托首都图书馆组织各类文化展览、报告、讲座、读书活动，联合市科委开展第四届“京津冀科普旅游”宣传活动。北京市文物局深入挖掘文物蕴含的科学内涵，依托博物馆开展科普教育宣传活动，围绕“国际博物馆日”“文化和自然遗产日”开展特色科普活动，全面提升市民的历史文化修养和科学素质。北京市卫生健康委组织开展“2019 健康北京行动周”，举办社区健康风采文艺作品展演、全市健康素养技能大赛等活动，围绕“健康北京行动”“流感防控”“电子烟”“灭蚊防病”等重点内容开展科普知识宣传，出版发行科普书籍《身边健康那点事儿》，利用各类传统媒体与新媒体广泛进行健康科普知识传播，全面促进公众健康素养的提升。

北京市广播电视局充分利用北京电视台的《养生堂》和《我是大医生》的国内名牌栏目优势，向公众传播具有实用性、科学性、权威性的科学知识。北京市体育局着力普及体育科学知识，加大对科学健身的指导和宣传力度，举办全民健身科学指导大讲堂、冰雪大讲堂等活动，开展社区体质健康测试与指导科普工作，弘扬科学健身理念，培养公众的科学健身习惯。北京市园林绿化局举办“绿色科技多彩生活”园林绿化科普系列活动，结合“世界地球日”“北京湿地日”“爱鸟周”等主题开展科普工作，发挥基地、驿站的服务功能，全方位、多层次宣传普及园林绿化新理念、新技术、新成果。北京市知识产权局举办“知识产权保护政务开放日”活动，让企业和公众了解、参与知识产权创造、运用、保护和管理的各个环节，增强公众对知识产权保护举措和成效的认同感。中关村管委会不断强化中关村展示中心的科普阵地作用，举办“中关村国家自主创新示范区创新成果展”、“中关村国际前沿科技成果展”及“中关村新产品、新成果首发”系列活动，展示中关村的建设经验和最新成果，促进前沿技术成果的推广和普及。

北京市公园管理中心深入挖掘公园生态科教资源，传播自然科学知识和传统园林文化理念，开展了以“鸟语花香共享生态公园”为主题的“生物多样性保护科普宣传月”暨爱鸟周系列活动、“科技惠民共享绿色家园”科普游园会活动、科普夏令营活动，首次启动“徜徉公园，寻找春天里的秘密”自然笔记征集活动。北京市总工会举办职业技能大赛、“北京大工匠”评选等品牌活动，重在提升本市职工的专业技能和科学素质水平，在全社会弘扬勇于创新、精益求精的精神。北京团市委坚持“创新部落”的科教阵地和社会科普功能，按照“搭建平台、资源共享”的原则，依托全市中小学和社区青年汇等资源，全面开展以普及科学知识、弘扬科学精神、培养青少年创新精神和实践能力为重点的素质教育。北京市妇联深化“双学双比”“巾帼建功”工作内涵，提升首都妇女的科学文化素质，通过开展家庭儿童教育科学素质行动，增强家庭教育服务力，提升儿童教育感染力。北京市残联在北京市听力、视力障碍人群中全面推广国家通用手语、通用盲文，开展各类残疾人职业技能培训和竞赛，提高残疾人的就业能力和科学素质。北京市科协举办了第39届北京青少年科技创新大赛、第十九届北京青少年机器人竞赛、第二届北京青少年创客国际交流展示活动等各类科普活动。北京市社科联、市社科规划办举办了“2019北京社会科学普及周”和“2019人文之光”社科知识竞赛，制作了社科相关科普动漫短片和科普图书，在工作中找准哲学社会科学工作在推进新时代文明实践中心建设中的定位、抓手，推进文明实践社科普及常态化。

3. 各区科普活动精彩纷呈

各区结合自身特色资源开展了丰富多样的科普活动。东城区开展了东城区青少年“探秘中国古代科技发明创造”科普实践活动、“中国古代科技发明创造进校园”活动。在地坛公园组织二十四节气、燕京八绝和京味非遗科普展览；在地铁王府井站建设“科普文化长廊”，日覆盖客流4万余人次，开辟了科普宣传新阵地。西城区开展了“春之声科普汇”活动、“简约生活·创意无限”资源再设计大赛、科普之夏、网络科普夕阳红、西城区学生科技节、科学健身知识大讲堂、“绿色发展、节能先行”主题宣传等科普活动。朝阳区打造了“1+N”的科普互动模式，加强部门与街乡、场馆、社区的多方联动，初步形成了“朝阳区科技周”“朝阳科普之旅”“绿色朝阳从我做起”等科普品牌，将科普宣传、互动展示覆盖到全区43个街乡，促进百姓科学素质的提升。海淀区组织开展了科普之春、科普之夏、海淀区青少年程序设计挑战、“科技小公民”青少年人工智能教育实践竞技体验、首届海淀区青少年科学影像展评展映、海淀区青少年科技创新大赛、海淀区青少年机器人竞赛等活动，创建首批20家“海淀区科普创新基地”。丰台区创新科普活动内容，开展“美丽丰台科普行”活动，将丰台区特色科技资源、科普资源整合串联起来，发放丰台“科普地图”“科普护照”惠民手册，营造了良好的科普工作氛围。石景山区注重政策引导、部门联动和资源配置，鼓励区内企业将科技创新资源面向社会公众开放，区科普工作联席会议成员单位、科普基地开展了丰富的科普活动，“科普石景山”的影响力不断提高。

门头沟区组织开展了科普进校园、科普知识讲座、健康科普巡讲等活动，传播科学知识，展示科普成果，提升科学认知水平，科普能力建设稳步推进。房山区举办了房山青少年科技节、云科普大讲堂、“房山科学小记者+高校行”、房山区中小学科技教师培训等活动，以及科普研学旅行、科普游园会等形式多样的活动。此外，组建了房山区科普剧社，进行科普剧巡演，使科普惠及广大群众。通州区聚焦副中心建设需求和民生热点，支持科普设施建设水平和科普能力的提升，开展了“学生科技节”“健康大讲堂”“农业科技知识体验”“科教进社区”“急救（健康）知识讲座”等特色主题科普活动，在学校、社区、农村等场所营造了浓郁的科学氛围，使得公众科学素养明显提升。顺义区筹划成立了第十届中国卫星导航年会科普教育组，选取5所学校开展了“院士专家进校园”活动，通过媒体宣传北斗卫星导航新闻、科普知识，组织参与了2019年世界智能网联汽车大会科普进校园活动，广泛开展了各类年度特色科普活动。大兴区开展了科技周主会场和分会场活动，围绕太阳能科学探索、人工智能基础教育、建筑安全体验、VR 虚拟现实体验、3D 打印等主题开展创新科技科普体验活动，通过加强区内科普设施建设，宣传区内科技创新成果，增强学科学、爱科学的意识，营造了良好的科技创新氛围。

昌平区开展了“第一届昌平区青少年创客大赛”、“科学教育北京行”、“智能科技”科普主题巡展、“昌平区公务员科学素质大赛”、“家庭数字生活技能大赛网络答题”等各类活动，加强科普基础设施建设和科普资源开发，不断提升科普公共服务水平。平谷区开展了游园科技展览展示活动、科普“双百”下乡活动、农业科普“青课堂”主题活动、“青年汇聚·科技兴国”机器人编程比赛、农民提素大讲堂等，利用科普基地、科普长廊、科普大篷车、“流动科技馆”等载体不断扩大科普服务的影响力和辐射力。怀柔区加强科普阵地建设，广泛开展科普宣传，依托怀柔科学城，打造怀柔科普文化高地，组织实施了“助力怀柔科学城、着力推进农民提素行动”，开展了怀柔区中小学生无线电测向大赛、怀柔科技周主场活动、全国科普日基层巡展等丰富的科普活动。密云区整合区域科普资源，以科技馆为主阵地，举办了“科学点亮梦想 科普助力生活”主题科普展、科技活动周、科技生态嘉年华夏令营等科普活动，开展了丰富多彩的校园、社区科普活动，加强农业实用技术培训、创新创业交流指导，培育区域创新文化生态环境。延庆区围绕“科技世园”“科技冬奥”“美丽延庆建设”等广泛开展科普活动，提升区内科普场馆的接待水平和展览展示能力，使“互联网＋科普”宣传体系不断壮大，科学氛围更加浓厚。

4. 特色科普活动亮点纷呈

一批特色科普活动聚集人气，形成品牌影响力。果壳网以“让科技有意思”为看点，举办了“打开你的掌心，看到你的秘密”科普主题沙龙，邀请了相关领域科学家，从不同角度分享了指掌纹技术在日常生活中的应用，让观众与科学家零距离进行交流互动。中科院计算机网络信息中心和中科院科学传播局开设“SELF 格致论道”公益讲坛，提倡以“格物致知”的

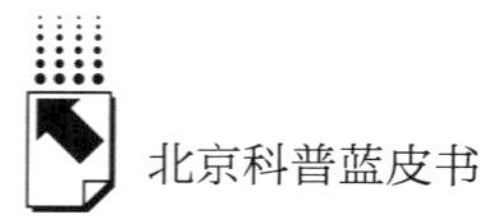

精神探讨科技、教育、生活的未来发展，力图从思想的源头上激发公众参与科学的积极性。讲坛成立以来，至今已举办 30 期，吸引了超过 1 万名现场观众，视频网络播放量累计 2 亿多次，已成为创新、科学与人文关怀并存的公益科普演讲品牌。“科普中国——科学大咖面对面”举办了“神奇的石墨烯材料：机遇与挑战”“新量子革命：从量子物理基础检验到量子信息技术”“迎接第一个 100 年，中国深空探测”等讲座，邀请了欧阳自远、潘建伟等科学家，为学生等提供与顶尖科学家面对面交流的机会，点燃年轻一代投身科研的火种。

三　北京科普综合评价及科普发展指数测算

构建北京科普发展指数，对有效提升北京地区科普水平及发展潜力，找准北京地区科普工作中的薄弱环节，更好地服务于科普、提升公民科学素质、推动地区社会经济发展具有十分重要的意义。

（一）北京科普发展评价指标体系的构建

本报告设计了涵盖科普受重视程度、科普人员、科普经费、科普设施、科普传媒、科普活动 6 个一级指标和 23 个二级指标的综合评价指标体系（见表 1）。

表 1　北京科普发展评价指标体系

一级指标	二级指标
科普受重视程度	科普人员占地区人口数比重
	科普经费投入占财政科学技术支出比重
	科普场馆基建支出占全社会固定资产投入总额比重
科普人员	科普专职人员
	科普兼职人员
	科学家和工程师
	科普创作人员

续表

一级指标	二级指标
科普经费	科普专项经费
	年度科普经费筹集额
	年度科普经费使用额
科普设施	科普场馆
	科普公共场所
	科普场馆展厅面积
科普传媒	科普图书
	科普期刊
	科普(技)音像制品
	科普(技)节目播出时间
	科普网站
科普活动	举办科普国际交流活动
	科技活动周举办科普专题活动
	三类科普竞赛举办次数
	举办实用技术培训
	重大科普活动

（二）北京科普发展评价指标体系的权重设定

本报告采取专家打分法，从“大视野、大科普、国际化”的高度，谨慎研究，征集科普领域专家、学者的意见，回收专家意见进行整理，分两轮进行打分，获得一级、二级指标权重。

根据本报告构建的北京科普发展评价指标体系，以建设国家科技传播中心为核心，以提升公民科学素质、加强科普能力建设为目标，以打造“首都科普”资源平台和提升“首都科普”品牌影响力为重点，对各分项指标进行权重设定，经过多轮修正，得到一级指标权重打分结果（见表2）。

表2　北京科普发展一级指标权重

指标	科普受重视程度	科普人员	科普经费	科普设施	科普传媒	科普活动
权重	0.153	0.174	0.203	0.139	0.116	0.215

在确定一级指标权重的基础上，进行第二轮专家打分，确定23个二级指标权重（见表3）。

表3 北京科普发展二级指标权重

一级指标	二级指标	权重
科普受重视程度	科普人员占地区人口数比重	0.051
	科普经费投入占财政科学技术支出比重	0.064
	科普场馆基建支出占全社会固定资产投入总额比重	0.038
科普人员	科普专职人员	0.052
	科普兼职人员	0.023
	科学家和工程师	0.056
	科普创作人员	0.043
科普经费	科普专项经费	0.066
	年度科普经费筹集额	0.058
	年度科普经费使用额	0.079
科普设施	科普场馆	0.049
	科普公共场所	0.041
	科普场馆展厅面积	0.049
科普传媒	科普图书	0.018
	科普期刊	0.018
	科普(技)音像制品	0.019
	科普(技)节目播出时间	0.036
	科普网站	0.025
科普活动	举办科普国际交流活动	0.086
	科技活动周举办科普专题活动	0.064
	三类科普竞赛举办次数	0.021
	举办实用技术培训	0.023
	重大科普活动	0.021

资料来源：根据北京科普发展指数课题组综合专家打分结果整理。

（三）北京科普发展指数的数据计算

北京科普发展指数课题组设计了“设立标杆期、计算标杆期地区均值、所有数据除以标杆期均值”三步法，即选择一个年份计算该年份的地区间均值，然后在地区间和时间序列上均除以该均值，计算科普发展指数。“北京科普发展指数”采用对标研究方法，根据历史序列数据进行纵向测度比较，为此，需要确定基准年。结合统计数据的可得性，为保证指数的延续性，本报告将北京科普发展指数的基准年定为2008年，举例说明如下。

X年的北京科普专职人员发展指数计算见公式1：

$$\text{X年指数}_{\substack{\text{北京地区}\\\text{专职人员}}} = \frac{\text{X年实际统计数据}_{\substack{\text{北京地区}\\\text{专职人员}}}}{\text{2008年实际统计数据}_{\substack{\text{全国}\\\text{专职人员均值}}}} \tag{1}$$

通过计算可知，31个省（自治区、直辖市）的科普专职人员平均数量为7409.16人。将各省（自治区、省辖市）的科普专职人员数量除以2008年全国科普专职人员平均数，得到省级科普专职人员发展指数。在该指数中，北京市2008年科普专职人员发展指数为0.78，2017年上升至1.09（见表4）。

表4　北京科普专职人员发展指数

年份	2008	2012	2017
北京	0.78	0.90	1.09

资料来源：依托科学技术部发布的《中国科普统计（2018年版）》和《北京科普统计（2018年版）》中的相关数据，依据北京科普专职人员发展指数计算方法得出，下同。

在确定权重后，将经过处理的23个指标乘以n次权重求和，并做归一化处理，见公式2：

$$\text{科普发展指数} = \frac{\sum_{i=1}^{23} \text{指标}_i \times \text{权重}_i^n}{\sum_{i=1}^{23} \text{指标}_i^n} \tag{2}$$

在这种加权方式中，n越大，权重大的变量在指数中就越突出，经过试验对比，最终认为在$n=2$的情况下，北京科普发展指数的计算结果最为合理。

（四）北京科普发展指数测算结果

通过测算，2017年北京科普发展指数为4.81，较2016年增加了0.26，可知北京科普事业增长速度放缓，但北京科普发展整体向好的趋势没有改变（见图1）。

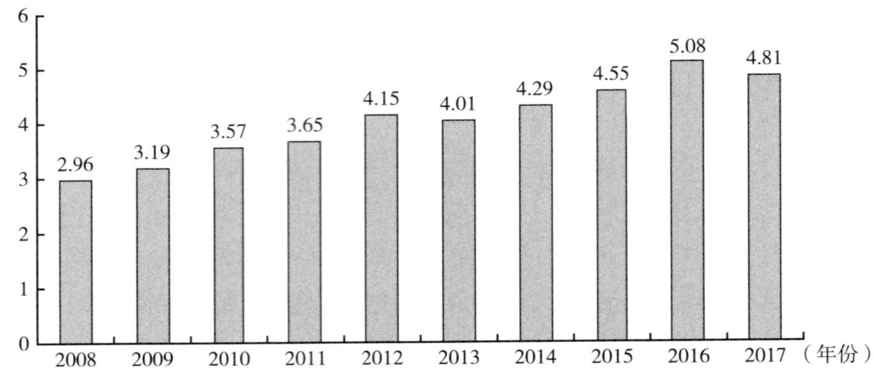

图1　北京科普发展指数（2008～2017年）

2017年，北京科普人员发展指数为0.29（见图2），北京继续向提高科普人才队伍质量的方向发展，北京地区拥有的科普人员约占全国科普人员总数的3%，每万人拥有科普人员23.51人，是全国平均水平的1.82倍。其中，科普专职人员有8077人，在科普专职人员中，具有中级及以上职称或本科及以上学历的人员有6103人，占科普专职人员总数的75.56%。

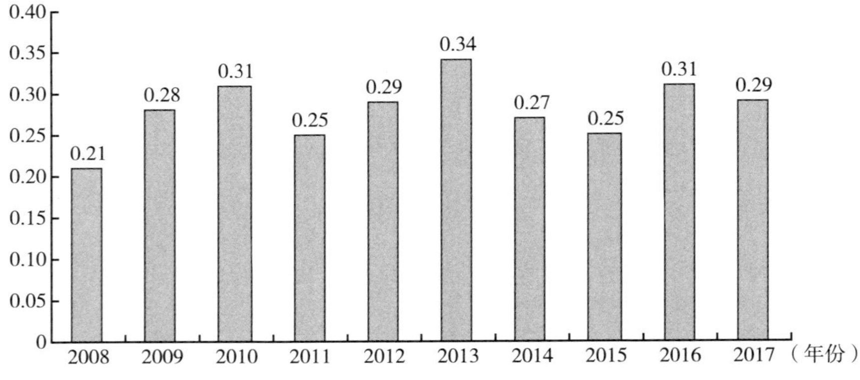

图2　北京科普人员发展指数（2008～2017年）

北京在科普经费总量降低的情况下，加大财政支出的比例，2017 年科普经费发展指数为 3. 39（见图 3）。科普经费筹集额和使用额均有不同程度的提升，2017 年北京地区全社会科普经费筹集额约为 26. 96 亿元，比 2016 年增加约 1. 84 亿元，仍居全国前列。其中，政府拨款约 19. 44 亿元，占全部科普经费筹集额的 72. 11%，比 2016 年增加约 1. 4 亿元；源于政府拨款的科普专项经费额为 11. 33 亿元，比 2016 年增加 2. 74 亿元。人均科普专项经费为 52. 20 元，较 2016 年增加 12. 67 元。

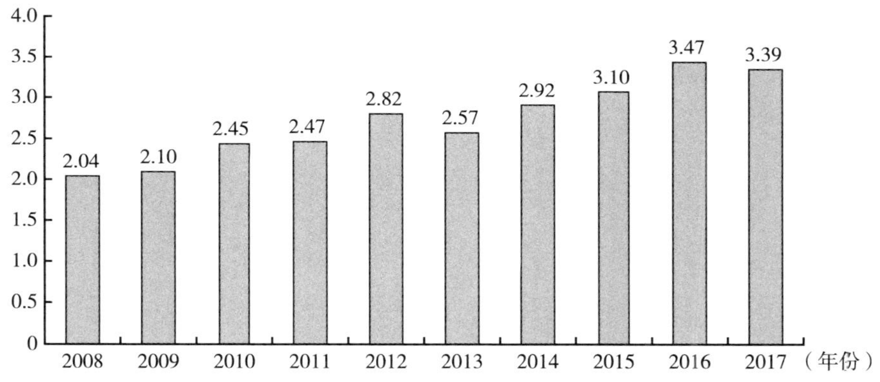

图 3　北京科普经费发展指数（2008～2017 年）

2017 年北京地区共举办科普（技）讲座 5. 28 万场次，组织青少年科技兴趣小组 3334 个，参加人数达 38. 89 万人次；举办实用技术培训 1. 49 万次，有 143. 21 万人次接受了培训。科技周期间，举办科普专题活动 3867 次，共有 797 所大学、科研机构向社会开放，举办 1000 人以上的重大科普活动 149 次，2017 年北京科普活动发展指数为 0. 39（见图 4）。

2017 年，北京科普场馆继续向集中化、精品化方向发展，北京科普场馆发展指数为 0. 37（见图 5）。截至 2017 年底，北京地区共有建筑面积在 500 平方米及以上的科技馆 29 个，比 2016 年减少了 1 个；有建筑面积在 500 平方米及以上的科学技术博物馆 82 个，比 2016 年增加了 8 个；有青少年科技馆（站）12 个，比 2016 年减少了 5 个。

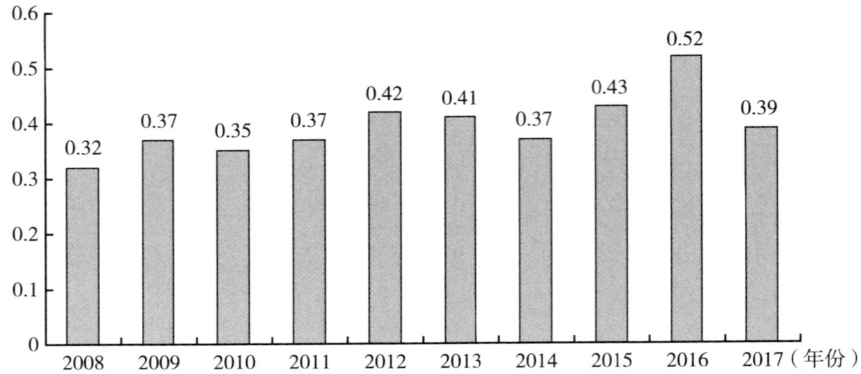

图 4　北京科普活动发展指数（2008～2017 年）

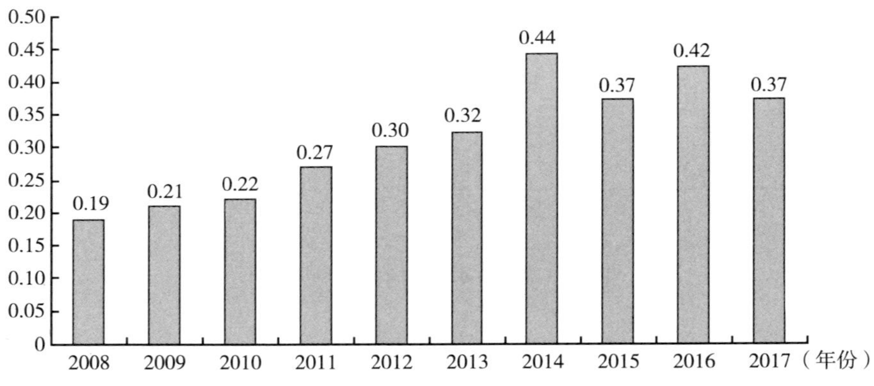

图 5　北京科普场馆发展指数（2008～2017 年）

2017 年北京地区的青少年科技馆（站）、科学技术博物馆建筑面积达 128.79 万平方米，展厅面积达 52.57 万平方米，分别比 2016 年增加了 17.24 万平方米、6.15 万平方米。每万人拥有科普场馆建筑面积 593.31 平方米，每万人拥有科普场馆展厅面积 242.18 平方米。每万人拥有青少年科技馆（站）建筑面积 18.83 平方米。

2017 年北京科普传媒发展指数为 0.33，较 2016 年增长了 0.01，继续引领全国科普传媒发展（见图6）。2017 年北京地区出版科普图书 4241 种，比

2016 年增加了 669 种，占全国出版科普图书种数（14059 种）的 30.17%。2017 年出版科普图书总册数约为 4632 万册，占全国出版科普图书总量（1.25 亿册）的 37.05%。出版科普期刊 117 种，年出版总册数约 813 万册；出版科普（技）音像制品 349 种，光盘发行总量为 16.27 万张；电台、电视台播出科普（技）节目时长达 2 万小时。

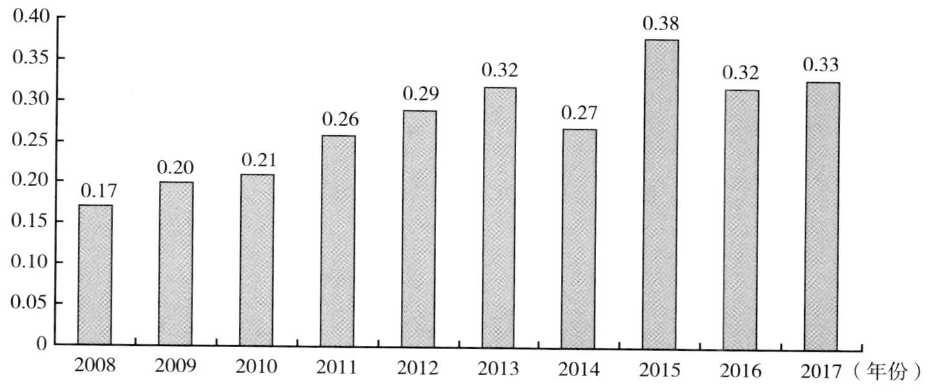

图 6　北京科普传媒发展指数（2008～2017 年）

通过观察北京 16 个区的科普发展指数，可以发现 2017 年北京科普发展的主引擎是东城区、西城区、朝阳区和海淀区，科普发展指数分别为 2.43、2.99、17.65 和 5.83，得益于大量的科普活动组织和科普经费投入，朝阳区的科普发展指数为北京 16 个区之最。在其他区中，丰台区、大兴区、延庆区增长较快，2017 年科普发展指数分别为 2.70、1.58、1.20，同样具备较高的科普水平（见图 7）。①

观察北京四类区域的科普发展情况，北京城市功能拓展区贡献了 66%，其次为核心功能区（13%），城市发展新区和生态涵养发展区的贡献分别为 12% 和 9%（见图 8）。

① 由于北京分区科普发展指数和全国科普发展指数是分别测算所得，故各区科普发展指数之和不等于北京整体的发展指数。

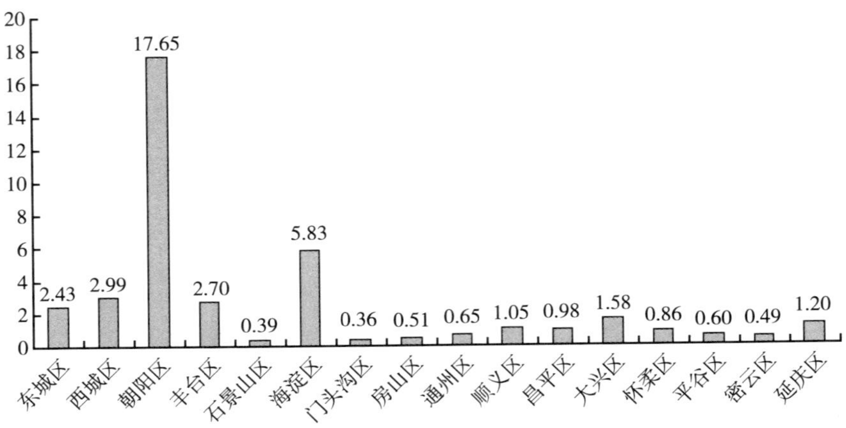

图 7　2017 年北京分区科普发展指数

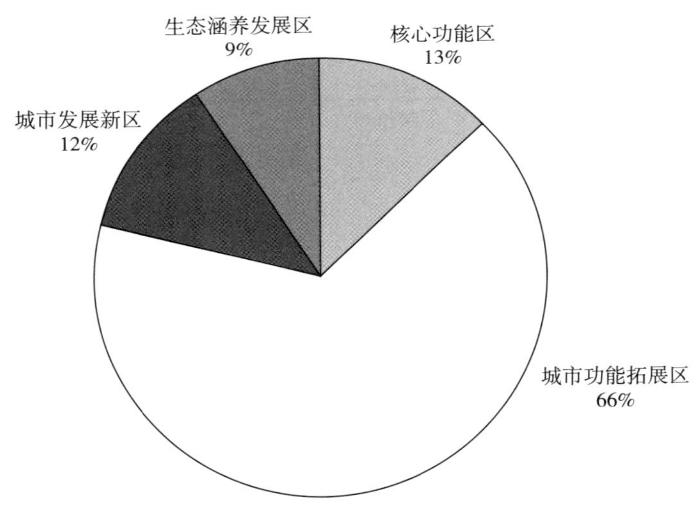

图 8　2017 年北京四类区域的科普发展贡献

（五）全国其他省（自治区、直辖市）科普发展指数的测算结果

根据《中国科普统计（2018 年版）》中中国各省（自治区、直辖市）科普统计数据，计算北京及其他省（自治区、直辖市）科普发展指数，汇总得到中国整体科普发展指数。2017 年，中国科普发展指数为 45.40，较

2016 年提升 0. 59，涨幅为 1. 32%（见图 9）。自 2013 年以来，中国科普发展整体进入新常态，除北京、上海等仍保持高速增长，全国普遍处于中速增长态势。

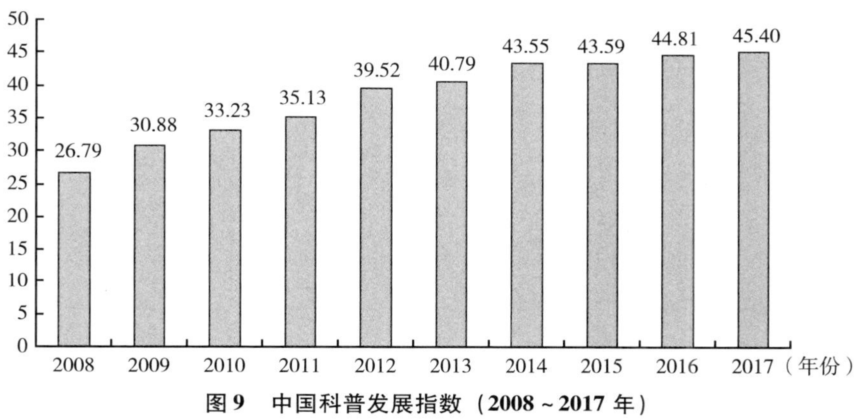

图 9　中国科普发展指数（2008～2017 年）

2017 年科普发展指数超过 2. 00 的省（市）为北京、上海、江苏、浙江、四川、广东和湖北，分别为 4. 81、3. 59、3. 08、2. 65、2. 28、2. 28 和 2. 17（见图 10）。

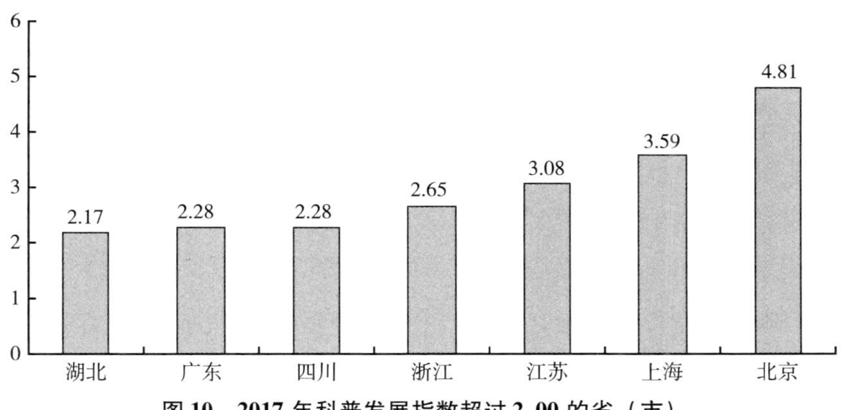

图 10　2017 年科普发展指数超过 2. 00 的省（市）

按照东、中、西部划分观察科普发展指数，可以发现东部地区出现负增长，从 2016 年的 24. 06 降至 2017 年的 23. 40；中部地区从 2016 年的 8. 77

增长至2017年的9.37，涨幅为6.8%；西部地区科普发展指数稳步提升，从2016年的11.98增长至2017年的12.63，涨幅为5.43%（见图11）。

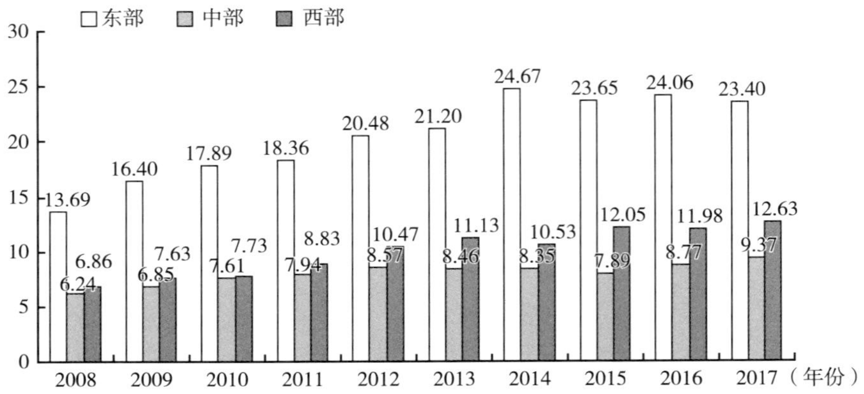

图11　东、中、西部科普发展指数（2008～2017年）

2017年2月，中央确定北京的新定位，京津冀科普事业快速发展，2017年京津冀科普发展指数为6.77（见图12）。

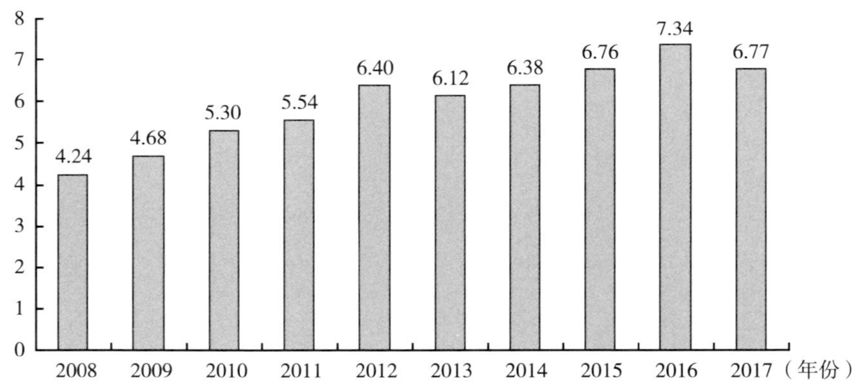

图12　京津冀科普发展指数（2008～2017年）

通过对2017年北京及全国科普发展指数的计算，可以得出以下结论：北京科普事业从高速增长走向中高速增长，在科普发展质量和数量方面继续引领全国，其中2017年科普传媒的发展为北京科普事业发展提供了较大动力；从区域上看，“东西朝海”是北京科普四强区，北京的核心功能区和城市发展新区是北京科普发展的重要力量；放眼全国，北京继续引领着全国科普能力建设、科普管理创新和科普供给侧改革，中国整体科普发展速度继续保持稳定增长，中、西部地区科普发展指数增幅较大，京津冀地区科普发展指数维持着较高的增长速度。

四　2020年北京科普事业发展展望

2020年开始，北京科普事业面临新的发展要求，即聚焦建成具有全球影响力的科技创新中心的新目标，《北京加强全国科技创新中心建设重点任务2020年工作方案》提出的工作任务和重点项目，围绕科技支撑全力打赢新冠肺炎疫情防控阻击战、承接国家重大科技任务、加快建设“三城一区”主平台、持续深化科技体制改革、集聚培养顶尖人才、加快构建高精尖经济结构、推动开放创新等方面，多角度、多层次、多渠道开展科普工作，彰显科技创新对首都高质量发展的支撑引领作用。此外，还要加强“三城一区”、城市副中心等重点区域的科普能力培养。

北京科普事业一定要紧紧围绕新一代信息技术、集成电路、医药健康、智能装备、节能环保、新能源智能汽车、新材料、人工智能、软件和信息服务以及科技服务业等重点领域开展形式多样的科普活动和科普宣传，进一步提高公众对高精尖科技发展的认知水平。

（一）优化科普管理体系，促进科普事业创新发展

1. 优化科普管理机制

强化部门联动、市区联动，加强政策引导，注重资源配置，不断完善科普宏观管理体制和微观运行机制，支持企事业单位、街道、乡镇、社会力量共同参与科普，激励全社会积极投身首都科普发展事业，强化政府引导、部门协同、市区联动、社会共同参与的科普工作格局。

以精准科普为核心，加强科普工作调研，了解不同群体的科普需求，着力挖掘与利用优质科普资源，充分发挥各类基地、场馆、台站等场所的科普作用，研发科普产品、制作科普影片、出版科普书籍、建设科普媒体等，鼓励运用人工智能、移动互联网等技术创新科普服务模式。

2. 确保科普管理资源投入充足

广泛引导社会力量参与科普，探索、创新科普资源开发利用的社会化运行模式。落实科普税收减免等优惠政策，包括捐赠免税、进口科普仪器和影片免税等政策，激励和引导社会力量加大科普投入力度。

3. 加强科普人才队伍建设

注重科普人员的引进聚集。注重科普人才来源的多元化，拓宽科普人才的引进渠道。动员和引导科学家和科研人员参与科普，吸引一批科学研究水平高、科技传播能力强的科学家做科普、讲科学。组织科技人员、科普人员进行科普培训，深入学校、企业、社区、农村开展科技政策、科技知识宣讲。

建设科普志愿者队伍，推进在高校建立大学生科普社团。鼓励行业协会、科普场馆等实施科普志愿者计划，充分利用首都科技志愿服务联合会等社会团体，组织北京地区的科学家、科研人员、科技管理人员、企业家提供科学技术研究与科研成果推广志愿服务。

加强对科普人员的服务保障。借助北京市增设科学传播职称契机，拓展从事科普工作的专业技术人才的职称晋升通道，加大对人员在科学普及方面贡献的评价认定力度。建立和完善科技人员从事科普工作的激励机制，奖励在科普方面做出突出贡献的科技工作者和科普工作者，为从事科普工作的科研人员提供必要的资金支持和培训服务。

（二）激发科普主体活力，提升科普服务水平

1. 引导创新主体开展科技资源科普化

鼓励和支持科研院所、高等学校、高新技术企业在实施重大科研任务、科技计划项目和示范应用工程中，加强对基础研究、应用研究、前沿科学和新技术新产品的普及推广，将高端科技资源和高精尖科技成果转化为通俗易

懂、能够互动体验的科普产品。鼓励首都科技条件平台、产业园区、孵化基地、众创空间等增加科普展示功能，举办“开放日”“科学日”等活动，向公众展示科研过程，弘扬科学精神。鼓励国家级和省部级重点实验室、工程技术研究中心、技术创新中心以及各类自然科技资源库（馆）、科学数据中心（网）、科技文献中心（网）、科技信息服务中心（网）等科研基础设施，发展以互联网为载体、进行线上线下互动的科普服务，推动科普大数据开发共享和信息化建设，构建面向公众开放的在线科普服务体系。围绕“三城一区”，建设一批重大科技成果展示平台。鼓励和推动有条件的高校、科研院所、科技企业建设专题特色科普展厅，及时向社会发布科研进展及科研成果信息。

2. 加强社会机构的科普服务功能

加大应急科普宣教力度，扩大应急科普宣教范围，鼓励各类社会组织、专业机构、人民团体以及街道、社区等开展应急科普工作，增强公众安全防范意识和应对突发事件的处置能力；促进科技馆、博物馆、科普基地等科普机构提供形式多样、内容丰富的科普服务；推动青少年宫、妇女儿童活动中心、文化馆、图书馆、实体书店等增加科普服务功能；加强科学公园、科普楼宇、科普小屋等公共场所建设；引导主题公园、森林公园、地质公园、动植物园、海洋馆、野生动物园、自然保护区等加大科普知识宣传力度；引导媒体机构开办科普节目、专栏、专题等，做好科技类新闻报道和科学知识普及工作；依托城乡社区公共服务场所和设施，提高社区活动站、农家书屋等基层机构的科普服务水平。各部门和各区应充分依靠工会、共青团、协会、联合会等群团组织和社会力量开展科普工作，构建社会化“大科普”发展格局。

支持科普融入创新文化和知识服务，打造科普文化品牌。扩大“科学咖啡馆”等科普活动品牌的影响力。推进“设计之都”建设，通过“中国创新设计红星奖”“北京国际设计周”等品牌活动促进设计与文化、科技及相关产业的融合发展，提升科技文化融合产品和服务质量的水平。做大、做强北京国际电影节等活动，全面提升北京在世界上的文化影响力。

3. 发挥好联盟、学会等科普组织的作用

引导产业联盟、行业协会、学会商会、科技社团等搭建公众与科学之间沟通互动的桥梁，促进科普资源开放共享，增强科普公益属性，激发全社会学科学、讲科学、爱科学、用科学的热情。

加强科普基地、科普机构等与旅游部门的合作，以旅游为载体增加科普内容，开发科普旅游服务业。开展“京津冀科普之旅”活动，依托现有景区、旅游景点，充分挖掘旅游资源的科普内涵，开发相关科普产品、纪念品及衍生产品，促进旅游经济发展。鼓励有条件的高校、科研院所以及监测台（站）、研发实验基地建设科技旅游景点、公共科普展示空间。

促进科普与创客活动结合。鼓励和引导科技园、科技企业孵化器、众创空间等开展科普活动，支持创客参与科普产品的设计、研发和推广。开展《促进科技成果转化法》等科技政策普法宣讲活动，引导“众筹、众包、众创、众扶”等创新型模式，鼓励公众进行小发明、小创造等创新活动，对新技术、新产品的市场渠道拓展提供科普支撑，完善创新创业生态系统。

（三）加快科普融合创新，实现科普工作高端化

1. 支持科普精品图书创作

综合运用政府鼓励、市场化运作、多元化投入的手段，鼓励科普原创作品，激发创作活力，推出一批水平高、社会影响力大的国产原创科普精品。鼓励引进首次翻译的国外精品科普图书，鼓励科学家与科普专家共同进行科普图书创作，推动科研人员和文学工作者的跨界合作。通过组织推荐参与全国优秀科普作品评选等方式，推广一批前沿、有趣、可读性强、具有影响力的科普图书。

2. 支持科普影视制作与播放

引导影视创作团队与科学家、科普专家深度合作，开发创作科普视频。围绕量子信息、脑科学与类脑研究、石墨烯、碳基集成电路等基础前沿技术，结合社会公众关注的科技热点和科技事件，创作一批高质量

的科技微视频、科普电影，在电视台、主流视频网站、视频类 App 等平台播出。

（四）推进科普设施建设，完善科普服务体系

1. 加强科技创新平台的科普服务功能

加强重点实验室、工程技术研究中心等创新平台的建设。建立集聚科技要素、以行业领军企业需求为导向、多元化主体参与的开放式创新平台，深化创新平台的服务内涵。扩大首都科技条件平台、首都科技“创新券”和中关村开放实验室的服务范围和领域，引导高校、科研院所面向社会开放科技资源，为小微企业和创业团队提供研究开发、检测认证、科学技术普及等服务。充分发挥中关村国家自主创新示范区展示中心的科技窗口作用，发挥中关村企业的科技资源优势，让更多的中关村前沿科技成果得到推广和普及，让更多的人能尽快掌握和接触到代表未来科技发展方向的新兴技术。

2. 提升科普场馆科普服务能力

强化科学教育场馆功能，推进完善北京科学中心“三位一体”建设体系，以展览教育能力建设为重点，开展各类展览教育、综合实践、科学思想方法研究、科技教师培训、精品科学课案例展评、国际科技教育交流等活动。各区应突出本地科技资源、产业特色，建设特色化、常态化的科普基地。

3. 加强社区科普设施建设

依托街道、社区等公共场所和设施，以创新型科普社区、社区科普体验厅、社区大讲堂等为主要抓手，提升社区科普服务水平，推动科技资源和成果落地基层。激发街乡、社区开展科普工作的积极性，围绕绿色低碳、节能减排、科技文化、健康养生、食品安全、养老服务、互联网安全及日常生活知识等百姓关注的民生热点，开展丰富多彩的科普活动和科普服务，提升公众应用科学知识改善生活质量、应对突发事件、解决实际问题的能力，促进公众形成科学、文明、健康的生活方式。

4. 加强学校科普设施建设

加强科技教育载体建设，提升青少年科学素质。探索制定科技教育标准、编撰教材培养科技教师、研发科学教具，将创新意识、创新思维和创新能力培育融入教育全过程。加强青少年科学素质培养阵地建设，鼓励大、中、小学建立跨学科的科学技术实践创新中心，为学生提供专业化的研究性学习平台和科学实践平台。

五　促进北京科普事业发展的对策建议

面对党中央赋予北京的新定位，北京作为首都，科技智力资源丰富，有基础、有条件更有责任在服务国家创新驱动战略方面有更大的担当、更大的作为。

（一）坚持党对北京科普工作的领导，确保科普事业始终为人民群众服务

加强科普工作联席会议的统筹协调功能，市、区两级科普工作联席会议要发挥“总体设计、统筹协调、整体推进、督促落实”的作用。各部门、各区积极争取党委、政府的领导和支持，将科普工作的目标和任务纳入本部门、本地发展规划，分解重点任务，明确责任单位，有步骤地推进落实各项任务。

紧扣决胜全面建成小康社会、决战脱贫攻坚主题，坚持正确的政治方向和舆论导向，唱响主旋律，做好各项科普服务和科普宣传工作。贴近实际、贴近生活、贴近群众，推动科普进社区、进农村，加强对贫困偏远地区提供科普精准服务，切实提升公民科学素质。围绕科技扶贫扶志扶智、科学文化素质和健康素质提高、文化软实力增强、人民生活水平提高、人居环境整治、乡村文明建设、乡村振兴、农村卫生环境整治、防范化解重大风险等主题宣传各领域、各区的科普典型事例、成果和先进人物，为决胜全面建成小康社会、打赢脱贫攻坚战提供坚强有力的科普支撑。

（二）围绕2020年全国科技创新中心建设新目标，全面落实北京科普工作的新方法、新措施

全面落实《北京市“十三五”时期科学技术普及发展规划》中提出的“到2020年，建成与全国科技创新中心相适应的国家科技传播中心”的发展规划。通过加大科普投入，深入推进科普管理体制机制改革和科普供给侧结构性改革，加快北京科普高质量发展，有力助推全国科技创新中心建设。

以创新主体、科技人员、基层部门、社会公众为主要服务对象，提升发布展示、项目申报、政策解读、舆论引导、资源共享、供需对接、成果推介、科学普及等多样化功能，为创新主体、科技管理、政府决策、社会公众提供创新创业、科学技术普及等服务。

深入推进科普专门人才的培养和使用，打造与全国科技创新中心相适应的高素质科普人才队伍，全面提升科普人员水平。各部门、各区要根据实际情况和具体条件，设置专职的科普岗位，开展系统化培训，提高科普工作者的业务能力和综合素质水平。

提升科学技术普及速度，拓展科学技术普及的广度、深度。加强“全国科技创新中心”微信公众号建设，宣传、普及北京推进全国科技创新中心建设的进展和成效、成果和技术、人才和团队等。利用“科普北京”“蝌蚪五线谱”“果壳网”等科普新媒体，向公众提供科学、准确的科普信息。引导新浪微博、北京时间、今日头条等有影响力的互联网媒体和移动客户端开展科普宣传，扩大科普传播的范围和影响力。

（三）善于分析北京科普发展指数变化趋势，找准问题、科学判断北京科普发展方向

及时跟进了解北京的科普工作状况，继续进行科普指数测算、科普调查统计和公民科学素质调查。制定和完善科普指数计算方法，有针对性地对科普供给侧、科普高级化、新媒体科普情况开展调查，延续以往北京科普调查的重点与关注点，以此为北京科普提供连续性调查结果。该调查不仅应有利

于从多角度分析北京科普工作的变化趋势，横向对比北京同其他省（自治区、直辖市）的差异和北京内部各区之间的差异，也可以为北京市在全国科技创新中心建设的重大战略部署上提供科学依据、提供用于深入研究的统计资料，对全国科普管理工作水平的提高做出贡献。

研究区域科普发展指数的评价工作。开展北京市公民科学素质调查，推进北京市全民科学素质工作中长期发展规划研究，实现政府对科普事业发展及公民科学素质的有效监测。

（四）进一步开展特色科普活动，扩展北京科普工作重点内容

发挥数字化科普宣传等新型模式的作用，运用信息化技术向公众宣传科普知识，服务于高精尖产业发展。围绕“国际博物馆日”“自然和文化遗产日”开展系列宣传活动，深入挖掘文物背后的科技知识与故事；开展“首都网络安全日”“国际禁毒日”“反电信诈骗”等主题宣传活动；结合“国家宪法日”开展普法宣传活动，为首都科普工作营造良好的法治氛围。围绕高质量推动城市副中心规划建设，针对土地、矿产、森林、湿地、水等自然资源开展科普宣传；进行生态环境科普宣传，传播环保知识，推动全社会形成生态环境共治格局。结合市容环境卫生、能源管理、垃圾分类、燃气安全等城市运行和管理的重点工作，开展主题科普宣传教育活动。促进新时期商业领域创新与科普工作相结合，培育市民科学消费和绿色消费理念，鼓励更多商贸流通企业参与科普宣传教育活动。通过文化讲座、市民读书、科普旅游等活动，向大众普及科学文化知识。开展“健康科普专家巡讲”“北京健康科普大赛”等品牌活动，加强健康知识普及宣传。强化对全民健身的科学指导，加强体育科技知识培训工作，推动对冬奥会和冰雪运动知识的科普宣传，不断提高居民身体素质和科学素养。打造“绿色科技、多彩生活”科普活动品牌，充分发挥基地、驿站的服务功能，促进园林绿化科技成果普及化，宣传森林知识、环保理念。加强知识产权的宣传普及工作，增强全社会知识产权意识。结合“世界气象日”等主题，开展气象知识科普宣传。推进防震减灾科普相关知识大赛、作品大赛、讲解大赛、地震讲堂等活动。

深化“巾帼建功”“双学双比”竞赛活动，加强关爱儿童、家庭教育方面的科普宣传和服务。提高残疾人的就业竞争力，开展多层次、多形式、多类型的残疾人职业技能培训。开展社科普及讲堂、讲座，办好“北京社会科学普及周”和“人文之光”北京社科知识普及竞赛，持续推进新时代文明实践。开展卫生救护培训、急救演练等工作，普及急救知识，增强公众卫生安全意识。各区结合自身特点和需求，广泛开展科普活动和提供科普服务，围绕应急安全、防灾减灾、生态文明、垃圾分类、食品安全、医疗健康、家庭教育等主题，推动科普“进社区、进学校、进企业、进农村、进家庭”，增强百姓爱科学意识、学科学能力，提升用科学水平，营造创新文化氛围。

（五）继续开展面向重点人群的科普活动，提升公民科学素质

提升青少年的科学素质。鼓励将创新文化作为校园文化建设的重要内容，注重对学生创新思维和科学精神的培养，使创新型人才培养贯穿教育各阶段。办好各类青少年科技竞赛、科普研学活动，拓展青少年的校外科技教育渠道；依托社区青年汇、大学中学系统、青年宫、教育基地等，提高青少年的科学知识水平。

提高城镇劳动者的科学文化素质和职业技能水平。聚焦职工技能提升，继续开展劳动竞赛和技能大赛；开展专业培训，切实提高一线职工的生产操作技能和科学素质；做强、做大职工创新阵地，聚焦弘扬工匠精神，充分展示各行各业技术人才的超群技艺和敬业精神；开展安全生产、防灾减灾、应急管理等知识培训，加强劳动者科学素质建设。

提升领导干部和公务员的科学决策和管理水平。对各级领导干部开展以了解掌握现代科技知识和发展趋势以及各种新知识、新技能等为主要内容的科学技术普及教育活动；利用首都优质教育资源举办专题培训班；举办科技创新、智慧城市等方面的专题培训班；发挥在线学习优势，开发一批内容丰富、适合领导干部学习使用的在线学习课程。

开展农村居民科普工作。做好农业技术培训科普工作，重点对种养殖大户、家庭农场、涉农企业、专业合作社和专业村的技术骨干、村级全科农技

员开展培训，特别是对农民工回乡创业、军转创业、大学生创业等群体开展针对性技术培训。充分利用媒体扩大农业科普宣传效果，满足农民对农业技术和相关信息的多样化需求。统筹利用农广校、涉农院校、农业科研院所、农技推广机构等资源，创新精准施教模式。以现代农业技术和农业文化为基础开展各类农业科普活动。构建农村残疾人扶贫开发服务体系，加大对农村残疾人的培训力度，对残情较重、行动不便的残疾人开展一对一的入户指导工作，开展消费助残活动。

加强少数民族地区科普工作。做好民族乡村的科技示范、技术普及、信息服务等工作，在全市民族乡村广泛组织开展科普知识讲座和对外交流学习、考察等科普活动，促进民族乡村科普工作水平的提升。探索不同产业类型的民族村依靠科技致富和产业致富的发展模式，促进全市民族乡村经济的快速发展。

（六）深化国际国内开放合作，提高北京科普辐射带动能力

挖掘整合京津冀地区的优质科普设施、产品、品牌、服务等资源，推动三地科普资源开放共享。加强京津冀科普基地的人员交流，组织北京、河北、天津的科普基地人员开展调研、培训等活动。加强与天津、河北地区科研机构和科普机构的合作，促进三地科普工作协同创新。联合天津、河北开展京津冀职工交流活动，促进三地职工的技能交流与技术创新。

拓展与共建“一带一路”国家进行科普交流合作的渠道和领域，鼓励各类机构与国外深入开展科普交流合作。引进国外先进的科普展教用品、优秀的图书和音像电子出版物等科普资源，支持与国际知名科普研发机构合作。建立科普人才培训、科普产品研发等方面的国际交流与合作机制，为中外科技场馆提供对接服务。

结　语

2020 年是全面建成小康社会和“十三五”规划的收官之年，也是实现

我国进入创新型国家行列、北京初步建成具有全球影响力的科技创新中心的决胜之年。因此，要坚持以习近平新时代中国特色社会主义思想为指导，全面贯彻党的十九大及十九届二中、三中、四中全会精神，紧紧围绕全国科技创新中心建设、经济高质量发展、全面建成小康社会、供给侧结构性改革、京津冀协同发展、保障和改善民生等，坚持“政府引导、社会参与、创新引领、共享发展”，完善科普工作机制，开展线上科普，推动科普设施建设，提升科普产品服务供给质量，广泛开展科普活动，加强科普人才队伍建设，提升人民对科技创新的获得感和幸福感，为北京建设全国科技创新中心和国际一流的和谐宜居之都做出新的贡献。

参考文献

李群、陈雄、马宗文：《公民科学素质蓝皮书：中国公民科学素质报告（2015 ~ 2016）》，社会科学文献出版社，2016。

《北京加强全国科技创新中心建设总体方案》（国发〔2016〕52 号），国务院门户网站，2016 年 9 月 18 日。

张航：《北京加强全国科技创新中心建设 2020 年目标确定》，《北京日报》2020 年 2 月 22 日。

北京市人民政府办公厅：《北京市国民经济和社会发展第十三个五年规划纲要》，北京市政府门户网站，2016 年 3 月 28 日。

佟贺丰、刘润生、张泽玉：《地区科普力度评价指标体系构建与分析》，《中国软科学》2008 年第 12 期。

李婷：《地区科普能力指标体系的构建及评价研究》，《中国科技论坛》2011 年第 7 期。

张艳、石顺科：《基于因子和聚类分析的全国科普示范县（市、区）科普综合实力评价研究》，《科普研究》2012 年第 38 期。

供给侧篇

Supply Side Reports

B.2 北京市科普公共服务能力研究

邱成利*

摘　要： 本报告从加强科普基础设施建设、打造公共科普活动场所，激发科普主体活力、提升科普内容供给质量，加强科普信息化建设、提升科普传播精准化，举办各类群众科技活动、发挥大型活动的引领作用，广泛开展各类科普活动、促进公民科学素质提升，优化科普发展软环境、提升科普工作人员待遇，科普人才队伍不断壮大、科普服务重点下沉基层七个方面，深入研究北京市的科普公共服务能力建设。北京市拥有良好的科普基础设施、优质的科普资源、完善的科普服务体系，这些因素为北京市科普发展创造了良好条件和平台。北京应大力加强科技馆、科技类博物馆建设，

* 邱成利，经济学博士，研究员，供职于科技部引智司，主要研究方向为科普规划与政策、科普管理。

建设一批科普基地、社区科普公共服务设施，推进科研机构和大学向社会开放、开展科普活动，组织“北京科技周”等大型群众性科普活动，资助科普创作与成果出版，注重建设专业科普人才队伍，设立科学传播专业系列职称。北京市的科普公共服务能力走在了全国的前列，公众参与科普的积极性很高。而北京市的科普公共服务能力处于全国前列，对北京市增强科技创新能力、建设全国科技创新中心发挥了重要基础作用。

关键词： 科普公共服务　科普设施　科普活动

一　引言

科普公共服务能力，是指政府面向公众提供各类科普公共设施和公共服务的能力。《中华人民共和国科学技术普及法》对政府及社会各界开展科普工作做出了明确的规定。加强科普公共基础设施建设，是政府的法定职责，也是城市自身发展的迫切需要。世界上的国际化大城市，均拥有一流的科普公共服务设施，能提供一流的科普公共服务。国际科技创新中心的内涵中也包括科普公共服务的相关内容。城市科普公共服务能力，是一个城市现代化标志的重要内容。

北京的科普公共设施比较完善，服务水平较高，服务能力始终走在全国前列。北京市的科技、教育资源十分丰富，作为首都，北京拥有数量众多的科普场馆资源，拥有一批高素质的科普人员，能够提供高水平的科普公共服务。北京市通过优势互补、资源共享、协同发展，集中展现了依托首都大院、大所等丰富科教资源形成的科学教育场馆学科齐全、学术领先、形式多样、覆盖广泛的鲜明形象，努力打造与首都地位和形象相匹配的“首都科普”新名片。2019 年，北京市充分发挥科学普及作为创新发展“两翼”之一的基础作用，在市科技部门牵头、市科普联席会议成员单位和各区协同推进、社会组织共同参与下，科普工作体系进一步完善，在科普设施建设、科普产品开发、科普活动开展、科普服务提升等公共科普能力建设方面取得显著成效，进一步提升公民科学素质，新时代社会科普新需求得到满足。

二　加强科普基础设施建设，打造公共科普活动场所

（一）建立完善的科普基础设施体系

北京市以综合性科普场馆为龙头，以专业特色科普场馆为支撑，建立起了比较完善的科普基础设施体系。据统计，截止到 2019 年底，全国共有科技馆 518 个，北京市拥有以中国科技馆、北京科学中心为代表的科技馆共 28 个，超过了各省（区、市）的平均水平（12 个）。全国科技馆年参观人数为 7636. 51 万人次，北京市达 618. 77 万人次。北京的科技馆参观人数排在全国第一位，参观人数占北京常住人口数的 28. 73% 。全国共有科技类博物馆 943 个，北京有 81 个，超过各省（区、市）的平均水平（30 个）。全国科技类博物馆的年参观人数达 1. 42 亿人次，北京的年参观人数达 2044. 23 万人次，已经接近北京常住人口的数量。①

（二）建设科普基地，充实科普资源

科普基地是科普场馆的必要补充，承担了重要的科普功能。北京市有科普教育场所近 2000 家，科普教育基地有 420 家，其中展陈面积超过 1000 平方米的科普场馆有百余家，这些场所为首都科普事业发展提供了坚实保障。

北京市级科普基地数量达 419 家，科普场馆展厅面积总计超过 200 万平方米，覆盖北京 16 个区，基本实现各区覆盖和城乡均衡。北京市同时建成

---

① 中华人民共和国科学技术部：《中国科普统计（2019 年版）》，科学技术文献出版社，2019。

了中小学校科学探索实验室 102 家，将科技创新与学校课程相结合，搭建了青少年科学教育平台，为学生提供实践场所，激发了中小学生的科学兴趣和热情，增强了其创新实践能力，为北京市建设全国科技创新中心奠定了坚实的后备人才基础。

（三）建设科普体验厅，满足社区群众需求

北京市在社区建设了一批科普体验厅，目前已建成 107 家，配备了社区科技互动展示项目 1000 余项，为市民爱科学、学科学、用科学提供了方便的场所，一批科普志愿者活跃在社区提供科普志愿服务，有效提升了社区科普服务水平，增强了百姓对科技创新的获得感，提高了市民的科学素质。

（四）建设遍及全市的科学中心发展体系

当前，北京已经构建了科学中心发展体系。今后应建立以北京科学中心为核心、以 16 个区域分中心和若干专业特色科普场馆为依托的“1 + 16 + N”北京科学中心发展体系，推动各区打破条块限制，整合区域服务资源，形成区域科普阵地网络，推进北京科学中心发展体系区域化发展并向基层延伸，实现资源供应长效化、效应发挥最大化、科技服务普惠化。其中，“1”即北京科学中心，负责顶层设计，坚持“展教结合、以教为主”的功能定位，丰富科学思想、教学内容和手段，打造世界一流的北京科普新地标，为全市科普场馆“双升级”提供示范；“16”即在 16 个区现有科技场馆的基础上，通过改造升级，打造主题鲜明、特色突出、面向社会大众提供综合性科普服务的北京科学中心区域分中心；“N”即各类聚焦专业领域、具有精品特色的科普场馆，是北京科学中心的特色分中心。

（五）整合北京科普资源，发挥集成效应

科普资源共享，是指拥有科普资源的主体（机构及个人）之间通过建立各种合作、协作关系，利用各种技术、方法和途径，开展包括共同揭示、

共同建设在内的共同利用资源的一切活动，最大限度地满足科普工作者和社会公众对于科普资源的需求。科普资源共建共享的核心，是众多科普资源拥有者参与的对科普资源共同建设和相互提供利用的一种机制。

北京地区的科普教育场馆拥有数量多、规格高、覆盖广、发展快的优势，为更好地把这些场馆资源整合凝聚起来，北京组建了北京科学教育馆协会，形成联动效应、质量效应、品牌效应，以提升北京科普资源整体优势，服务基层群众需要。在中国科协、中国科学院、中国地质大学（北京）、北京市科学技术研究院和北京企业文博协会等单位的大力支持下，北京科学教育馆协会于2019年建立，北京地区1000平方米以上的75家中科院、高等院校、企事业单位等所属科普场馆和央属、市属公共服务科普场馆，成为首批团体会员。

三　激发科普主体活力，提升科普内容供给质量

（一）北京市科技行政管理部门统筹全市科普工作

北京市的科普工作为科技创新中心建设提供了有力支撑，助力筑牢科学素质和创新文化的社会基础。当今世界科技快速发展，国家或地区的公民科学素质和创新文化的发展水平，实质上决定着这个国家和民族的创新能力、创新活力。科学普及是提高公民科学素质和培育创新文化的重要手段，是实施创新驱动发展战略的基础条件和必要保障。

北京市科委坚持面向首都高质量发展，促进科技成果转化应用和打造经济转型的新支点，大力推进科普工作。北京要建设具有全球影响力的科技创新中心，就要具备创新成果向现实生产力转化的优质平台和良好机制，需要加快培育新增长点，推动经济结构优化升级。北京市科普工作坚持面向经济建设主战场，在服务科技成果转化上找结合点，在发展科普产业上找突破点，发挥了应有的重要作用。北京市科协积极发挥科普主力军的作用，通过科协系统，大力推进对科普活动的开展、科普项目的支持、科学中心的建

设，致力于提高北京市公民科学素质。通过开展一系列工作，北京市居民中具有较高科学素质的居民所占比例处于全国前列。

（二）科普工作服务人民群众对美好生活的需求

北京科普工作坚持面向人民群众的科普需求，提升人民群众的获得感和幸福感。新时代的科学普及和科技创新，坚持以人民为中心的核心理念，把满足人民群众对美好生活的向往和需求作为科普工作的发力点，让人民的生活更便捷、更智慧，着力提升人民的获得感和幸福感。科普工作在解决人民群众对科普需求的不平衡不充分问题、满足人民群众的基本生活需要、满足人民群众的工作职业发展需要、满足人民群众的精神文化需要、满足人民群众参与公共事务的需要方面发挥了不可替代的作用。《中国科普统计（2019年版）》的各项数据表明，北京市公众参加科普活动、参观科技馆和科技类博物馆的情况处于全国前列。

（三）政府立项支持科技资源科普化

北京拥有国内最丰富的高端科技资源，能够每年产出一批优秀科技成果，这是开展科普公共服务的良好基础和条件。推动科技资源科普化是北京市科普工作的必然选择，北京市科委、科协和其他部门和各区，采取多种途径开发了一批重大科技成果科普展品，将航天发射、蛟龙号、高温超导、新能源智能汽车等优质科技资源转化为看得见、摸得着、体验得到的科普展品。例如数字丝绸之路全景三维科普地图、原创宇宙黑洞对光粒子吸引模拟装置等科普展项在2019年全国科技活动周主场一经亮相，就广受群众欢迎。

（四）鼓励资助优秀科普作品创作制作

资助科普图书创作和科普视频制作是北京市的重要举措，通过多年来的资助，科普领域产生了一批优秀作品，极大地调动了科技人员、科普工作者创作、制作科普作品的热情。北京市科委支持的《向太空进发》入选中宣部2019年主题出版重点出版物。北京地区累计入围全国优秀科普作品185

部、优秀科普微视频作品107部，分别占全国总量的53%和46%。

据统计，2018年北京地区出版科普图书4400种，年出版总册数5136.52万册；出版科普期刊211种，年出版总册数1036.15万册；出版科普（技）音像制品144种；发行科技类报纸1708.43万份。电视台播出科普（技）节目时间9836小时；电台播出科普（技）节目时间5128小时；科普网站286个；共发放科普读物和资料5074.84万份。

四　加强科普信息化建设，提升科普传播精准化

（一）大力提高科普信息化建设水平

北京重视科普信息化建设，借助信息技术特别是互联网提升科普服务水平。建设运行“全国科技创新中心”微信公众号、“科普北京”微信公众号、“科技北京”微博以及“科技北京”头条号等新媒体平台，全年发布信息2100余条、总阅读量超过700万次；“全国科技创新中心网络服务平台”上线试运行，宣传普及全国科技创新中心建设的新进展、新成效，访问量累计超20万人次，访客已覆盖全国各省级行政区，受到26个国家的用户关注。

（二）科普传播内容丰富

支持高校、科研院所、科普机构以及社会力量开发、创作各类科普产品，选优配强“中央厨房”式科普内容；引导各区（含亦庄）针对科学素质达标率不高的乡镇街区的公众科学需求，开展精准的科普活动并提供对应服务，打造科普“营养餐”配送渠道。探索利用新媒体平台开展网上科普工作。

电视台科教频道制作播放的《北京七十年科学瞬间》科普专题节目，从不同历史时期选取15个科技领域的重大事件、重要成果、杰出人物，以故事化、人物化的生动方式，带领观众回顾了新中国成立以来特别是北京科技创新发展的历史瞬间、举世成就。

五 举办各类群众科技活动，发挥大型活动的引领作用

（一）举办“北京科技周”重大科普活动

2019年5月19～26日，以“科技强国科普惠民”为主题的全国科技活动周暨“北京科技周”活动主场在中国人民革命军事博物馆举行。“北京科技周”与全国科技活动周主场是同一个。中共中央政治局委员、北京市委书记蔡奇，北京市委副书记、市长陈吉宁等领导出席了“北京科技周”活动主场启动式，“北京科技周”活动主场通过“规划引领”“建设成就”“美好生活”“科普惠民”四个篇章，展示了人工智能、集成电路、航空航天、智能装备、新材料等领域的科技创新成果、科普展项和互动体验产品共280余个，这些项目只是北京市开发的科普产品及展项的一部分，但是代表了北京市科普产品的水平。此外，围绕全国科技创新中心建设主线，“北京科技周”活动主场还设置了特色展区。据不完全统计，现场参观人数超过10万人次。

（二）展示科技成果和民生科普成果

在“三城一区”设置科技周分会场，展示北京在支撑2020年全面建成小康社会和我国进入创新型国家行列等国家重大成就和初步建成具有全球影响力的科技创新中心等方面取得的重要科技成果和民生科技及科普成果。各区结合区域特色，开展了科普之春、科普之夏、青少年机器人竞赛、中小学生科普体验周、科学实验秀、科普大讲堂、科普之旅、STEM科普进校园、科普社区行等科普活动，首都市民学科学、爱科学、讲科学、用科学的社会氛围更加浓厚。

（三）举办“科学之夜”等品牌科普活动

中国科学院科学传播局、科技部引进国外智力管理司、中国人民革命军事博物馆、北京市科委联合举办了“科学之夜”活动，这项活动推出了科普节目会演、科学实验、科学沙龙等多项充满科学性、趣味性、

互动性的科普活动和亲子体验科普嘉年华活动。活动期间，父母带着孩子在晚上走进“北京科技周”主场，参与体验各类互动活动，参观北京市科普成果展示，同时参加中国人民革命军事博物馆的常设展项，这成为科普活动的一个亮点，深受社会欢迎并取得了群众赞誉。

六　广泛开展各类科普活动，促进公民科学素质提升

（一）支持举办青少年科技竞赛活动

北京市科委支持科技日报社举办的“全国中小学生创·造大赛”成为教育部认可的2019年度全国性竞赛活动；此外，北京市教委在第三十七届北京学生科技节期间，举办了“北京市学生科技挑战营”“北京市中小学生科学建议奖评选”“北京学生机器人智能大赛”“北京市中小学生科技创客”“北京市中小学生科学传播大赛”等活动。

（二）打造高端科普讲座公益平台

北京市科协主办的“首都科学讲堂”以“解读科学精神”为主线，利用首都知名专家云集、国际知名学者往来频繁这一得天独厚的资源优势，全年举办讲座约50次；中关村管委会举办的“中关村国际前沿科技成果展”暨中关村新产品、新成果首发系列活动，以“前沿科技与未来产业”为主题，集中展示了中国、美国、英国、法国、德国、日本等国家的116家单位的167项科技成果。2018年北京地区共举办科普（技）讲座6.41万场次，吸引听众7355.04万人次；举办科普（技）专题展览4829次，参观人数达到6981.37万人次；举办科普（技）竞赛2356次；举办科普国际交流活动470次，参加人数达44.28万人次；组织青少年科技兴趣小组3654个，参加人数达42.83万人次；共有810个科研机构、大学向社会开放，接待参观人数87.54万人次；举办实用技术培训1.02万场次，参加人数72.18万人次。科技周期间，举办科普专题活动3468次，吸引了6223万人次参与。

（三）营造崇尚科学、尊重科学的社会氛围

北京市科普联席会议相关成员单位、各区组织了科普游园会、科普讲堂、科普大赛等丰富多彩的品牌活动。其中，一名北京选手参加全国科普讲解大赛，荣获大赛一等奖，被授予“全国十佳科普使者”称号。此外，各区、各成员单位通过多领域、多渠道的科普活动和科普宣传，营造了浓郁的科学氛围。

据测算，2018 年北京市具备科学素质的公民占总人口的比例达到 21.48%，首都公民科学素质建设走在全国前列，公民科学素质进入高质量发展阶段，公民科学素质水平达到科技强国水平。

七　优化科普发展软环境，提升科普工作人员待遇

（一）为科普发展提供法律政策保障

北京市于 1998 年颁布了《北京市科学技术普及条例》，为北京市科普事业发展提供了法律保障，从而为北京市科普工作的开展创造了良好的发展环境。《北京市科学技术普及条例》从总则、管理与组织、社会责任、科普场所、科普工作者、保障措施、奖励与处罚等方面做出了明确的法律规定。北京市制定出台了一系列科普政策，为北京市科普工作的广泛开展提供了政策支持、经费资助、人才支撑、环境营造等多方面的支持。[①]

北京市科技传播中心、中国社会科学院数量经济与技术经济研究所、社会科学文献出版社联合出版的北京科普蓝皮书《北京科普发展报告（2017～2018）》，是第一部全面反映北京科普工作情况并被纳入蓝皮书系列的研究报告。[②] 该书构建了国内首个区域性科普发展指数——北京科普

① 科技部政策法规与监督司：《中国科普法律法规与政策汇编（1994～2008 年）》，科学技术文献出版社，2018。

② 北京市科技传播中心、中国社会科学院数量经济与技术经济研究所：《北京科普发展报告（2017～2018）》，社会科学文献出版社，2018。

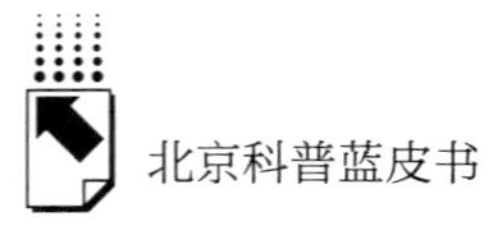

发展指数，吸引了浙江、黑龙江、天津等省市前来学习和交流，在全国发挥了标杆和示范引领作用，该书中的《区域性科普发展综合评价方法研究——北京科普发展指数构建过程》荣获第十届“优秀皮书报告奖”三等奖。

（二）开始设立科学传播专业系列职称

北京市于2019年印发《北京市图书资料系列（科学传播）专业技术资格评价试行办法》，首次增设科学传播专业职称，设置正高、副高、中级、初级四个层级，并评出首批科学传播专业高级职称获得者75位。科学传播专业的职称评定，在全国开了好头，从而为专业科普人才队伍建设开拓了渠道，对于吸引优秀人才从事科普和科学传播工作具有示范和导向作用。

八　科普人才队伍不断壮大，科普服务重点下沉基层

（一）拥有一批专业科普人才队伍

科普队伍在不断壮大，2018年北京地区拥有科普人员6.13万人，较2017年增加1.03万人，每万人口拥有科普人员28.46人。其中，科普专职人员有0.849万人，占科普人员总数的13.85%；科普兼职人员有5.28万人，占科普人员总数的86.15%。专职科普创作人员有1535人，占科普专职人员总数的18.8%；专职科普讲解人员有1874人，占科普专职人员总数的22.07%。兼职科普人员年度实际投入工作量5.18万人月，人均投入工作量0.98个月。注册科普志愿者有2.73万人。

（二）推进科普场馆服务基层群众

北京市主要开展了以下活动。一是推动科普场馆融合发展，建立多层次、多渠道、多方位的合作机制，广泛开展科普品牌活动、学习研究、智力资源开发等活动，推动“科普创新簇”建设；二是不断扩大会员场馆覆

盖面，打破条块限制，采取科普基地联盟、科普场馆协会、“1 + 16 + N”科普发展体系等方式，统筹区域科普平台阵地，形成区域科普阵地网络；三是发挥服务基层作用，推动场馆单位与新时代文明实践所（站）密切联系，使新时代文明实践所（站）成为社区居民走出家门参加科普活动的重要基地，同时组建科普志愿服务队伍并使其走进社区开展活动；四是推动科普场馆提质升级，按照“展教结合、以教为主”的理念，提升首都地区科普场馆的集体“内涵”，推动“首都科普”由浅层科普向深度科普、由活动科普向阵地科普、由分散科普向集约科普、由业余科普向专业科普的提升；五是打造“首都科普”名片，充分依托首都丰富的科普资源，发挥科学普及对于创新发展的基础性作用，努力打造与首都定位相适应、相匹配的科普名片，引领全民科学素质大幅提升。

（三）开展健康科普巡讲“五进”行动

北京市疾病预防控制中心、北京市预防医学研究中心在全市疾控系统组织开展“2019 年北京市疾控系统健康科普巡讲‘五进’行动”，发动首都公共卫生专家进企业、进学校、进社区、进机关、进农村（远郊区）等重点场所开展健康讲座活动，为市民普及公共卫生知识和技能。北京市疾病预防控制中心、北京市预防医学研究中心下发了“五进”行动方案。自活动启动以来，各区疾控中心组织公共卫生专家共 161 人次，围绕慢性病防治、预防近视、控制吸烟、职业健康、病媒生物防治、合理膳食、健康生活方式等百姓关注的健康话题，为在职人群、机关及事业单位干部、企业职工、在校师生（包括托幼机构）、学生家长、社区居民、农村居民开展了 153 场健康科普讲座，受益人数达 2.5 万人次。“五进”行动的主要特点如下。一是顶层设计、领导带头。“五进”行动得到市、区疾控中心领导的高度重视。市疾控中心将“五进”行动纳入“2018 年全市疾控系统绩效考核”工作中，确保各项实施工作落实。各区疾控中心领导带头，率先垂范，海淀区、西城区和大兴区疾控中心领导亲自带队进行授课，顺义区疾控中心要求各业务科室负责人都要参与“五进”授课，为大家树立科普榜样。二是专家权威、精心组织。各区组建了以本区疾控专家为主、外部技术力量为辅的公共卫生专家巡讲团，并进行师资培训。国家级公共卫生专家、三甲医院资深专家、北京市健康科普专家、资深媒体人、参与“2019 北京市疾控系统健康科普大赛”的多位获奖选手也加入其中，发挥优势传播作用，有针对性地深入“五进”场所传播公共卫生知识，深受百姓欢迎。三是深入场所，拓展品牌。各区在开展“五进”行动的过程中，根据地区和人群特点，满足百姓的健康知识需求，采取多种形式，拓展讲课范围和领域。四是各区联动形式创新。东城区、丰台区等打破健康讲座常规形式，邀请多位专家轮番上阵，办起了“健康科普串烧”系列健康微讲座。东城区、丰台区组织了规模上千人的“五进”行动专场，许多区也都组织了规模较大的健康科普课，为更多的人提供健康知识服务。首都疾控专家队伍发挥首都公共卫生专家的优势传播作用，深入“五进”场所，为百姓提供健康服务，开展健康科普讲座，为新时期疾控科普事业的发展、实现健康北京的目标贡献力量。

北京市的公共科普能力建设，要按照北京市新时代文明实践工作的总体要求，立足首都城市战略定位，聚焦满足人民对美好生活的需要，整合盘活各级各类科普资源，用群众喜闻乐见的形式提供科普实践服务，精准对接、精准引导，使全市科普服务资源能够充分发挥综合效益。

参考文献

习近平：《为建设世界科技强国而奋斗——在全国科技创新大会、两院院士大会、中国科协第九次全国代表大会上的讲话》，2016 年 5 月。

《国务院关于印发北京加强全国科技创新中心建设总体方案的通知》（国发〔2016〕52 号），2016 年 9 月。

王康友主编《国家科普能力发展报告（2006 ~ 2016）》，社会科学文献出版社，2017。

B.3 北京市科普高质量供给研究

孙文静　高　畅*

摘　要：　本报告对北京市科普供给进行研究，重点从人员、场地、经费、传媒、活动、创新创业六个方面分析了北京市科普供给的现状和能力，同时结合北京市科普供给的特点，对科普供给存在的主要问题进行了分析；结合当前科普发展面临的新需求与新形势，本报告提出了北京市科普高质量供给的四条发展路径。

关键词：　科普供给　科普资源　北京市

一　引言

《北京市“十三五”时期科学技术普及发展规划》对“十三五”时期的北京市科普工作做了全面部署，规划提出了北京科普发展的总体目标，即到2020年，要与全国科技创新中心发展相辅相成，在科普服务、体制机制、人才队伍、基础设施、科普传播、创新文化以及科普产业等方面的能力显著增强，科普的影响力和显示度不断提升，成为全国科技创新中心发展的重要支撑力量。“十三五”时期以来，北京市通过推动实施科普惠及民生、科普设施优化、科普产业创新、科学素质提升等一系列科普工程，科普工作取得了显著成效。市民科学素质达标率2018年为

* 孙文静，北京科学学研究中心助理研究员，主要研究方向为科技政策、科技创新；高畅，法学博士，应用经济学博士后，北京市科技传播中心副主任，副研究员，主要研究方向为科技政策与创新战略、科技传播与普及等。

21.48%，比2015年提高3.92个百分点，位居全国第二位，是首都经济社会发展和科技创新的重要支撑，也是北京建设全国科技创新中心的重要基础和重要保障。

二　北京市科普供给的现状与能力

（一）科普人员队伍稳定

据统计，北京地区科普人员自2012年的42900人增长到2017年的51035人，增长19%。2017年北京地区拥有的科普人员数量约占全国科普人员总数（179.45万人）的3%，北京地区每万人口拥有科普人员23.51人，是全国的1.82倍。其中，科普专职人员8077人，占全国科普专职人员总数的16.91%，北京地区每万人拥有科普专职人员3.72人；科普兼职人员42958人，占全国科普兼职人员总数的83.09%，北京地区每万人拥有科普兼职人员19.79人。

2017年北京地区共有科普人员51035人，其中科普专职人员8077人，具有中级职称以上或大学本科以上学历的有6103人，占科普专职人员的75.56%；科普兼职人员42958人，具有中级职称以上或大学本科以上学历的有27564人，占科普兼职人员的64.16%。科普兼职人员年度实际投入工作量为48756个月，平均每个科普兼职人员年从事科普工作1.13个月；在科普兼职人员中农村科普人员6233人、科普讲解员9221人，分别占科普兼职人员的14.51%、21.47%。

从科普人员的构成来看，2017年北京地区拥有农村专职科普人员817人，占科普专职人员总数的10.12%；科普创作人员1269人，占科普专职人员总数的15.71%；科普管理人员1924人，占科普专职人员总数的23.82%；科普讲解工作人员1713人，占科普专职人员总数的21.21%（见图1）。

按照中央在京、市级、区级的科普人员分布来看，2017年北京市共有专兼职科普人员51035人。其中，中央在京单位有14192人，占北京科普人员总数的27.81%；市属单位有8864人，占北京科普人员总数的17.37%；区级单位有27979人，占北京科普人员总数的54.82%（见图2）。

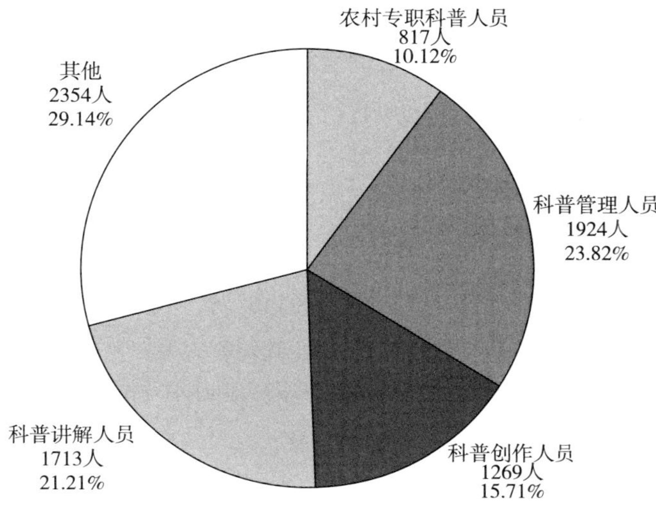

图 1　2017 年北京地区科普专职人员构成

资料来源：《北京科普统计（2018 年版）》。

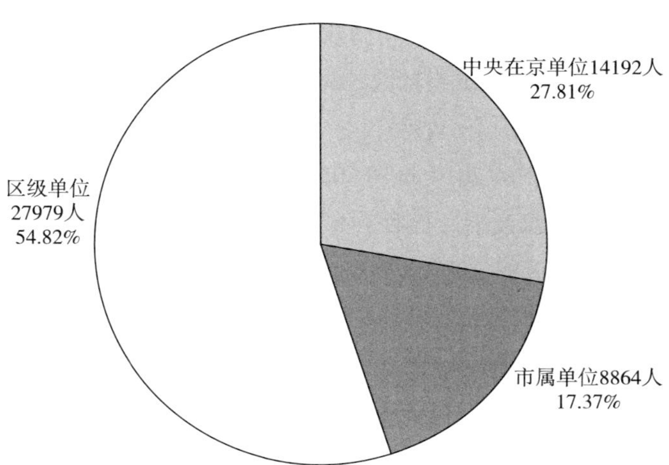

图 2　2017 年三级科普人员比例

资料来源：《北京科普统计（2018 年版）》。

（二）科普场地稳步增长

北京市科普场地按照功能和面向对象的不同，可以划分为三大类：科普场馆、公共场所科普宣传场地和科普教育基地。科普场馆又可分为三类，第一类是以展示教育、传播普及科学知识为主要功能的专业科技场馆，如科技馆等；第二类是以征集、典藏、陈列、研究为主，同时具备展示、教育功能的科学技术博物馆；第三类是以向青少年传播科学技术知识为主要功能的科技馆，如青少年科技馆、青少年宫等。公共场所科普宣传场地以在公共场所向市民和群众展示、宣传相关科普知识为主，包括各类公共场所的科普画廊、城市社区科普（技）活动专用室、农村科普（技）活动场地等。科普教育基地是政府认定的达到一定标准的科普场所，具有鲜明的特色和科普示范效应，包括国家级科普教育基地和省级科普教育基地。

据统计，截至 2017 年底，北京市共有建筑面积在 500 平方米以上的科普场馆 123 个，总建筑面积约 132.88 万平方米，每万人拥有科普场馆建筑面积 612.16 平方米；总展厅面积 53.64 万平方米，每万人拥有科普场馆展厅面积 247.09 平方米。在 123 个科普场馆中，科技馆 29 个，科学技术博物馆 82 个，青少年科技馆站 12 个。以上三类科普场馆 2017 年参观人次为 2916.35 万人次，其中科技馆 469.88 万人次，科学技术博物馆 2438.58 万人次，青少年科技馆站 7.89 万人次。此外，北京市共有社区、公共场所科普画廊 3414 个，城市社区科普（技）活动专用室 1582 个，农村科普（技）活动场地 1870 个。

从表 1 可以看出，从 2014 年到 2017 年，北京市科技馆、科学技术博物馆的数量、建筑面积以及展厅面积和参观人次都在增长。两类科普场馆的数量从 2014 年的 101 个增长到 2017 年的 111 个。

表 1　2014～2017 年北京地区科技馆、科学技术博物馆相关数据的变化

时间	2014 年	2015 年	2016 年	2017 年
数量(个)	101	102	103	111
建筑面积(平方米)	1097756	1079317	1152407	1287936
展厅面积(平方米)	476066	483646	471687	525712
参观人次(人次)	15941245	16631909	19072759	29084648

资料来源：《北京科普统计（2018 年版）》。

（三）科普经费投入持续位居全国前列

据统计，2017 年北京地区全社会科普经费筹集额 26.96 亿元，比 2016

年增加了1.84亿元，已连续多年位居全国各省、自治区、直辖市前列。筹集额中政府拨款19.44亿元，占全部科普经费筹集额的72.11%，比2016年增加了1.4亿元；源自政府拨款的科普专项经费11.33亿元，人均科普专项经费52.20元，较2016年增加了12.67元。按2017年剔除中央在京单位的科普专项经费5.98亿元计算的人均科普专项经费为27.55元，仍居全国各省、自治区、直辖市前列。2017年社会捐赠988.00万元。北京地区2017年市、区两级单位科普经费筹集额12.85亿元，占全国科普经费筹集额160.05亿元的8.03%，是全国各省区市科普经费筹集额均值4.51亿元的2.85倍。

从2017年科普经费筹集额的构成来看，各级政府财政拨款19.44亿元，占全部科普经费筹集额的72.11%，比2016年的71.79%增加了0.32个百分点。社会捐赠0.09亿元，比2016年的0.41亿元减少0.32亿元，占科普经费筹集总额的0.33%，比2016年减少1.3个百分点；自筹资金达6.64亿元，比2016年的5.48亿元增加1.16亿元，约占全部科普经费筹集额的24.63%，比2016年的21.81%增加2.82个百分点，仍是仅次于政府拨款的筹资来源；其他收入有0.79亿元，比2016年减少0.41亿元，占2.93%，比2016年减少1.82个百分点（见图3）。

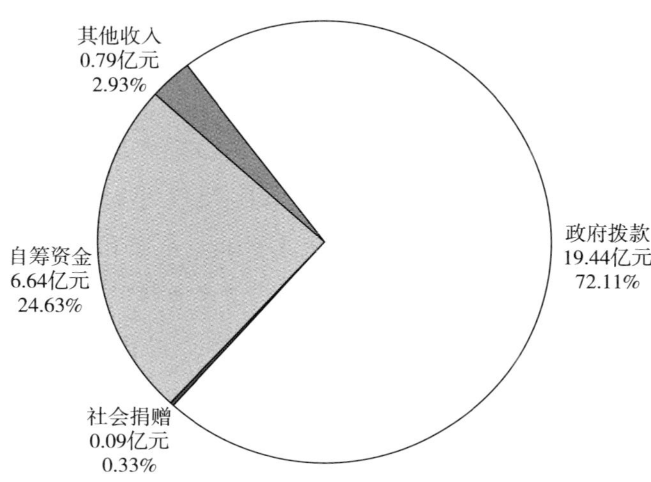

图3　2017年北京地区科普经费筹集额构成

资料来源：《北京科普统计（2018年版）》。

2017 年北京市科普经费使用额共计 23. 40 亿元，比 2016 年的 23. 32 亿元增加了 0. 08 亿元，占全国科普经费使用额 161. 36 亿元的 14. 5%。北京地区科普经费使用额中，行政支出 3. 25 亿元，科普活动支出 15. 26 亿元，科普场馆基建支出 2. 17 亿元，其他支出 2. 72 亿元。由此可以看出，科普经费使用的主要部分是科普活动支出，约占总额的 65. 21%。

（四）大众传媒科普宣传力度稳步增强

科普传媒是科普的一个重要途径。根据科普知识载体的形式，科普传媒分为传统媒体和现代媒体，传统媒体包括图书、期刊、报纸等印刷类制品以及广播、电视、音像制品等电化科普传媒；现代媒体包括网站等电子化、数字化科普传媒。

2017 年北京地区出版科普图书 4241 种，比 2016 年增加 669 种，出版科普图书 46317098 册，比 2016 年增加 17621881 册，单种图书平均发行量为 10921. 27 册。出版科普期刊 117 种，年出版总册数 812. 20 万册。从科普期刊发行部门分布上看，教育部门达到 17 种，科普期刊出版种类超过 10 种的部门还有科协组织、农业农村部门、中科院所属部门和自然资源部门。期刊发行量最高的部门是工业和信息化部门，发行量达 116 万册，科协组织和新闻出版部门等部门科普期刊发行量分别达到 104. 48 万册、96 万册。

2017 年北京地区广播电台共播出科普（技）节目 12428 小时，比 2016 年增加 2931 小时，其中，中央在京广播电台播出科普（技）节目 4881 小时，北京市电台播出科普（技）节目 7547 小时；电视台共播出科普（技）节目 9141 小时。自 2011 年以来，北京市属和区属电视台播出科普（技）节目时间基本平稳增长。2017 年北京地区共出版各类科普音像制品 349 种，比 2016 年增加 179 种，共出版各类科普音像制品 173. 30 万册，比 2016 年增加 127. 58 万册。截至 2017 年，北京地区科普网站总数达到 270 个，其中，中央在京单位建立科普网站 109 个，市属单位建立科普网站 51 个，区级单位建立科普网站 110 个。2017 年共发放科普读物和资料 2722. 21 万份。

（五）科普活动开展如火如荼

科普活动是科普讲座、展览、竞赛等形式的社会活动，普及科学技术知识，传播科学思想，弘扬科学精神，倡导科学方法，推广科普产品。开展科普活动是推进科普工作的重要手段，对提高公民科学素质、培养科技后备人才起着积极的作用。

2017 年北京地区举办科普（技）讲座 5.28 万次，吸引 10500 万人次参加；举办科普（技）展览和科普（技）竞赛 0.65 万次，吸引 106900 万人次参加。科普（技）讲座的平均参加人次为 199.33 人次，比 2016 年增加 77.33 人次。科普（技）展览和竞赛活动平均参加人次分别为 11614.15 人次和 26222.94 人次。

2017 年北京地区举办科普（技）专题展览 4425 次，观展人次 5139.26 万人次。分部门来看，举办科普（技）展览吸引参观人次超千万的有文化和旅游部门、科技管理部门等部门，其中文化和旅游部门举办的科普（技）专题展览参观人次达 1921.56 万人次。举办科普（技）展览次数较多的部门有科协组织、文化和旅游部门、教育部门和科技管理部门等，其中，科协组织举办次数最多，达 798 次。

2017 年北京地区举办科普（技）竞赛 2116 次，参加人次 5548.77 万人次。分部门看，文化和旅游部门举办次数排名第一，共举办科普（技）竞赛 481 次，占北京市总数的 22.73%，吸引了 1571.56 万人次参加。科技管理部门在科普（技）竞赛举办次数上排第二位，共举办科普（技）竞赛 432 次，占北京市总数的 20.42%，吸引了 1547.72 万人次参加。

2017 年北京地区组织青少年科技兴趣小组 3334 个，参加人次 38.89 万人次；组织科技夏（冬）令营 1371 个，参加人次 24.99 万人次。2017 年北京地区共有 797 个大学、科研机构向社会开放，吸引了 95.03 万人次参观，平均每个开放范围接待参观人次为 1192.35 人次。2017 年北京地区共举办科普国际交流 415 次，参加人次为 22.41 万人次。2017 年北京地区举办实用技术培训 1.49 万次，参加者有 143.21 万人次。举办了 149 次 1000 人以上的重大科普活动。

（六）创新创业与科普广泛结合

众创空间是近几年兴起的新型创新创业服务机构和载体，在全国各地得到快速发展，并不断迭代演进。在大众创业、万众创新的时代，众创空间成为科普活动的重要场地。2017 年北京地区有众创空间 411 个，工作人员 1.1 万人，创业导师 1.19 万人，服务创业人员 61.75 万人，政府扶持经费 453.74 万元，孵化科技类项目 7.57 万个。此外，北京市政府鼓励各类企业建立服务大众创业的开放创新平台，支持社会力量举办各种形式的创业培训活动。创新创业中的这些科普培训与竞赛活动极大地促进了创新创业成果的宣传，弘扬了创新创业文化，培育了创新创业精神。科技类项目投资路演和宣传是众创空间孵化科技项目的重要途径，同时也是双创中科普活动的主要形式之一。2017 年，北京地区创新创业过程中组织培训活动 1822 次，有 24.59 万人次参加；举办科技类项目投资路演和宣传推介活动 20431 次，有 22.67 万人次参加；举办科技类创新创业赛事 263 次，有 14.98 万人次参加。

三　北京市科普供给的主要特点

（一）政府积极引导科普的高质量供给

科普工作的对象、受益者是社会公众和整个国家，科普工作是公共服务的一部分，因此政府在科普工作中发挥着重要的引导作用。北京市是全国科技资源最密集的地区，提高全民科学素质水平是政府一直非常重视的基础性工作。多年来，北京市政府在推进科普发展中，建立了一系列科普供给管理体系，加强相关制度和法规建设，先后制定了《北京市科学技术普及条例》《北京市“十三五”时期科学技术普及发展规划》《北京市科普基地管理办法》等文件，完善了政策法规、表彰奖励、监测评估等相关机制，有力地促进了科普工作在制度、法制方面的保障，使得科普工作有章可循，有法可依。1996 年北京市创新性地提出并建立了科普工作联席会议制度，该制度由主管市领导任主席，40 多个市委办局以及 16 个区政府科技管理部门组成，办公室设在北京市科委。这种组织体系类似于网格化管理模式，由横向、纵向科普工作单位具体分管和落实相关的科普工作任务，确保了科普工作层层落实，同时通过横向沟通和协调，确保了科普工作的统一协调性。

（二）高端科技资源的开放促进科普高质量供给

北京市高校、院所等科技资源密集，大量的高端科技资源在推动科普与科技相结合、扩大科普受众面、促进大众创业万众创新方面发挥着重要的作用。自 2009 年起，北京市科委联合多家高校、科研院所建设首都科技条件平台，对外开放研发设施设备以及实验服务，促进首都科技资源的开放共享。截至 2019 年，北京地区共有 882 个国家级和市级重点实验室、工程中心等，4.65 万台套仪器设备向全社会开放共享。这些高端科技资源的对外开放，充分利用和挖掘了首都丰富的科技资源，使北京高端科技资源真正发挥了其应有的价值和作用。北京市奥运村科普教育园区是北京市科委与中科院共建的一个高端科普教育基地，充分利用中科院国家天文台、地理科学与资源研究所等 8 个国家级科研院所的科技资源，力争打造参与性与互动性相结合的现代化科普项目，让公众参与科研、体验科研、理解科研，运用新型的科技手段，如虚拟现实等，让观众切实体会科技的魅力。

（三）科普活动的内容与形式不断创新

北京市每年举办各种形式、丰富多样的科普讲座、展览、竞赛等活动。北京市是全国科技创新中心，公民科学素养普遍较高，因此科普活动吸引的人众多，加上北京市丰富的科技资源、科技人才、科学设施，使得科普活动的内容和形式不断创新。比如，一年一度的科技周，通过向观众展示大量与百姓密切相关的科技成果与科技产品，大大扩大和提高了科普活动的受众面和影响力，成为北京市科普活动的重要品牌。在科技竞赛方面，通过组织创新创业大赛、青少年兴趣小组、发明创新大赛、青少年科技创新大赛等，培养了大量的科技人才。在面向群众的科普活动中，北京市的新闻出版、电视、电台等每年播出的科普节目时间逐年增长，吸引了大量的观众。同时微博等新型传媒方式的发展，进一步扩大了科普供给。

四　北京市科普高质量供给存在的主要问题

北京市科技资源雄厚，科普供给不管数量还是层次虽然在全国都处于领先地位，但是面对科普需求的快速变化和高速成长，北京市还存在科普供给与需求之间不协调、科普需求得不到满足的问题。

（一）科普多元投入机制不健全

目前北京市科普经费主要由政府拨款、社会捐赠和自筹经费几部分构成，以政府投入为主。2012 年以来，北京市科普经费一直保持持续增长态势，从 2012 年的 22.14 亿元增长到 2017 年的 26.96 亿元，持续的科普经费投入是科普供给的重要保证，但是科普经费的投入中政府投入占比较高，达 70% 以上，社会的资金来源不够广泛。崔春生、仇伟航、李群、李恩极通过对北京市科普供给侧改革灰色预测与关联度分析发现，科普经费筹集额与公民科学素质达标率的关联度呈下降趋势；与科普产出相比，对科普经费的使用效率仍有很大提升空间。①

（二）科普场地的使用效率有待提高

2012 年以来，北京市科普场地以及参观人数保持增长态势，但是通过研究分析发现，科普场地的使用效率以及科普场地对科普产出的贡献还有很大的提升空间。杨玉娟、段飞分析了科技馆科普供给与需求之间的差异，通过观众问卷、抽样调查、IPA 对比发现，科普服务供给因素中，观众满意度与员工满意度有显著差异，比如在观众满意度方面排名前五位的依次为提高

---

① 崔春生、仇伟航、李群、李恩极：《科普供给侧改革灰色预测与关联度分析——以北京为例》，《数学的实践与认识》2018 年第 9 期。

人们对科学的兴趣、工作人员的服务态度、展品解答生活中的科学问题、工作人员的专业知识、可以提高公民科学素养。但在员工满意度中排名前五位的因素为专题/临时展览的开放、自媒体信息渠道、第三方信息渠道、展品互动操作性、服务设施便利性及展厅内容丰富度。[①] 这说明科普场馆的供给与需求之间还存在一定程度的不匹配性。崔春生等通过对北京市科普供给侧改革灰色预测与关联度分析发现，“十三五”时期，科技场馆的数量与公民科学素质达标率的关联度呈明显下降趋势，[②] 这说明科技馆场地建设的硬件设施只是提高公民科学素质的基础，更重要的是如何提高科技场馆的使用效率，真正发挥科普基础设施的价值，发挥其应有的效能。

（三）科普产出的效果需进一步提升

根据崔春生等对北京市科普供给侧改革灰色预测与关联度的研究，科技竞赛与公民科学素质达标率的关联度比较高，而科普图书、科普活动等与公民科学素质达标率的关联度比较低，电视、电台科普节目播出明显促进了公民科学素质达标率的提升。[③] 这些研究表明，不同的传媒形式所产生的效果和影响力有很大的区别，应该更加注重多种渠道多种形式的科普方式，特别是要发展新媒体的科普传播方式，同时积极用好传统科普方式，使各类受众群体都能通过不同的渠道获得科普知识。

五　进一步促进北京市科普高质量供给的对策

1. 加强政府、科技资源主体与科普化主体的协同合作

充分发挥北京市科技资源密集的优势，促进多元主体的投入与科普资源

① 杨玉娟、段飞：《试论 IPA 对比分析下的科技馆科普服务供给侧改革》，《科普研究》2019 年第 3 期。

② 崔春生、仇伟航、李群、李恩极：《科普供给侧改革灰色预测与关联度分析——以北京为例》，《数学的实践与认识》2018 年第 9 期。

③ 崔春生、仇伟航、李群、李恩极：《科普供给侧改革灰色预测与关联度分析——以北京为例》，《数学的实践与认识》2018 年第 9 期。

的共建共享，引导、规范社会力量参与科普建设与科普发展，进一步强化大学、科研院所的科普义务，使学校教育、科学研究与科学普及充分融合发展，进一步加强高校、科研院所等高端科普资源的开放共享。通过促进科普产业发展，充分发挥企业的作用，通过科普创作、科普产品，积极调动市场力量参与科普建设。加强对科普资源有形和无形资产的界定，引导社会资本注入，积极促进全社会参与科学普及、科普转化以及科普应用，全面促进公众科学素质的提高。

2. 调整科普服务供给，提高科普场馆的使用效率

充分发挥北京市科技资源密集的优势，结合北京市公民素质的基本特点，积极探索适应公众多方面需求的科普供给服务体系，在供给的方式、理念、形式、内容、资源配置等方面加快相关体制机制改革，满足公众精细化、深层次的科普需求，着重提升科普供给的服务质量。从观众需求的角度出发，适当调整科普场馆在设计、服务和运营等方面的内容和形式，改善和提高观众对科普服务的互动感受和认可程度，促进科普供给与公众需求互动式发展，加强科普资源的合理配置，提高科普服务供给的准确性和有效性。

3. 推动科普产业发展，提高科普产品的质量和影响力

研究制定促进科普文化产业发展的扶持政策，鼓励科普与动漫、设计、旅游、广告、教育、娱乐等产业融合发展，支持企业在提供市场化产品时加入科普元素，提供更多的内容服务，支持“互联网 + 科普产业”发展。在科普资源和科普产业发展较好的地区，建设一批科普文化产业基地，鼓励科普新业态、新技术发展。加快制定科普产品的评价标准，不断提升科普产品的质量，推动科普产品走向国际，以科普产品提高国家的软实力。

4. 加强新兴传播技术在科普方面的应用

加强科普新兴传播技术的应用，使传统以图文为主的传播方式，向更加形象化、可视化的方式转变，将线下科普资源与科普服务推送到线上平台，扩大科普服务的受众面。利用大数据、云计算、人工智能、虚拟现实、物联网等新技术建设各类在线科普平台，如科普教育、科普宣传、科普实验室、科普社区等，鼓励各类市场主体将科普工作融入在线

产品与服务中，支持在线教育、在线生活与健康、在线娱乐休闲等百姓喜闻乐见的科普教育与宣传方式，积极发展互动型、参与型的新型科普产品，将科普服务融入各类产业和行业的发展中，推动科普产品和服务种类的多元化。

参考文献

朱世龙、伍建民：《新形势下北京科普工作发展对策研究》，《科普研究》2016 年第 4 期。

侯蓉英：《国外科学传播与科普产业研究》，《青年记者》2019 年第 10 期。

何洁：《加强科普供给侧改革　提升全民科学素质》，《科协论坛》2017 年第 4 期。

崔春生、仇伟航、李群、李恩极：《科普供给侧改革灰色预测与关联度分析——以北京为例》，《数学的实践与认识》2018 年第 9 期。

杨玉娟、段飞：《试论 IPA 对比分析下的科技馆科普服务供给侧改革》，《科普研究》2019 年第 3 期。

郑念、王明：《新时代国家科普能力建设的现实语境与未来走向》，《中国科学院院刊》2018 年第 7 期。

汤乐明、苗润莲、胥彦玲：《新形势下北京科普工作的发展模式研究》，《西安文理学院学报》（自然科学版）2014 年第 4 期。

王康友主编《科普蓝皮书：国家科普能力发展报告（2017～2018）》，社会科学文献出版社，2018。

朱世龙：《北京科普工作特点及对策研究》，《科普研究》2015 年第 4 期。

马林：《推动科普理念与实践双升级　服务北京科技创新中心建设》，《今日科苑》2019 年第 5 期。

林晓燕：《广州市科技资源科普化的政府引导研究》，华南理工大学硕士学位论文，2013。

北京市科技传播中心主编《北京科普蓝皮书：北京科普发展报告（2017～2018）》，社会科学文献出版社，2018。

B.4 北京青少年科技俱乐部科技英才早期发现与培养的探索与实践

朱广清 周 琳 阎 芳*

摘 要： 本报告围绕北京青少年科技俱乐部（以下简称俱乐部）20年来在青少年科技人才培养方面的探索实践，梳理俱乐部自创建以来的发展历程，深入剖析俱乐部科学教育实践的经验和成果，总结“科研实践”活动模式，进行科研导师团队的理论与实践探索，对比俱乐部科学教育实践与美国STEM教育的异同，得出对我国科学教育改革发展的启示，以期为我国培养科技后备人才的实践和科学教育改革发展提供参考。

关键词： 青少年科技俱乐部 科技人才 科学教育模式

一 俱乐部的创立和发展

（一）俱乐部的发展现状

北京青少年科技俱乐部是致力于青少年科技后备人才的早期发现和系统培养的公益性民间组织，主管单位为中科院科学传播局，由科技部、中国科

* 朱广清，北京青少年科技俱乐部活动委员会副秘书长，《大众科技报》原新闻中心主任；周琳，北京青少年科技俱乐部，主要研究方向为科学教育；阎芳，中国科学院计算机网络信息中心，主要研究方向为科学普及和科技期刊出版。

协、北京市教委、北京市科委、北京市科协等单位共同支持。俱乐部成立20年来，由最初的4所发展到31所，先后有721位导师和5万多名中学生参加俱乐部的科研活动，其中2300多名中学生利用课余时间走进178个科研团队及国家重点实验室进行至少1年的科研实践。

（二）“科学成就的年龄规律”

俱乐部的创立和发展离不开王绶琯院士等老一辈科学家的辛勤耕耘。王绶琯院士曾系统研究“科学成就的年龄规律”。他发现爱因斯坦、玻尔、海森堡、李政道等科学史上杰出科学家的首次创造高峰一般出现在30岁之前。他将此现象称为“科学成就的年龄规律”，认为这个年龄规律是科学人才早期培养的客观依据。

他指出，如果一个杰出的科学家30岁左右时就在他的专业领域作出了重大贡献，那么也许在他24岁左右时就已投身这一领域。由此推论，十六七岁的青少年时期就是个体探索人生、发现自我的“志学”时期，这个时候能否得到“走进科学”的机会对个体而言至关重要。这个问题对科学界来说是一种严肃的社会责任，科学资源丰富的首都是有能力为青少年承担起这个责任的。

（三）61位科学家联名倡议成立俱乐部

1998年，75岁高龄的王绶琯院士提笔致函几十位院士和专家，希望一同呼吁“开展北京青少年科技俱乐部活动”，为有志于科学的优秀高中生组织“科研实践”活动，让他们置身科学气氛浓厚的环境中，使他们能在需要开阔眼界、寻求方向的时候得到引导。他期望那些最终立志献身科学的青少年，将因为在这一关键时期得到社会关爱和前辈提携而终身受益，即使有些人最终分流到其他岗位，也会因这一时期打下的科学基础而受益终生。

王绶琯院士的倡议很快得到了许多科学家的积极响应，同年，包括钱学森等“两弹一星”功勋在内的61位院士科学家积极支持并郑重签名，联名发出《关于开展首都青少年科技俱乐部活动的倡议》。这份倡议得到了北京青少年科学基金会、中国科学院科普领导小组、中国科协青少年部、国家自然科学基金委员会、中国技术交流中心、北京市教委、北京市科协、北京市科委8家单位的支持。1999年6月12日，北京青少年科技俱乐部成立大会在北京四中举行，标志着俱乐部正式成立。

20年来，俱乐部在青少年科技人才培养方面取得了显著成效。一批30多岁的往届会员已成长为国际科学前沿的领军人物。许多优秀的往届学生会员登上俱乐部学术讲坛，为新会员做学术前沿报告，通过俱乐部的平台引导新一代有志于科学的青少年进行科学探究，促进了俱乐部教育模式的可持续发展。

二 “科研实践”活动模式

（一）“三位一体”的科学教育实验

2005年，王绶琯院士撰写《引导有志于科学的优秀青少年“走进科学”》一文，明确定义俱乐部活动宗旨为“为明日的杰出科学家创造机遇”，并提出“科研实践”活动的三个基本性质。

第一，它是一种为“明日的杰出科学家创造成才机遇”的实验。王绶琯院士认为明日的杰出科学人才非常有可能从今日有志于科学的优秀高中学生中产生，为他们创造机遇是发现人才并造就人才的重要途径。第二，从参与这一活动的中学看，它是利用科研第一线的条件，进行高中学生“科学思想和科学方法教育”以及高层次“探究性教育”的实验。第三，从承担这一科普活动任务的科研团组看，是把常规的“高级科普”延伸成“个性化的特长教育”的实验。王绶琯院士认为，这个实验除了它本身的目的和意义外，它的方法还体现为当前科普领域和教育领域“前沿课题”的交会。

（二）“四科”并举的科学素养培养

“科研实践”活动对学生科学素养的培养坚持“四科”，即科学知识、科学思想、科学方法、科学精神并举。与以知识传授为主要目的的传统分科教学不同，“科研实践”活动要求有志于科学的优秀高中学生利用课余和假期到优秀科研团组进行一年左右的“科研实践”。其核心理念是，引导这一部分中学生走出校门，到科学社会中“以科会友”：走进科研院所重点实验室，“真刀真枪”地进行科研实践。此外，俱乐部还定期组织野外科学考察活动，举办科学名家讲座、科学家与中学生联谊会、学生会员学术沙龙等。俱乐部通过这些科研训练帮助学生直观深入地理解科学概念和模型，更好地培养学生的科学态度与精神，扩展和提升他们的科学思维与能力，提高其科学探究能力及在真实情景中的应用能力。

（三）与时俱进的三项探索

新时代，我国科技后备人才成长与储备战略意义日益凸显。王绶琯院士进一步提出“为明日的杰出科学家创造机遇”应进行如下三项探索。

1. 2002年，设置“科研实践评议”环节

建立有效的考核体系是评价科学教育实践质量的重要一环。为考察学生会员的领悟力、思辨力、创造力，检验“科研实践”活动效果，从中发现表现突出的“科学苗子”，2002 年，王绶琯院士设计了“科研实践”活动最后一个环节——“科研实践评议”。“科研实践评议”包括前期征集、查重、初评、书面评议、答辩评议会五个阶段。评议采取“开卷互动”的答辩方式，由多名资深科学家担任评委，就学生的“科研实践”学术报告对其科学素质和能力进行评估。这种评议方式是科学切磋、科学熏陶的一个过程，有助于学生会员自我评估，也为“科学苗子”的发现提供一个较为可靠的途径，使已明确显现出科学禀赋和志趣的学员能够“发现和被发现”，使学员进一步认识科研、发现自我、走进科学。这对于探索科学教育中科学探究能力和核心科学素养的评价体系具有重要的参考价值。

2. 2006年，启动“校园科普”活动

2002 年，《中华人民共和国科学技术普及法》施行，强调加强科学技术普及工作对实施科教兴国战略和可持续发展战略的重要意义。2006 年，国务院发布《全民科学素质行动计划纲要》，科普工作的重要性进一步凸显。

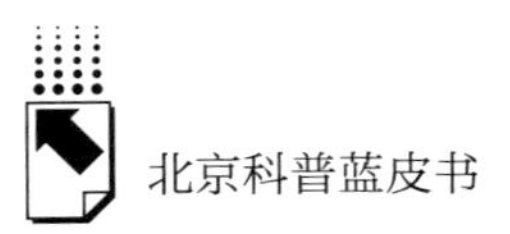

王绶琯院士认为全民科学素质包含全民科学素质和精英科学素质两个层次，这两个层次犹如塔基和塔顶。俱乐部活动当延伸至“科学素质教育”平台，循着“铺设塔基”和“攀登塔顶”两个思路开展。由此，俱乐部增加了以初中学生为对象的“校园科普活动”。

“校园科普活动”是一种有别于课程教育的特设素质教育。王绶琯院士将“校园科普活动”作为全民科学素质教育的一个部分，并将其作为一个实验。与“科研实践活动”不同的是，“校园科普活动”是面向初中生的科普活动，通过“做科普”项目进行基本科学素质教育，旨在普遍培养学生“学科普、做科普、体验集体创作精神”。迄今，“校园科普活动”在 8 所中学共约 20 个初中班进行过“实验”。这是俱乐部面向更广大青少年教育群体的一次尝试。

3. 精耕细作，高效利用科研导师资源

近年来，王绶琯明确提出“精耕细作”的战略思想，探索精准地熏陶和引领“明日的杰出科学家”。2019 年，王绶琯就“精耕细作”战略作了进一步的阐释：一是俱乐部需要争取国家相关部门的认可和支持，为自身可持续发展提供保障；二是“打铁还需自身硬”，科研导师是俱乐部最宝贵的资源，精耕细作需尊重每一位导师的想法，并尽可能满足个性化“搭桥”需求，期望资源的利用更加准确、有效。2019 年，俱乐部在开展常规活动和筹备 20 周年活动中不断总结走过的历程，举办多场研讨会，就如何进一步“精耕细作”集思广益、建言献策。

（四）发展个性化科研训练，坚持教育活动的公益性

北京青少年科技俱乐部的独特之处在于：发展个性的教育并且坚持教育活动的公益性。俱乐部由多家科教领导单位给予资金、师资力量支持。自俱乐部成立以来，教育活动始终坚持公益性，由科学家组成的科研导师团队始终坚持志愿服务。此外，俱乐部教育与中学教育相区别：中学教育是发展共性的教育，要求教育对象掌握中等程度的科学文化知识和初步的劳动技能，为提高现代人的一般素质打好基础；俱乐部是在中学生全面提高一般素质的

基础上，经过相对独立的探索未知的科研训练，学习科学方法，发展创新能力，提高科学素质，使其“走近科学”，从中发现可能的“科学苗子”，帮助他们“走进科学”。俱乐部的培养对象是那些学有余力、热爱科学的优秀高中生。俱乐部提供的科学教育是发展他们科学方面的兴趣、爱好和特长的教育，是发展个性的教育。

三　科研导师团队的理论与实践探索

20 年来，围绕着王绶琯院士倡导并设计的“科研实践”活动，俱乐部在面向青少年的科学教育培养的理论研究和实践探索方面也在逐步完善。

（一）王绶琯的主要科学教育思想

王绶琯院士依据“科学成就的年龄规律”提出：造就一代杰出的科学人才必须把任务放在高中时期，为高中生创造机遇，从而提高在这一群体里发现和造就人才的概率。在活动形式上应组织有志于科学的优秀高中生到我国科研第一线，进行一段时间“真刀真枪”的科研实践活动，通过科研实践活动、野外科学考察、科学名家讲座、校园科普等不同的科技活动模式帮助每一个学生“走近科学”，从中发现可能的科学苗子，帮助他们“走进科学”，而在这一过程中要注意避免任何应试教育、应赛教育模式的干扰。

在培养目标上，俱乐部成立伊始，王绶琯院士就主张科技后备人才的未来是要做诺贝尔奖级的工作。他认为，科技人才储备是国家重要的“软实力”，而人才是不拘一格、因材施教、一个一个地“储备”下来的。俱乐部创建早期，他预见到“科研实践”活动如果坚持下去，一直保持细致、耐心和严谨，那么，按已经看到的效果推论，平均每年可以发现两三个“科学苗子”，坚持十几年可望积累 30 ~ 50 人，其中包含每年一两个“诺贝尔奖级”（达到了水平但不一定实际上得奖）人才，是可以指望的。

（二）坚持小分队形式的教育实践探索

王绶琯院士提出俱乐部“大手拉小手”探索型小分队的形式应得到重视和发展。“大手拉小手”志愿者小分队由多个科教领导部门共同支持，是由一批中国科学院院士与中国工程院院士、各领域科学技术专家、大学教授组成的顶级志愿者科研团队。科学家志愿小分队是俱乐部活动的学术灵魂，对培养青少年科学素养的实践探索具有重要意义。20 年来，先后有 721 位专家在俱乐部 124 个学术指导中心担任科研导师。科研导师对学生会员的指导作用集中地体现在他们前瞻的科学视野，探索求真的科学思想、科学方法、科学精神与高尚的人文情怀之中。探索型小分队应具备“试错精神”，多个独立小分队自由探索，相互切磋，是大部队得以稳步前进的重要条件。

四　俱乐部科学教育模式与美国 STEM 教育模式的异同

STEM 教育以跨学科、探究式、情境性、重实践为基本特征，是一种基于科学、技术、工程、艺术和数学的跨学科教育。自 20 世纪 80 年代起，科技人才发展的瓶颈促使美国多个组织推出一系列教育政策，从而掀起了 STEM 教育运动的热潮。STEM 教育模式因在综合问题解决能力培养方面的优势，日益为世界各国所采纳①。作为美国一种提高国家竞争力和劳动力创新能力的教育发展战略，STEM 教育着力提高学生实践探究能力和解决实际问题的能力。而我国 STEM 教育的研究和实践起步较晚，自 2012 年以“STEM 教育中的教学创新与科学课研究”为主题的第二届科学、技术、工程和数学国家教育大会在北京召开以来，STEM 教育才日益成为学界关注的热点话题。

① 董泽华：《美国 STEM 教育发展对深化我国科学教育发展的启示》，《教育导刊》2015 年第 2 期。

不难发现，俱乐部科学教育实践模式与美国STEM教育模式有诸多相似之处。在核心理念上，两者都注重对学生综合科学素养的提升，不仅帮助学生获得具体的科学技能和思维，还强调培养学生科学态度和科学精神。在教学方法上，两者都强调个性化的科研实践，以兴趣引导学生的探究实践，避免单一学科知识的简单灌输。在教学模式方面，两者都强调在非正式学习中以问题为导向，通过引导学生解决实际情景中的问题建构知识体系，提升综合科学素养。

与STEM教育不同的是，从培养方式来看，俱乐部科学教育实践是由科学家群体倡议发起的一次培养高层次前沿领域科技人才“实验”，聚焦于青少年科技人才的早期发现和培养，是科学家群体秉持为国育才使命而进行的公益性教育实践探索；美国STEM教育则是由美国联邦政府自上而下推动的一项国家长期教育战略规划。从受教育群体来看，俱乐部的科研实践训练主要面向高中阶段的青少年群体。从师资上来看，俱乐部的科研导师主要来自各专业领域的科研人员，科研导师依靠自身专业领域知识，通过科研实践的方式引导学生开展科学探究。

五　对我国科学教育改革发展的启示

科学教育的发展是培养未来科技创新人才的关键，我国在建设科技强国进程中面临对科技人才的旺盛需求与创新型人才实际数量匮乏之间的矛盾。我国科学教育相较欧美国家起步较晚，针对我国国情的科学教育研究和实践基础还比较薄弱[①]。我国科学教育，特别是基础教育阶段的科学教育深受传统课堂教学模式的影响，重理论、轻实践，科学教育内容的组织及活动大多以知识传授为中心，在培养综合科学素养方面存在短板。

当前我国经济发展已转变为创新驱动发展模式，而创新驱动就是要依靠

① 严晓梅、裴新宁、郑永和：《我国科学教育发展问题的思考与建议》，《科学与社会》2018年第8期。

创造性的人才。清华大学经济管理学院院长提出“创造性等于知识乘以好奇心和想象力”的假说，即：

$$\text{Creativity} = \text{Knowledge} \times (\text{Curiosity} + \text{Imagination})$$

他认为基础教育固然是创新的基石，但在以教师传授标准答案和学生考取好成绩为目标的情况下，学生的好奇心和想象力极易被扼杀，创新便无从谈起。[①] 因此，近年来“科学探究”“批判性思维”“元认知”“学习能力”等概念被屡屡提及，成为科学教育目标探讨的重点方向。可见，传统的以科学知识为目标的科学教育应被摒弃，教育不是简单地传授知识，科学教育也不仅仅是培养具备知识的技术人才。俱乐部的教学实践强调通过科研训练等科学教育方式，多维度培养学生的科学素养，注重从知识的学习向能力和素养的培养转变，为我国科学教育创新发展的理论研究和教学实践提供了有益参考。

随着政府、教育界、公众对科学教育的重视程度和投入不断提高和加大，科学教育改革已成为一项多方参与的系统性工程。作为科学教育实践的先行者，俱乐部科学教学实践辐射效应不断扩大。近年来，中国科协和北京市教委相继推出“英才计划”和“翱翔计划”等人才培养项目。2015年，中国科学院将俱乐部列入“‘科学与中国’科学教育”计划进行重点推广，这体现了老一辈科学家践行的人才培养模式具有一定程度的前瞻性和先进性。

党的十九大报告将人才从第一资源提升至“实现民族振兴、赢得国际竞争主动的战略资源”高度。当今世界各国综合国力的竞争，归根结底是人才的竞争。科技后备人才的储备与成长对我国创新型国家和科技强国建设具有深远的战略意义。新形势下科技人才培养工作对俱乐部科学教育模式的探索提出了更高的要求。未来，俱乐部应加强以下几个方面的工作。

一是要加强活动委员会、科研导师、学生之间的沟通交流。将“精耕

① 钱颖一：《亚布力中国企业家论坛2017第十七届年会》，《中国会展：中国会议》2017年第2期。

细作”贯穿“科研实践”活动始终，合理利用科研导师资源建立学员横向交流平台和有效反馈机制，把对往届会员的追踪作为一项常规工作持续不断地做下去。

二是要进一步探索俱乐部人才培养模式。总结实践经验，发扬俱乐部优良传统。继续举办“科学名家讲座”、参观交流、野外科学考察等多种形式的活动，坚持“科研实践”评议活动的严谨性和权威性。进一步规范管理，修订俱乐部规章制度、管理办法等，以适应新形势、新环境、新需求。

三是要探索俱乐部“会员选拔”方式。其一，基地学校进一步加大学员选拔力度和实效性，从源头确保活动生源质量和活动的有效性；其二，制定俱乐部“科研实践”活动选拔细则，从活动管理方面保证学员参加活动的持续性和质量；其三，根据导师的要求，设计不同方向的冬令营、夏令营或面试方式，发现、选拔学生会员。

参考文献

北京青少年科技俱乐部：《关于开展首都青少年科技俱乐部活动的倡议书》，http：//www. scitech-youth. org. cn/jlbgk/jlbjj/201805/t20180515_ 406363. html，最后访问日期：2020 年 3 月 13 日。

习近平：《决胜全面建成小康社会夺取新时代中国特色社会主义伟大胜利——在中国共产党第十九次全国代表大会上的报告》，新华网，2017 年 10 月 27 日。

《中华人民共和国科学技术普及法》，法律出版社，2002。

《全民科学素质行动计划纲要》，《中国科技教育》2006 年第 3 期。

严晓梅、裴新宁、郑永和：《我国科学教育发展问题的思考与建议》，《科学与社会》2018 年第 8 期。

董泽华：《美国 STEM 教育发展对深化我国科学教育发展的启示》，《教育导刊》2015 年第 2 期。

丁林、杜玉霞：《从美国 STEM 教育的发展看中国 STEM 教育》，《中国信息技术教育》2016 年第 2 期。

张伟达、张伟成、王海艳、杨元魁：《STEM 教育对我国科学教育改革的启示》，

《东南大学学报》（哲学社会科学版）2017 年第 19 期。

王光斌：《论科学教育与科学理性的建构》，《文山学院学报》2017 年第 1 期。

任亚婧：《浅谈我国科学教育在小学教育中的现状及其启示》，《教育教学论坛》2020 年第 7 期。

《全民科学素质行动计划纲要（2006—2010—2020）》（国发〔2006〕7 号）。

B.5

北京防范化解重大风险科普服务供给能力研究

王　伟*

摘　要： 各类突发公共事件频频发生，给社会公共安全领域带来巨大挑战，也对科普服务供给能力提出新的要求。本报告从应对处置突发公共事件的科普能力的现状与挑战入手，提出了完善服务体系，加强制定政策法规，加强科普阵地建设和人才队伍建设，增强信息资源整合和扩大科普主体活动等防范化解重大风险、增强北京科普服务供给能力的建议。

关键词： 突发公共事件　应急科普　科普服务供给

一　引言

当前，世界范围内各类突发公共事件频频发生，如切尔诺贝利核电站事故、卡特里娜飓风、印度洋海啸、疯牛病事件、非典型性肺炎、新型冠状病毒引起的肺炎疫情等，给社会公共安全带来巨大挑战。突发公共事件主要包括：自然灾害、事故灾难、公共卫生事故、社会安全事件等。有效预防与应对各类突发公共事件，提升防范化解重大风险能力，有效管理和处置危机，维护正常的社会秩序，保障人民群众的生命财产安全，减少社会危害和经济

---

* 王伟，硕士，北京市科技传播中心科普部副主任（主持工作），主要研究方向为科技传播与科学普及。

损失，对新时代北京科普公共服务供给能力提出了更高的要求。

随着我国应急管理体系日益完善和科普事业蓬勃发展，防范化解重大风险科普工作愈发受到政府部门的重视。科技部、中宣部联合制定发布的《“十三五”国家科普和创新文化建设规划》中专门强调了应急科普能力建设，要求各级政府针对环境污染、重大灾害、气候变化、食品安全、传染病、重大公共安全等群众关注的社会热点问题和突发事件，及时解读，释疑解惑，做好舆论引导工作。同时，要结合重大热点科技事件，组织传媒与科学家共同解读相关领域科学知识，引导公众正确理解和科学认识社会热点事件。

近年来，北京加大科普投入，加强政策引导，注重资源配置，科普供给服务水平持续提升。在防范化解重大风险的科普服务供给方面，北京以提高和增强科学认知水平和风险防范意识，提升公众的防灾、避险、自救、互救能力为核心，面向市民广泛开展应急科普宣教工作，尤其是对涉及科技的热点事件和突发事件，引导公众正确理解和科学认识，提升了公众的防灾减灾素养和应急处置能力。北京市民参与重大风险防范和社会治理氛围逐渐形成。

二　北京防范化解重大风险科普服务供给现状

（一）北京防范化解重大风险科普服务的主要特点

目前，北京防范化解重大风险科普工作呈现三个特点。一是在北京市科普工作联席会议制度下，初步建立了由37家成员单位和16个区组成的应急科普工作体系，各部门、各区针对防范化解重大风险以及北京重点工作和民生热点，开展了多元化、常态化、普惠化的科普服务。二是北京市命名419家科普基地、107家社区科普体验厅，科普设施成为防范化解重大风险科普宣传教育的主要阵地。三是政府部门积极利用官方网站、官方微信公众号、政务微博等新媒体平台，进行应急科普知识传播与信息公开。经过多年工作实践，北京防范化解重大风险科普格局初步形成，专业人才队伍壮大，科普活动形成品牌，提升了北京市民防灾自救和生活生产技能，体现了科普对防范化解重大风险的社会价值。

防范化解重大风险是北京科普公共服务的重要任务之一。北京围绕大气污染防治、生态环境改善、食品安全保障、重大疾病攻关等民生科技重点工作开展科普服务。依托科协、工会、共青团、妇联等群众团体的作用，通过宣讲、科普展览、互动体验项目等多种形式，向公众传播地震、地质灾害、极端天气、火灾、居家安全、卫生防疫等方面的公共安全和应急管理知识，开展了家庭防灾减灾技能传授、风险隐患辨识、应急预案编制、应急演练等形式多样的科学素质提升活动。北京市相关部门在公园、社区、学校、企事业单位等公共场所，引导各行各业开展不同领域科普宣教活动。北京市各区采取展板巡展、科普讲座、知识竞赛、装备展示、现场体验、应急演练等形式，利用民防宣教基地、科普教育基地、社区体验厅等资源，开展防灾减灾和风险防范科普进企业、进机关、进学校、进社区、进农村、进家庭、进公共场所活动。

（二）北京防范化解重大风险科普服务的开展情况

在北京防范化解重大风险科普服务体系构建过程中，北京市科普工作联席会议发挥了组织协调引导的作用。北京市科普工作联席会议的成员单位结合各自工作职能和优势资源，带动社会力量开展防范化解重大风险科普工作，凝聚了一批专业科普人才，打造了知名度较高的科普品牌活动，面向基层一线、面向重点人群、面向热点领域，将应急知识技能和科普服务向基层拓展，针对公共安全、风险治理、应急管理、防灾减灾、危机事件、自然灾害、事故灾难、公共卫生、生活安全，传播普及应急知识和技能，发挥了舆论引导、及时辟谣和稳定民心的作用，如在地震、台风、公共卫生和食品安全事件中，增强和提升了市民对公共突发事件的心理素质和处置能力，增强社会危机管理意识和抵御风险能力。

1. 防范化解安全生产风险

北京市应急管理局结合北京市安全生产工作的实际情况，每年举办

“安全生产大讲堂”“北京市应急管理宣讲团”等活动，涉及政策法规、安全与应急知识、典型榜样、事故警示等科普内容，把安全生产科普覆盖企业、机关、社区、农村、家庭、公共场所等社会主体。在每年安全生产月期间，北京市各区、各行业、各企业，广泛组织开展应急演练活动，增强从业人员的安全生产意识，提高企业员工自救互救能力和应对突发生产安全事故的应急处置能力与指挥能力。

2. 防范化解地震灾害重大风险

北京市地震局开展抵御地震灾害综合防范科普工作，制定了具有北京特色的工作措施，逐步建成政府推动、部门协作、社会参与的防震减灾科普工作格局。在地震事件防范应对工作中，每年举办防灾减灾宣传周系列活动，开展北京市中小学生防震减灾科普创客大赛、北京市防震减灾科普讲解大赛、首都防震减灾科普大讲堂教育培训工作。推动将防震减灾教育培训纳入基础教育，进行开放性科学实践课程开发和防震减灾科普研学活动。北京市地震局官方微博对地震事件进行应急和处置，快速发布地震速报、科普、辟谣、应急等信息，回应社会关切并辅以科普解读，起到了稳定社会情绪和防范风险加强指导的作用。

3. 防范化解气象灾害风险

北京市气象局等部门联合举办北京市气象科普讲解大赛中学生气象知识竞赛，宣传普及气象科学知识，增强全社会气象防灾减灾能力。在每年的气象科技活动周期间，北京市各区开展各类气象灾害科普服务，内容涉及气象灾害预警信号、防雷安全知识、汛期预测、暴雨与地质灾害、预警信息分级及获取渠道等，向公众讲解应对雷电、暴雨、大风雹等自然灾害的知识与技巧，通过温度、湿度、气压、风速、降水等指数的现场观测和展示，提升公众对气象数据来源和气象应急指挥车的了解，增强和提升公众应对气候变化、气象防灾和减灾的意识和能力。

4. 防范化解网络安全风险

针对来自网络空间的现实威胁和潜在风险，北京市从 2014 年开始把每年 4 月 29 日设为“首都网络安全日”，将网络发展纳入城市管理体系，倡导首都各界和网民群众共同提高网络安全风险意识，承担网络安全责任。在每年网络安全日期间，北京市公安局开展一系列科普宣传活动，包括网络空间法治化治理论坛、全民网络安全教育展、全国大学生电子数据取证比赛、北京国际互联网科技博览会等活动，建立具有参与性、互动性的网络安全体验基地，宣传网络安全科普知识。防范和化解网络安全风险已成为北京市一种长期的、常态化的科普服务。

5. 防范化解生态安全风险

北京市生态环境局开展生态环境科普宣传教育，举办“绿色用车环保出行”科普展，展示北京市大气污染防治阶段性成果。在每年生态环境文化周期间，北京市围绕大气污染精细化治理、水污染防治、生物多样性、生态文明建设与乡村振兴等主题，集中开展科普宣讲，宣扬生态环境保护理念，引导动员市民参与，逐步实现北京生态环境共建共治共享。

（三）北京防范化解重大风险科普服务的设施建设情况

科普基地是防范化解重大风险科普服务的重要组成力量。北京市目前已形成以中国科技馆等综合性场馆为龙头，自然科学与社会科学、综合性与行业性协调发展，门类齐全、功能较为丰富的科普基地体系。

北京市有关部门利用科技资源，建设了一批科普开放型台站，以气象、地震等台站为主体打造科普基地，配套相关理论和实践课程，建成防震减灾活动和教育的固定场所，面向社会开展科普服务。同时，北京市科委、北京市科协、各区政府，投入经费支持应急科普教育设施建设，建设防范重大风险科普服务场馆，各类防灾减灾社区和科普教育示范学校发挥示范引领作用，下面介绍海淀公共安全馆和应急逃生社区科普体验厅两个案例。

1. 海淀公共安全馆

海淀公共安全馆是北京市海淀区政府兴建的综合性公共安全教育基地，是北京市科普基地。海淀公共安全馆建立了系统化公共安全学科体系，内容覆盖“自然灾害、事故灾难、公共卫生、社会安全”四大公共安全领域，场馆设置了环境安全、交通安全、社会治安、消防安全、地震灾害、禁毒教

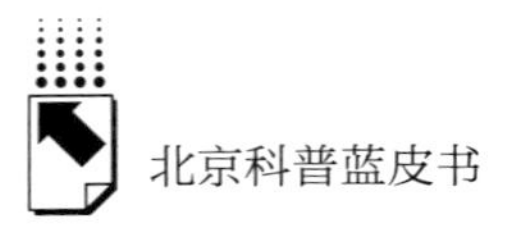

育、人民防空、安全生产、信息安全和城市安防、水上自救、卫生健康、人口安全、普法教育等十余个科普展区，共170多个展项，是北京市民学习灾难避险知识的公益场所和青少年公共安全教育的校外课堂。

海淀公共安全馆采用了幻影成像、雾幕成像、抠像技术、模拟驾驶、磁悬识性技术、VR互动技术等高科技展示手段，以观看类、互动类、体验类三种不同性质的展示方式，普及自救和逃生的知识与技能。特色展项包括汽车模拟驾驶、航空安全体验舱、烟雾黑暗走廊、地震体验平台等，具有趣味性、科学性、参与性，能够更加有效地发挥公共安全科普教育基地的作用，提高市民对于公共安全重要性的认识，成为北京开展应急科普教育的重要阵地。

2. 应急逃生社区科普体验厅

由北京市科委支持，中关村智慧减灾救灾产业技术创新战略联盟建设应急逃生社区科普体验厅。应急逃生社区科普体验厅以“减轻社区灾害风险，提升基层减灾能力”为目的，普及防灾减灾知识和技能，增强城乡社区居民的风险防范意识和应急避险自救能力。应急逃生社区科普体验厅设置科普演示板、智能接收终端、消防设施、应急救援工具、应急照明工具、脚踩发电车、工业级服务器等硬件设备和社区数据上传与统计软件系统，配有VR智能体验系统，居民可体验突发地震后的科学逃生。应急逃生社区科普体验厅配置了智慧社区综合减灾管理平台，平台在社区居民家中也设有智能终端，社区发布极端天气、卫生健康等预警信息，居民家中的智能终端可以自动唤醒并“广播”信息。

应急逃生社区科普体验厅设在街道党群活动中心内，与社区文化、智能家居、智慧养老等融为一体。居民可在展厅现场体验灾害风险及逃生自救方式，也可在家中通过网络平台学习培训技能、了解政府信息，使应急科普辐射更大范围，提升社区居民综合防灾减灾救灾能力。

三　北京防范化解重大风险科普服务面临的挑战

近年来，我国高度重视防范化解重大风险和突发公共事件的应急管理工作，制定了《中华人民共和国突发事件应对法》和各类应急预案，成立了国家应急管理部，应急管理体系不断完善。从科普角度来看，应急科普工作机制和科普服务体系尚未建立完善。

北京在推动防范化解重大风险科普服务方面已经取得了一定成效。但随着全球突发事件发生频率升高，各类社会风险及其引发的自然灾害、事故灾难、公共卫生事件和社会安全事件呈现损失大、影响大、复杂性、潜在危险源增多、防控难度变大等新趋势。同时，公众风险危机意识、防灾减灾知识和自救互救技能相对缺乏，这对北京防范化解重大风险和应对突发事件科普工作提出了新的挑战。

一是在应急科普的制度层面、工作机制上的顶层设计和整体规划不够，缺少防范化解重大风险科普服务的总体方案和具体指导措施，公众有效掌握、利用应急科学知识的渠道还有待丰富和拓展。

二是防范化解重大风险没有形成完整的科普工作体系、知识体系、宣传体系。对于应急科普的概念界定不够清晰，防范化解重大风险科普内容、形式和手段比较单一，服务能力仍有很大提升空间。

三是在科普政策法规中涉及应急科普的政策法规较少，比如在《北京市科学技术普及条例》中，对于政府部门、专业科普场所和科普工作者开展应急科普的社会责任和主要任务，缺少相关具体规定。

四是应急科普资源分布分散、零散，质量参差不齐，缺乏统一整合和统一利用。缺乏系统性、专业性的应急科普产品信息资源库建设，造成很多优质的应急科普资源闲置或浪费。

应急科普是系统性、专业性、长期性的社会工作，需要配套政策法规、资源协调和运行机制等保障，需要社会各界与市民的共同参与。

四　北京增强防范化解重大风险科普服务供给能力的对策建议

近年来，北京科普事业蓬勃发展，北京全民科学文化素质持续提高。但

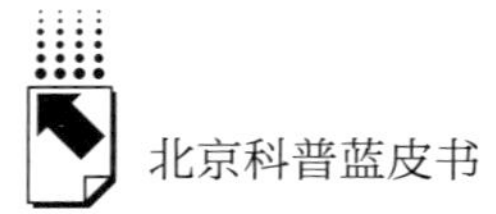

是传统科普服务难以充分满足公众日益增长的科学文化需求、实现社会治理发展目标。北京可从以下六方面增强防范化解重大风险科普服务供给能力。

（一）加强防范化解重大风险科普服务体系的整体规划和协同机制

各政府职能部门共同参与制定应急科普工作规划和实施方案，加强政策引导、经费支持、绩效考核等保障措施。将应急科普工作纳入政府职能部门考核范畴，确保应急科普工作的有效落地。建立政府主导、部门合作、市区联动、公众参与的应急科普格局，完善政府部门、领域专家、社会力量、新闻媒体等合作开展防灾减灾宣传教育的工作机制，加强防范重大风险宣传教育，全方位推动应急科普社会化，增强公众化解重大风险的能力。

（二）健全完善相关政策法规

健全完善防范化解重大风险科普服务的相关政策法规，细化规章制度，使应急科普工作有法可依、有章可循。构建科普宣教绩效评估机制，明确应急科普的责任主体，从法制层面保障应急科普工作长效有序开展。加强对市民防灾素养的普查，采用走访、调查、访谈、案例研究等形式，摸清市民防灾减灾科学素养的现状和水平。

（三）加强应急科普阵地建设

充分利用科普基地的现有资源，构建北京市特色的应急科普场馆体系，加强防灾减灾科普教育基地建设。推进科普基地防灾减灾资源和科普服务进学校、进社区、进农村、进家庭、进企事业单位。创建综合减灾示范社区，定期开展社区防灾减灾科普宣教，组织社区居民进行应急培训和演练，提升公众应急避险和自救互救技能，拓展延伸基层科普服务。

（四）加强应急科普人才队伍建设

建立由行业专家指导、科普专职人员参与、科普志愿者组成的专兼职结合的高素质应急科普人才队伍。将应急科普教育纳入国民素质教育体系和中小学教育课程体系，推进灾害风险管理学科建设和人才培养制度构建，建立多层次应急科普教育与培训体系。建立市、区、街乡、社区（村）应急科普工作者的队伍。建立防范重大风险的科普专家库，鼓励和动员各领域的专家、媒体从业者加入应急科普服务队伍。

（五）加强知识信息资源整合

以知识资源库建设为载体，加强对防范化解重大风险科普知识信息资源的整合，建立科普知识体系，完善科普知识分类。编辑应急科普指南、知识汇编。加强应急科普内容创作开发，推动创作适合于不同社会群体的防灾减灾科普读物、教材、动漫、游戏、影视剧等科普产品。加大对网站、微博、微信公众号和 App 等新媒体的有效利用，拓宽应急科普传播路径、渠道与覆盖面。在媒体设置应急科普栏目，将防灾减灾宣传教育与民生结合，通过新闻、知识、预警信息等内容，不断增强社会公众的风险防范意识。综合运用传统和新媒体结合方式，让应急科普服务逐层渗透到公众生产和生活的方方面面，将防范化解重大风险内化为公共生活的组成部分，培养市民参与社会风险防范治理的责任意识。

（六）扩大主体科普活动影响

综合利用好防灾减灾日、世界气象日、世界地球日、世界环境日、世界森林日、首都网络安全日、消防安全宣传月、安全生产月等重要科普节点，通过“科技活动周”“全国科普日”等大型科普品牌活动，集中开展应急科普主题宣教活动，提升公众的公共安全意识、社会责任意识和自救互救能力。

结　语

科学普及是一项提高公众科学文化素质、促进经济发展和社会文明进步的公共服务。防范化解重大风险科普服务是科普工作的重要组成部分。特别是针对公共突发事件、公共卫生事件、自然灾害、极端天气等风险防范应对，北京应进一步加强政府部门、社会组织、专家、媒体、公众等多元主体的协同机制，优化资源配置、丰富服务内容、拓展服务渠道、扩大服务范围，建立经常性与应急性相结合的科普工作机制，增强北京防范化解重大风险和应对突发公共事件科普服务供给能力。

参考文献

刘倩：《国内应急科普现状概况》，北京市安全生产科学技术研究院网站·新闻中心·安科观点，http：//www. basst. org. cn/newsshow. php？ cid = 32&id = 2926，最后访问日期：2020 年 3 月 13 日。

王明、郑念：《建立国家应急科普机制势在必行》，中国科普网，http：//www. kepu. gov. cn/www/article/d7bcfff4cb7945f6a9db2b9847fe75e5，最后访问日期：2020 年 2 月 19 日。

祝明：《如何全面提升防灾减灾救灾能力》，《学习时报》2018 年 2 月 5 日。

B.6

大数据时代科普供给侧改革

——“智能 +”北京科普供给模式研究

毕然 孙勇*

摘　要： 随着大数据时代的到来，云计算、大数据以及人工智能技术的不断发展和成熟为科普领域的供给侧改革提供了新的有力抓手。大数据时代科普的供需关系发生根本性转变，大数据对传统科普产生巨大冲击，所以利用日益成熟的新技术打造“智能 +”科普的新模式，对传统科普进行供给侧改革势在必行。本报告从技术角度分析了“智能 +”科普的可行性以及面临的挑战，介绍了北京在“智能 +”科普上的先进做法，并将其总结为“点线面体”的“智能 +”北京科普供给模式，最后从科普信息平台的建立、科普需求的技术分析以及加强科普人员对新技术的学习等角度提出了建议。

关键词： “智能 +”科普　科普供给侧改革　大数据　云计算

习近平总书记在第二届世界互联网大会上发表重要讲话时指出，“以互联网为代表的信息技术日新月异，引领了社会生产新变革，创造了人类生活新空间，拓展了国家治理新领域，极大地提高了人类认识世界、改造世界的

---

* 毕然，中国社会科学院研究生院数量经济与技术经济系博士研究生，主要研究方向为科普、供给侧改革、经济预测与评价；孙勇，副研究员，北京市科技传播中心副主任（主持工作），主要研究方向为科技传播与科学普及、科技创新政策。

能力”；在视察中国科学院时强调“大数据是工业社会的‘自由’资源，谁掌握了数据，谁就掌握了主动权”。目前，随着大数据以及云计算等技术的出现和逐步走向成熟，人工智能的应用场景越来越多，在此驱动下新产品、新服务、新产业层出不穷，一个基于技术进步的“大数据时代”的来临对社会、经济以及每个人的生活都产生了深刻影响。

对于供给侧改革来说，大数据不仅能够集中反映市场需求的变化，解决供需之间的矛盾，还能总结规律、预测趋势，为改革提供更加精细化的全方位支持。本报告以“智能+”北京科普供给模式为切入点，深入探讨在大数据时代我国科普供给侧改革的现状、特点以及发展趋势，希望可以在信息技术发展的新时期为全国的科普工作提供经验。

一　大数据推动科普供给侧改革

（一）大数据时代科普的供需关系发生根本性转变

随着大数据时代的来临和信息技术的飞速发展，科普的供需关系正在悄无声息地发生变化。供给和需求是市场经济的一个基本矛盾体，只有供需相互适应，市场才能有序、健康运转，任何一个方面出现问题都会影响经济的健康发展。我国在经济建设早期，商品较为短缺，供不应求是经济的主要矛盾，放到科普工作上就是人民日益增长的对科学知识普及的需求和渴望与有限的科普作品供给、匮乏的科普途径之间的矛盾。而随着我国经济的不断发展、社会生产力的不断提高，商品也大大丰富，但是仍然不能很好地满足人民的需求。从表面来看，在数量上是供给大于需求了，很多科普作品印成书而滞销，很多科普节目无人观看，好像人们现在不像科普短缺时那么渴望科普产品了。但是从深层次来看，科普需求正在发生变化，而科普的供给并没有及时适应这种变化，这造成了供给与需求在数量和质量上的错位。

首先，人们获取信息的方式发生根本性转变。随着21世纪信息化的不断发展，尤其是移动互联网的出现，信息已经成为全世界人民最普遍的生活元素，公众在获取科学知识的方式上经历了由相对固定时间、地点、途径到无时无刻、随时随地、泛在化的转变，由平面、肉眼、深层次阅读到体验阅读、浅阅读、碎片化阅读的转变，由二维、平面化媒体到多维、全媒体的转变，由单一追求科普知识到更加偏好科普与艺术、人文、故事、情感融合的表达形式的转变。

其次，人们对于科普的表达形式的偏好发生改变。在互联网未普及的时代，公众对科普的偏好比较单一并且呈现同质化，而随着可接收信息日益便利化和多样化，人们对科普的偏好也越来越细分化、个性化、异质化。人们对于科普知识的学习也由被动接受变得越来越主动，更加追求科普产品的质量。

最后，科普需求者的角色也在发生变化。以往的科普产品往往是由专业的科普工作者生产出来由消费者进行消费，而移动互联网的发展打破了这一固定的界限。在信息化时代，科普的需求方很容易转化为科学知识的供给方，这大大提高了科普知识的供给能力和供给的灵活性，但也可能使虚假科普大行其道。

使供给侧快速且灵活地适应需求侧的转变的供给侧改革是解决科普供需矛盾的关键，而大数据时代的来临为其提供了条件。科普供给侧改革的重点就是要减少无效和低端的供给，增加有效和高质量的供给，而大数据、云计算、人工智能等技术和科普工作结合，不仅可以更好地把握需求的大小、方向、趋势，还可以提供更加丰富多彩、因人而异的科普产品，从而使科普供给更加有效和高质量。

（二）大数据时代对传统科普产生巨大冲击

正如上文提到的，随着科普需求的迅速革新，传统的科普供给模式已经远远跟不上需求变化的节奏，导致产生深刻的供需矛盾。传统科普侧重的是科学知识的普及，将科普的受众作为一个填充知识的器皿，采用灌输型的传播模式，这种传播是自上而下的单方面传播；并且传统科普认为受众是同质化的，其普遍缺乏基本的科学知识和素养，因此要用灌汤式、填鸭式的方法填补上这一缺口，且不会考虑受众是否真的需要这些知识，这些知识能否转化为生产和生活的动力和武器。而现阶段，我国公众已经具备一定的科学素养，对于科普的方式、喜好、需求都发生了变化，“千人一面”、自上而下、填鸭式的科普显然不能满足大众的需求。

大数据时代的到来和云计算的发展正迅速改变科普的传播方式和理念。在互联网时代，大众越来越多地使用互联网来相互联系、获取知识、购买商品等，海量的行为数据为智能科普的发展提供了宝贵的资源。通过观测和记录每个受众的行为轨迹、获取受众每次观看后的内容评价等，再通过设计好的算法进行分析、预测，就可以捕捉到每个人的职业、爱好、性格、近况、需要，从而可以精准、有目的地提供受众所关心、最需要的科学信息，这也就实现了科普工作的定制化服务功能。现阶段，我国的科普工作还处于从传统科普向智能科普过渡的阶段，如何将传统的科普资源和新的信息科技结合是一个重点。

（三）科普创新发展的信息技术已经成熟

信息化的不断发展已经成为当今世界发展的重要引擎，其发展呈现四种主要趋势。一是信息的采集和处理已经日益标准化、数字化。现代信息技术是将计算机技术、传感技术、互联网技术等相结合，以信息技术为重要载体的综合交互技术，标准化信息的出现使得人与人、物与人、物与物之间的交互成本大大降低，提高了信息收集、整理、加工、传输效率。二是信息处理的高速化和低成本化。计算机技术的出现和迅猛发展，使得数据处理能力飞速提高，这不仅提高了信息交换速度，还扩大了信息传输规模、降低了信息成本。三是可处理的数据超大规模化。由于互联网、物联网的不断发展，感应器、传感器等遍布社会各个角落，这使得人们的行为轨迹、物体的状态轨迹被广泛地采集和记录，为科学分析提供了丰富的养料。四是信息技术与社会经济的高度融合化。如今，无论是经济生产还是社会生活都开始与信息技术高度融合，这使得流通方式也越来越便捷化、扁平化。[①]

---

① 李伟：《充分发挥信息化的关键作用　有力推动经济转型升级》，《中国发展观察》2016 年第 4 期。

虚拟现实（VR）技术实现了从界面到空间的跨越，现在已经被广泛应用于电影院、演唱会、网络购物等场景；增强现实（AR）技术是将虚拟世界和现实世界相结合的新技术，通过计算机提供信息来增强用户对现实世界的感知，并将虚拟物体、场景叠加到真实世界。这些新技术应用于科普领域，会极大增强受众的沉浸感、交互体验感，会产生非常震撼的效果。人工智能是信息发展的重要增长极，它具有感知、感知后理解、理解后决策的能力，其不仅可以应用于智能穿戴设备、智能家居、智能汽车、智慧城市，还可以应用于智慧社区、智慧园区、智慧医疗、智慧教育、智慧电网等众多领域。将科普和最新的信息技术融合起来，是提高科普供给质量、实现科普创新跨越式发展的必由之路。

（四）北京科普需要以“智能＋”实现高质量供给

北京“四个中心”的战略定位决定了北京的科普必须是高端化、国际化、现代化的科普，北京的科普工作也应是全国乃至世界各城市学习的模范。实现北京科普的高质量供给必须紧握“智能＋”这个关键点。首先，北京有着得天独厚的技术优势。根据《北京人工智能产业发展白皮书（2018）》，截至2018年5月8日，全国有人工智能企业4040家，北京市有人工智能企业1070家，占比26%，其中有431家公司拿过风险投资、有12家已上市公司；北京人工智能专利数量超2.5万件，且《互联网周刊》评选的“2016中国人工智能企业TOP 100”半数来自中关村。其次，北京市政府高度重视人工智能产业的发展，政策支持力度大。自2016年以来，北京发布多项鼓励人工智能产业发展的政策文件，其中包括《关于促进中关村智能机器人产业创新发展的若干措施》《中关村国家自主创新示范区人工智能产业培育行动计划（2017—2020年）》《北京市加快科技创新培育人工智能产业的指导意见》等，在产业环境、资金、人才等方面为人工智能产业提供全方位保障。最后，北京人工智能的应用领域广泛。其重点应用领域包括智慧医疗、智能家居、智慧城市、新零售、无人驾驶等，如在智慧医疗领域，北京已经寻找到了包括虚拟助理、医学影像、辅助诊疗等在内的八大应用场景。

无论是在人工智能人才、科技、资金，还是在人工智能产业链、创新氛围上，北京都走在世界各城市的前列，这些都为北京发展“智能＋”科普提供了良好的条件。但相对于其他产业，人工智能在科普中的应用场景还比较少，许多前沿技术与科普的融合探索程度还比较低，如何加快推动北京“智能＋”科普工作的进一步深入是需要认真思考的问题。

二 “智能＋”科普的支撑技术及挑战

（一）大数据助力“智能＋”科普概念落地

美国知名的咨询公司麦肯锡最早提出大数据时代到来的概念，其认为“数据已经渗透到当今每个行业、每个单位，成为首要的产出要素。人们对于海量数据的采集和应用，正预示着新一波生产率提高和消费者红利海潮的来临”。大数据的定义为无法在一定时间范围内用常规方法或软件工具进行捕捉、管理和处理的数据集合，其是需要有新的处理模式才能有更强的决策力、洞察发现力和流程优化能力的海量、高增长率以及多样化的信息资产。其主要特征是海量化、多样化、真实性、快速化和低价值密度。由于数据本身是杂乱的，并不能产生生产力，正如没有加工的煤矿不能产生电力一样，煤需要开采、运输、存储、碾磨、燃烧等很多工序最终才能转化为电能服务社会，我们也需要将杂乱无章的数据进行清洗从而提取有用的信息，然后通过大量运算来分析信息间的关联从而得到有益的知识，再将这些学习到的知识进行运用最终得到提高生产力的智慧。而云计算的出现为我们存储和运算这些海量信息提供了条件。

本地计算已经无法应对大数据时代的海量数据，云计算技术通过分布式存储、计算解决了这一难题。云计算通过网络“云”将巨大的数据计算处理程序分解为无数个小程序，然后通过服务器组成的系统处理和分析这些小程序，得到结果并反馈给用户。大数据和云计算的结合产生了一种“众人拾柴火焰高”的合力。在数据收集时，许多机器同时按照一定的命令去收集所有可以收集到的数据；在数据传输时，使用分布式的队列，实现多台机器同时传输；在数据存储时，将多台机器的硬盘合并成一个很大的文件系统；在数据分析时，使用分布式算法让每个机器仅负责一小部分从而提高运算能力和运算速度。

“智能+”科普的实现，需要各种技术相互支持，但其原矿石是科普大数据。科普大数据一般有以下几个渠道来源。一是传统科普中图书、影像、资料、论文的数据化。二是科普主体之间的信息交互。无论是科普专家、科普工作者还是一般科普受众，其在大数据时代都会频繁留下海量信息，如微博、微信、QQ、小红书、抖音等社交媒体数据都是大数据库的重要组成部分。三是网络现有的科普信息，如科普网站、专家网课、科普数据库、科普人才数据库、科普论文数据库等。四是科普的专题活动，如科普教学活动、科普交流讨论会、科普宣传日、科普进校园活动等都是科普大数据的来源途径。在采集大数据上，已经有了比较成熟的技术，如互联网采集技术、物联网感知技术、图像识别技术、网络爬虫技术、音频视频录制技术等。①

有了原矿石后，就要对其进行进一步的加工，也就是对科普大数据进行整理与分析，使其成为可以真正被吸收的知识。而这就需要云计算技术来对数据进行整理和存储，对于大数据的采集和存储已经有了比较成熟的案例，如百度、谷歌应用爬虫技术从海量网络资源中采集数据并存储到本地网站镜像中；今日头条根据网络用户的访问信息来确定当下网民最关心的科普问题所涉及的领域；eBay 运用 MongoDB 分赛道多台机器来建设不同种类信息的大数据库。这些成功案例表明大数据技术正不断助力科普走向信息化、智能化道路，“智能+”科普不再是纸上谈兵，而是可以根据目标进行拆解，分步骤可操作、可实现的科普新模式。

① 刘德飞、任飞翔：《基于大数据技术的科普资源库建设模式研究》，《中国科普理论与实践探索——新时代公众科学素质评估评价专题论坛暨第二十五届全国科普理论研讨会论文集》，中国科普研究所，2018 年 12 月。

（二）人工智能为“智能+”科普提供核心技术

将数据转化为知识并不能真正使其成为生产力，真正完成这个质变需要人工智能技术，它是“智能+”科普的核心技术。如果把云计算比作人脑，那么大数据则是人脑记忆和存储的海量知识，而人工智能就是一个不断学习、吸收了知识、最终使生产能力变得更强的“高人”。人工智能研究的是如何使计算机模拟出人的某些思维和行为，如学习、推理、思考、规划等。由于计算机的数据处理能力比人脑要强大许多，所以在某些方面其比人更高效可信。“智能+”科普有以下几个好处。

一是可以实现“精准科普”。“智能+”科普能够通过对社会热点舆情的监测，并通过机器自主学习进行分析将科普受众自动归类，从而可以以受众最容易接触到的渠道和最喜爱的方式为其提供迫切需要的科普信息，最终实现“精准科普”。以“科普中国+百度”项目为例，依托百度公司的技术平台，基于科普阅读者的主要行为习惯，经过百度科学大脑的分析、计算与预测，其已经构筑起比较成熟的智慧化科普平台和科普服务项目集群，成为“智慧+”科普的典型案例。

二是可以创新科普形式、增强科普体验。智能机器人现在已经被越来越广泛地应用于科技馆、博物馆、科普教育基地等场所，不仅有可以进行科学讲解的导游机器人，还有可以解答游客各种各类、五花八门科普问题的智慧机器人。高智能的先端机器人、具备各种特殊用途的机器人也成为科技馆最受欢迎的科普产品，其可以更加直观和有趣地向游客普及人工智能的相关知识。火灾救援机器人、自动贩卖机器人、人脸识别系统等人工智能产品则在保障游客安全、提供优质服务上发挥了作用。

大数据技术在科普中的应用仍然存在众多挑战，尤其在技术道德方面。如果机器人从不可靠的数据源获得数据，或是有人故意提供不正确的数据，那么机器人可能“学坏”。微软公司的TAY聊天机器人在美国社交网络平台推特（Twitter）上与人交流了一段时间，竟然开始发表一些偏激言论。

科普也面临同样的内容风险考验，如果机器人不能辨别信息是否科学，那么其很可能将“伪科学”纳入学习材料之中。现如今随着自媒体的发展，每个人都成为信息的制造者和传播者，这在增强信息多样性、个性化的同时，也增加了“伪科学”、有害信息的传播概率和危害性。如何监管和杜绝“伪科学”的传播是自媒体时代必须面对的问题，而人工智能如果具备了分辨“科学”和“伪科学”的能力，就可以在海量信息中准确识别“伪科学”，打击传播虚假信息的行为。

再者，人工智能与各领域的结合需要人们总结出该领域的已有经验和知识并“告知”计算机，使其可以利用这些已有知识来解决问题。这需要各行各业的专家与人工智能工程师共同绘制该行业的知识图谱，然而此工程量是巨大的。人工智能人才的匮乏，使得许多项目中的问题不能及时修复和解决；新的人工智能项目需要进行大量的试错，这需要大量的资金作为支撑；人工智能的立法滞后，尤其是人工智能在科普领域的使用规章至今没有明确标准。这些都对“智能+”科普的发展提出了挑战。

（三）新媒体融合为“智能+”科普提供传播渠道

随着互联网的飞速发展，新媒体越来越多地吸引着人们的眼球，正逐步取代传统传媒的地位。新媒体利用电脑及网络等新技术手段，对传统媒体的形式、内容、类型进行改造，主要包括数字化报刊、数字广播、手机短信、网络、数字影视、自媒体等。根据 2019 年中国互联网络信息中心发布的《中国互联网络发展状况统计报告》，截至 2019 年 6 月，我国网民规模达 8.54 亿人，互联网普及率达 61.2%，其中手机网民规模达 8.47 亿人，手机上网比例达 99.2%。此外，我国网络新闻用户规模达 6.86 亿人，网民使用率为 80.3%。其中手机网络新闻用户规模达 6.60 亿人，网民使用率为 78.0%；网络视频用户规模达 7.59 亿人，网民使用率为 88.8%，其中短视频用户规模达 6.48 亿人，网民使用率为 75.8%；网络音乐用户规模达 6 亿人，网民使用率为 71.1%；网络文学用户规模达 4.5 亿人，网民使用率为 53.2%。我国网民人均周上网时长为 27.9 小时。

互联网，尤其是以移动互联网为基础发展起来的新媒体则具备了即时性、交互性、超时空性、个性化等特征。首先，新媒体的信息传播依靠的是手机、电脑以及其他智能终端，新媒体可以通过多种渠道迅速地将信息传播给受众，实现无时间与地域限制的传播。其次，与传统媒体的单向传播相比，新媒体具有超强的交互性，其信息的传输是双向或多向的，每个用户都具有信息交互的主动权，其既可以接收信息也可以拒绝接收信息，还可以通过评论、反馈等互动发布自己的信息，从而实现真正的互动交流。再次，新媒体的通信渠道是卫星和全球互联网，因此其传播打破了地域限制，用户在任何时间、任何地点都可以查询、发布信息。最后，新媒体具有个性化特征。无论是精英还是“草根”都可以通过新媒体来发表自己的言论，经营自己的自媒体频道，自媒体成为平民大众展现自我、张扬个性的最佳平台。

新媒体的融合的确为“智能 +”科普的传播渠道提供了多元化的选择。除了科普网站、网络科普视频、网络科普文学、科普网课、微信科普公众号等众多日益成熟的科普新媒体形式，科普“抖音”小视频、科普类游戏、科普小程序、在线科普竞赛问答等越来越多新颖、有趣的科普形式也正出现在人们的生活中。新媒体的发展为科普大数据库的建立、科普知识图谱的绘制以及科普传播的智能化提供了条件。但是新媒体也有一些与生俱来的问题，比如在追求多元化、个性化的同时就必然导致了科普内容的参差不齐；在追求高速、缺乏审查的同时也导致了自媒体科普内容的可信度降低；随着自媒体的科普信息不断增多、急功近利的商业化炒作之风大肆横行，科普自媒体日益遭受原创力不足、“标题党”横行、广告泛滥等问题的困扰。

三 “智能 +”科普的北京模式

（一）场馆智能化，智慧科普的实验田

北京拥有丰富的科普场馆资源，截至 2016 年，北京地区拥有的 500 平方米以上的科普场馆超过 100 个，并且随着 2018 年宋庆龄基金会创建的中

国少年儿童科技培训基地儿童活动体验中心及北京科协下属北京科学中心等大型科普场馆的开放，北京科技类科普场馆面积达到110多万平方米，每万人拥有科普场馆面积超过200平方米。根据IDC和浪潮公司发布的《2019—2020中国人工智能计算力发展评估报告》，北京在AI产业发展上力压杭州、深圳、上海、广州等城市，拔得头筹。北京拥有百度公司、字节跳动、京东、小米等多家知名大型互联网公司，同时拥有寒武纪、地平线、第四范式等优秀的AI初创企业和大量的科研院所、高校，这可以发挥人才培养和企业孵化作用。丰富的科技场馆资源和全国首屈一指的人工智能资源为北京开展科普场馆的人工智能改造工作提供了得天独厚的条件。

2018年9月21日，百度公司与中国科学技术馆进行战略合作，在场馆信息化、科普教学、科创等领域共同发力，打造“智慧科技馆”项目。其合作实现了三个方面的创新。首先，双方合作打造了一个科技教育方面的互联网平台——中国科技馆App，其提供了“展品讲解”、“全景漫游”、“刷脸报名”及“在线购票”等便捷的服务内容，并可以供用户在线游览科技馆，将科技馆的全景及科普知识用AR技术生动地呈现出来。其次，中国科技馆依托百度公司先进的AI技术打造了科技馆智慧服务系统。这个系统借助AR技术为游客提供了更加丰富的展现形式，帮助人们更好地理解科普内容，借助图像识别、语音识别、室内导航等技术为游客提供人脸识别闸机、智能语音导览以及全景漫游等服务。最后，双方还共同开发了基于AI技术的文化创意产品——《穿越华夏科技2000年》，这是一本通过AR、语音播报、秒懂等形式打造的科普书，通过这样的形式展现科技馆的代表性展品可以让读者更加直观、便捷且愉快地学习科普知识。

不仅是现代科学技术，传统文化的科普也越来越多地加入了科技的元素。故宫联合多家互联网公司打造了许多别具一格的AI产品，比如其与腾讯地图、腾讯云小微联合打造了“玩转故宫”的微信导游小程序；与百度公司共同进行“AI文化遗产复原计划”；与视觉AI巨头商汤科技联合打造了“金榜题名－国子监祭孔”“金榜题名－号舍考生相”等艺术展项。

除了线上与线下结合的科技馆，全国首个纯线上数字科技馆——中国数字科学馆也已上线，其以原创内容为核心，集成大量优质数字化科普资源，打造了《榕哥烙科》《科学开开门》《大文豪说科普》《学姐来了》《科技知道》等一系列原创精品栏目。科学馆还着力推动新媒体的科普建设，目前已注册微博、微信、今日头条和网易号，形成了多途径立体化的科普传播渠道，初步完成了直播、秒拍、快报、App 等全媒体传播渠道的建设，进行了全方位的网络科普。

（二）多途径合作，智慧科普进校园

学校是科普教育的重镇，对青少年开展科普教育，无论是对提高国家自主创新能力、实施科教兴国战略，还是对青少年的健康成长都具有重要作用。为了让更多的青少年了解科学、拥抱科学，尤其是了解大数据技术、人工智能技术等先端科技，北京市在智慧科普进校园上做出了很多努力和有益尝试。2019 年北京市教委发布了《北京促进人工智能与教育融合发展行动计划》，明确了要进一步推进人工智能素养教育及实践活动，实施青少年人工智能素养提升工程。具体主要有：推动人工智能在中小学的普及性教育，建设人工智能和教育的资源库，进一步推进中小学开设人工智能的相关课程，逐步引导青少年学习和掌握人工智能的基础技能，整合企业和其他社会资源对中小学人工智能教师开展针对性培训，支持高校专家参与中小学的人工智能教育普及以及相关研究工作等。

如今，不少中小学校已经开展了形式多样的人工智能课程。在北京市第十八中学，学生已经开始学习《机器人编程课程》《机器人课程》《机器人 FTC 训练课程》等教材。十八中教育集团还成功开发了一门针对人工智能教育的 12 年一贯制衔接课程以及研发了教育模具。北京东城区组织了 6 所学校近 30 名信息技术教师开设人工智能课程并进行教学。中关村第一小学自 2002 年起就开设了机器人的相关课程，并组织编写了教材《机器人》，为了激发学生对人工智能的兴趣与热情，其还引入了人工智能机器人“小胖”，使其参与到人工智能的课堂中。

人工智能企业和高校也广泛参与到北京的人工智能校园普及活动中。

2018 年，北京的科技公司商汤科技联合几所高中打造了一本名为《人工智能基础（高中版）》的教材，并于全国 40 所学校进行了首批试点教学。其还帮助合作学校建立人工智能教学实验室，配备了 GPU 以及深度学习开放平台，使学生可以更好地根据学习内容进行体验和实践。同年，百度公司在百度大脑行业创新校园专场上发布了基于百度大脑的智能校园解决方案，希望通过以语音交互、人脸识别、人体识别等技术为基础的人机交互教学方案对教学质量进行评估和改进教学模式。北京师范大学课程与教学研究院在“人工智能 + 青少年创新素质教育”领域开展了一系列的先端研究，并形成了一套完整的“学校教育、课程体系、技术平台”相结合的“人工智能 + 中小学创造力教学”的解决方案。其与通州区教委共同成立“科技创新课程建设及大数据测评项目通州实验区”项目，利用自身的师资资源在全区范围内开展“人工智能 + VR 人文创客”课程与实践活动，打造了全国领先的“人工智能 + 中小学跨学科创客教育”优质示范项目。

（三）流动大巴车，智慧科普进社区

社区是城市的最基层单位，也是最活跃的细胞。城市社区的科普不仅对促进“四个文明”建设具有重要作用，也对巩固和完善科普组织网络具有重要意义。当下，以通信网络以及人工智能为基础打造智慧社区已成为城市发展的方向，对社区居民进行人工智能技术的科普也能为智慧社区和智慧城市发展奠定坚实的群众基础。

北京市高度重视社区科普，全市建设社区科普体验厅 50 家，科普体验厅成为社区开展日常科普活动的重要场所。北京市人均科普专项经费达 46.01 元，是全国平均水平的 10 倍，初步形成了“政府引导、社会投入”的多元化科普投入结构。人工智能处于科学技术的前沿，尖端的人工智能体验设备下放到社区科普体验厅花销巨大并不现实，为了解决这个难题，北京市政府组织了各式各样的人工智能进社区的科普活动。

通州区中仓街道开展了人工智能普及推广及机器人小课堂活动，让社区孩子在老师的指导下亲自动手参与制作机器人模型；朝阳区惠忠庵社区联合

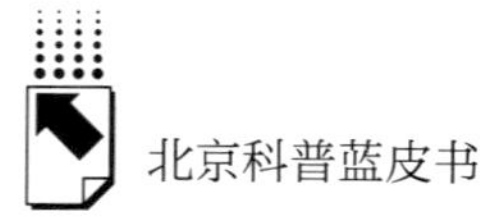

趣码星球少儿编程组织了“人工智能进社区”系列活动，活动中通过避障小车竞速赛、乐高搭桥承重赛等生动有趣的游戏比赛，让孩子们学习传感器避障、物理学等科学知识；大兴区荣华街道天华园三里社区邀请了中国科学院的专家为居民介绍人工智能的发展趋势和未来；西城区广外街道联合北京四中开展社区科普大学结业式暨人工智能体验活动，现场为与会人员准备了各种新型的智能机器人以及智能设备；海淀区六道口社区则开办了一场主题为“科技改变生活”的STEAM科技公益活动，为社区居民带来了体感机械臂、无人机实操等丰富多彩的人工智能体验活动。

百度公司与中国科技馆合作打造了一辆满载“智慧”的AI大巴车——“旅行者号”，希望将人工智能的前沿知识传播到全国各地。大巴车上装载了展示百度AI技术的软硬件产品，包括运用百度人脸识别技术的千人千面、基于大数据和机器学习的为你写诗，以及百度大数据、百度VR、小度在家、百度翻译机等。“旅行者号”已经走过了包括北京、南京、上海、天津、东莞等在内的众多城市，其不仅在当地科技馆停靠，还停靠在高校、商场、展会、高科技公司、产业园区等区域，开启了一次次人工智能科普、与科技对话的旅程，在不久的将来相信会有更多这样的智能巴士载着先端科技开进社区，将AI知识传遍城市的各个角落。

（四）“智能+”北京科普已形成“点线面体”的发展模式

“智能+”科普在北京的探索，可以总结为“点线面体”的发展模式。首先，“点”是智慧科普发展的根基。在智慧科普建设过程中，北京已经形成许许多多优秀的单体，这些单体有科技企业、高校、学校（中小学）、科技馆、社区等。科技企业和高校负责大数据、云计算、人工智能在技术上的革新和突破，并且研发可以落地的产品和培养高素质的科技创新人才；学校这个“点”主要指中小学校，其主要致力于培养学生对新技术的兴趣，为人工智能的后续发展提供后备力量；科技馆是将新的智能技术通过多样的形式展现给群众的窗口；社区则是用户真正体验人工智能改变生活的场所，并且是对人工智能发展情况进行反馈以及收集大量信息的窗口。每个“点”

都有自己的职责，分工明确；但各个点之间又有合作，“点”进而连成了“线”。其次，“线”是个各“点”之间的交互，这种交互可以是同类“点”之间的，如企业之间、学校之间；也可以是不同类“点”之间的，如企业与高校之间、企业与科技馆之间等。“线”消除了“点”与“点”之间的隔阂，也促进了每个“点”自身的发展。比如企业与科技馆的合作，科技馆通过科技企业的研发获得了更先进、更生动的科普产品，可以让游客更好地体验、认识、掌握科学技术；而企业通过科技馆宣传了自己的科技产品，并且找到了更多的技术落地场景。再比如高校和学校之间，高校通过到一般学校宣讲、培训等，为学校提供了智力支撑、培养了教师团队、增强了学生的科学兴趣；而学校也为高校培育了优良的科学“种子”。再次，“面”是由多条“线”勾画而成的，是多个“点”之间的交叉交互。在众多的“点”与“点”交互组成线后，就会形成一张智慧科普的网，这张网体现的是一种在全社会对人工智能充分了解、接受后产生的合力。智慧城市、人工智能发展示范区就初步形成了这样的“面”，在这个“面”上，所有的“点”相互支持、相互了解，人工智能技术深刻地影响着这里的人们的方方面面，从而形成生活即科普的形式。最后，各个“面”叠加形成一个“体”，这个“体”不仅仅是多个人工智能社区的整合，更重要的是一种完整的利于新技术推广的体制，而这种体制的建立恰恰离不开政府的主导作用。

在北京，人工智能的科普发展除了具备良好的技术、人才、社群基础外，政府的引导也起到了至关重要的作用。北京市高度重视人工智能产业的发展，2017 年以来，北京市推动人工智能发展的政策相继出台。作为国家自主创新示范区的中关村率先实行了“一企一策”政策，鼓励人工智能企业的创新发展。随后《北京市加快科技创新培育人工智能产业的指导意见》出台，要求到 2020 年北京人工智能总体技术和应用达到世界先进水平。2018 年 6 月发布的《北京人工智能产业发展白皮书（2018 年）》，总结了北京市人工智能发展状况，并针对存在的问题提出了明确的解决办法。2019 年 2 月 18 日，北京国家新一代人工智能创新发展试验区揭牌成立，成为我国首个国家新一代人工智能创新发展试验区，标志着北京在大力发展人工智

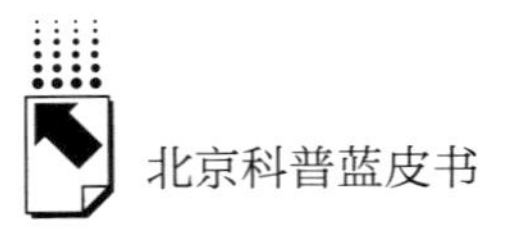

能产业上又迈出了新的步伐。政府的规划与支持，使得各个散落的“点”在自身发展的基础上，有序地连成“线”、构成“面”，进而形成“智慧城市”“智慧社区”“智慧科普”的综合体，北京在“智能＋”科普上已经开发出一种值得全国学习借鉴的“北京模式”。

四 关于“智能＋”北京科普供给模式的建议

大数据、云计算以及人工智能等技术综合运用到科普领域是提高科普供给质量的必由之路，北京在这方面的探索在全国范围内是比较超前的，但仍然没有摆脱一种困境，就是对新技术的科普远远领先于运用新技术进行科普。运用新技术进行科普远落后于其他领域，因此继续探索运用新技术进行科学普及是智慧科普努力的方向。

首先，应建立国家统一的科普信息平台，北京市也应建立北京的科普信息平台。现阶段我国有各式各样的科普信息平台，收集了许多科普资源，但各平台之间是相互独立的，这造成了信息间的隔阂，不利于数据的收集和处理。因此，应该建立国家统一的开源科普信息云，将尽量多的科普资源统一到一个平台里，以便借助大数据来对科普工作进行分析和预测。

其次，应该进行公民科普需求的大数据分析。在组织大型科普活动或进行社区宣传时，应以大数据分析为导向。每个社区包含的人群是不同的，应该通过居民信息管理分析来制定科普宣传决策，决定宣传的时间、地点、内容等，宣传后应该进行绩效评估，不断完善数据信息，追求宣传的成效而不是宣传本身。

最后，要提高科普工作人员对新技术的认知水平。目前，北京的科普工作人员对人工智能等新技术的学习还比较欠缺，不了解新技术的特性和运作原理，就难以真正思考如何使用新技术来提高自己的工作效率。因此，应组织针对科普工作人员的技术培训，加深其对新技术的了解，使其更好地应用新技术进行智慧科普。

参考文献

李伟：《充分发挥信息化的关键作用　有力推动经济转型升级》，《中国发展观察》2016 年第 4 期。

刘德飞、任飞翔：《基于大数据技术的科普资源库建设模式研究》，《中国科普理论与实践探索——新时代公众科学素质评估评价专题论坛暨第二十五届全国科普理论研讨会论文集》，中国科普研究所，2018 年 12 月。

北京市科技传播中心主编《北京科普发展报告（2018—2019）》，社会科学文献出版社，2019。

“大科普”篇

“Big Science Popularization” Reports

B.7

北京推进“大科普”的理念研究

牛桂芹 *

摘　要： 本报告阐释了“大科普”“科普理念”等相关概念的含义，结合传播学理论，聚焦科普主体、资源、内容、手段、受众、效果等，主要通过总结科普相关政策来分析北京市科普工作应遵循的融合理念要求，提出新时代北京科普融合发展的新需求和新目标。同时通过梳理北京市近年来的融合科普工作创新实践（尤其是典型案例）来透视北京市科普融合理念的创新，并进一步结合新时代、新需求等提出了针对未来发展的对策建议。

* 牛桂芹，清华大学科技哲学博士，中国科普研究所、中国科学院科技政策与管理科学研究所管理科学与工程博士后，中国科学技术协会培训和人才服务中心副研究员，主要研究方向为科学传播与普及、科技人才、科技政策。

关键词：“大科普” 融合科普 科普理念

一 引言

（一）关于“大科普”

“大科普”的概念是中国所特有的，我国对其使用已经有将近30年的历史。2019年12月通过中国知网以“大科普”为篇名进行跨库（全库）检索，获取文献130篇，年鉴文章占了相当比例（约1/3），去除年鉴文章仅剩83篇。整体上看，1990年以后随着国际科普理念传入中国和“大科学”概念被逐步接受，我国开始了对“大科普”这一概念的使用。2005年随着《科普法》的深入实施和《全民科学素质行动计划纲要》的发布等，“大科普”相关文献数量显著增多，但“十三五”时期又出现了回落。有很多文章与我们谈论的“大科普”并没有关系，而是特有的对“十大科普事件”评选的介绍，也有的是对科普工作或科普事件的简单介绍，虽冠以“大科普”之名，却并未反映出文章中“大科普”代表什么含义。

经过进一步人工筛选后冠以“大科普”之名并与我们讨论的“大科普”有一定相关性的文章只有27篇。这些文章的年度分布变化不大，研究热度没有明显变化，没有基金资助，没有学位论文，作者主要是科协系统工作人员、科普媒体从业者和社会其他行业人员。结合其内容特点可以大致将“大科普”理念的发展划分为以下三个阶段。

第一阶段：在20世纪90年代（含2000年），专家、学者开始使用、呼吁发展“大科普”，并出现了对“大科普”含义的不同阐释。比如，高枫认为“大科技”政策是“大科普”概念提出的背景，即1992年初，为了给科技出版业提供更大的市场，出版管理部门出台了“大科技”政策，科技出版单位可以在科技及其相关学科的范围内选题出版图书。随之大科普出版产生，即要出版大量的既与广大人民群众生产、工作、生活密切相关，又能为大众所读懂、所应用的科学普及图书。[①] 1996 年赵之区分了综合性报纸和科普报刊的科普特点和目标，强调了综合性报纸的科学启蒙性、科学兴趣激发性、读者的大众化、科学文化与社会文化的融合性，等等，并提出了“大科普”的概念：“游弋于科学与技术的各个领域、自然科学与哲学、社会科学与整个社会文化之间，但是它的基础仍然是自然科学，它的直接目的仍然是科学普及。”[②] 1998 年山东省枣庄市薛城区科协遵循着“科普工作是提高全民素质的关键措施，也是两大文明建设的重要组成部分”的理念，结合科协工作实际阐释了“大科普”的含义，主要针对科普面向目标、受众和主体三个层面，即“这里包括二层含义。一是，科普工作必须面向全社会，面向整个经济工作。大科普的工作对象是广大干部、工人、农民及青少年等。二是，科普工作是一项宏大的社会工程，不仅需要各级科协发挥主力军作用，更重要的是同社会各界协同作战，加强部门、地区间广泛、持久的大协作，才能取得相应的社会效益”。[③] 2000 年张美爱认为“大科普”概念涉及内容的“四科”、对象的“全民”（即“全民科普”），还包括其他，如科普意识的全面觉醒、科学知识和实用技术信息通过多种媒介与多样渠道进入人们的生活和视野。[④]

第二阶段：2001 ~ 2010 年，尤其是 2006 年中国科协年会做出“大科普”的定位[⑤]之后的推动作用使得“大科普”概念和理念得到更广泛的使用或关注。这一阶段的“大科普”基本等同于科普的社会化，尤其是科普主体的社会化，有的提到广泛动员的社会化的科普活动，有的提到农业“大科普”体系的构建，有的提及企业“大科普”阵地，也有的讨论针对日食

---

① 高枫：《出好大科普图书 繁荣科技出版业》，《中国出版》1994 年第 4 期。

② 赵之：《呼吁大科普》，《森林与人类》1996 年第 5 期。

③ 山东省枣庄市薛城区科协：《树立大科普观念 抓好城区科普工作》，《科协论坛》1998 年第 12 期。

④ 张美爱：《大科普时代与科普读物出版》，《出版广角》2000 年第 5 期。

⑤ 2006 年中国科协学术年会在成功举办了七届之后首次将“学术”二字去掉，由“科协学术年会”更名为“科协年会”，开始由“高层次、开放性、跨学科”的学术年会向“大科普、综合交叉性、为举办地经济社会发展服务”的综合性年会转变。

科普受众的广泛性，基本停留在介绍具有一定“大科普”意味的科普工作或科普实践活动上。同时出现了针对“大科普”内涵的较深刻的论述，将“大科普”与“大科学”紧密联系，如重庆市委党校教授谢菊用典型特色的视角基于自然科学与社会科学的关系，针对重庆市科普条例阐述了“大科普”的管理体制问题，认为自然科学科普管理体制相对成熟，而社会科学科普管理体制还很不健全。①

第三阶段：近些年来（2010 年以后），全国各省打开了“大科普”工作局面，反映了对“大科普”的不同理解。出现了对“大科普”不同角度的理解和实践，涉及科普主体、内容、对象、方式等多个方面。比较突出的有两方面，一是社科领域积极行动起来，做出了关于“‘大社科、大科普’与中华民族素质大提升”的论断，认为科普不仅指自然科学的普及，事实上社会科学也有普及的问题，强调和注重人文知识的普及，② 倡导社会化“大科普”与社会文化的融合，以及自然科学普及与社会科学普及的融合思路，认为科学是广义文化的重要组成部分，能帮助人们树立正确的世界观、人生观和价值观；二是提出了实现科技创新与科学普及深度融合的理念，如上海市重点围绕全球科技创新中心建设，认为“科技创新的先进理念和全民的科技创新意识和创新素养”是具有全球影响力的科技创新中心的特质之一，而这种特质恰恰是需要通过科普工作来实现的。科普工作要始终围绕“科技创新”这个核心展开，树立“大科普”理念、构建“大科普”格局。③

本报告认为，“大科普”的“大”字本身就是一个相对概念，是相对于“小”而言的，而且作为科普领域特有的说法，并非一个学术概念，其含义是与时俱进的、外延是模糊的。因此本报告取“融合”之意，大体对应的是融合科普的概念，讨论的是科普融合发展的问题。综合上述观点，

---

① 谢菊：《以大科普理念构建大科普管理体制》，《科学咨询》（决策管理）2009 年第 3 期。

② 李庆英：《“大社科、大科普”与中华民族素质大提升》，《北京日报》2011 年 11 月 28 日，第 19 版。

③ 王莲华：《科创中心呼唤“大科普”》，《文汇报》2015 年 6 月 11 日，第 5 版。

进一步结合拉斯韦尔的传播学“5W 模式”[①] 理论模型，融合科普可以以 5 个方面（主体、渠道、受众、内容、效果）为线索加以阐释，主要包括科普主体的融合、科普手段方式的融合、科普内容的融合，也可以理解为主体、渠道、内容的多元化，受众主体地位的提升，以及注重受众的科普需求，等等；另外，也可以从服务目标升级的角度加以考量。它不仅要服务于我国经济建设和公民科学素质的提升，也要服务于文化建设、社会治理和创新发展等国家战略目标。但这些维度的融合归根结底要取决于科普融合的理念。进一步结合科普实践，大体对应的维度主要包括科普主体的多元、联合，科普区域的协同，科普资源的整合，科普手段的融合、结合、多样化，科普内容的融合，科普对象的多元、兼顾，科普效果的普惠共享等。

（二）关于科普理念

对于“理念”一词的阐释，有哲学的、英语的，等等。《辞海》对“理念”解释的核心词是看法、思想和观念。[②] 本报告以《辞海》为基础，综合各类解释，认为理念与观念关联，是看法、思想、思维活动的成果。人类诠释现象或事物时所归纳或总结的思想、观念、概念与法则，统称为“理念”。

那么，科普理念指的就是对科普的看法，以及在科普工作实践中遵循的指导思想和法则等。简单概括指的是引领科普实践的思想观念，其形成与发展受到多个因素的影响，涉及学界、政界和业界三个层面，它大体来源于科普理论、科普政策和实践经验，是三者共同作用的结果，但最能直接反映科普理念新要求的是政府部门的政策推动，科普实践也能够反映特定科普工作

---

① 美国政治学家哈罗德·拉斯韦尔（Harold Lasswell，1902 ~ 1978）于 1948 年在《传播在社会中的结构与功能》中，首次提出了构成传播过程的 5 种基本要素，形成了后来人们称为“5W 模式”或“拉斯韦尔程式”的传播学经典模式。这 5 个 W 分别是英语中 5 个疑问代词的第一个字母：Who（谁），Says What（说了什么），In Which Channel（通过什么渠道），To Whom（向谁说），With What Effect（有什么效果）。

② 《辞海》，上海辞书出版社，1989，第 1367 页。

的基本指导思想和理念。

因此，本报告聚焦于科普主体、资源、内容、手段、受众、效果、区域等多个维度，主要通过梳理北京市科普相关政策来分析北京市科普工作应遵循的融合理念要求，同时通过梳理北京市近年来的融合科普工作创新实践（尤其是典型案例）来透视其科普融合理念的创新，进一步结合新时代、新需求等提出了针对未来发展的对策建议。

二　北京科普创新实践蕴含了鲜明的“大科普”理念

在多年来多个部门（至2019年5月已达37家单位）联合开展科普的北京市科普工作联席会议基础上，近几年各部门又探索了很多新的大科普的创新实践，包括科普理念与实践的深度融合、科普主体的社会化与协作、科普手段方式的融合与多样化、科普区域发展的协调、不同文化的融合等多个维度。

（一）积极推进科普多维度融合的上位科普工作理念：“科普理念与实践双升级”

1. 立足高远，提出“科普理念与实践双升级”的长远科普发展要求

2016年12月初，北京市科学技术协会相关领导针对北京市科普“三个不平衡问题”提出了“科普理念与实践双升级”（简称科普“双升级”）的论断，并于2016年12月22日召开的由北京市科学技术协会、天津市科学技术协会和河北省科学技术协会共同主办的首届京津冀科普资源推介会上，向从事科普工作的单位和科普工作者发出推进科普理念与实践活动“双升级”的倡议。其目的在于推进科普工作的快速过渡与合理转型，进一步实现科普的创新发展，大力提升科普服务能力，促进公众科学素质跨越提升。此举通过推动科普工作的创新发展和能力建设，助力实施创新驱动发展战略，实现整体社会的和谐发展，对如期实现建设世界科技强国“三步走”的战略目标意义重大。

2. 全面动员，探索科普“双升级”的具体实施路径

随着科普“双升级”理念的提出，北京市科协在各级领导的带领下，广泛动员各部门及单位的力量开展专项研究，经反复召开由专家、学者广泛参与的专题研讨会，最终基本达成共识，形成专论，阐释了科普“双升级”的理论依据，厘清了科普“双升级”的基本指导思想、理念和目标。进一步设立专项课题，进行科普“双升级”具体实施路径的深入研究，在对兄弟省份广泛调研、借鉴的基础上，结合国际理论、理念发展和北京市情、科普基础等拟定了下一步发展的策略。

3. 举办“科普理念与实践双升级”学术论坛，不断强化科普融合发展的理念创新及实践创新

北京市科协与中国科普研究所紧密合作，共同组织实施了“科普理念与实践双升级”学术论坛项目。邀请国内外科技传播与普及相关领域知名专家、学者，围绕新时代、新形势下科普焦点、热点问题以及科普理念研究和实践等重点问题，分期、分主题进行，搭建科普理念与实践区域性互动交流平台。主题内容丰富，包括“科普产业的创新思考”“科学传播与新媒体应用”“无国界的科学传播”等。

（二）北京科学中心建设是充分体现融合科普理念的典型案例

1. 体现了管理主体、科普教育主体、科普资源的融合特色

北京科学中心以体系发展、融合发展、面向世界为基本理念，建立了与具有全球影响力的全国科技创新中心地位相称的融合性现代科普发展体系，科技创新和科学普及两翼同向发力、协同配合，呈现了首都科技的发展，实现了科学传播中心、科技教育中心、科技交流中心、科技展示中心等不同功能的一体化，突破了地域束缚，是引领科学普及融合发展、科技场馆转型升级并与北京城市发展战略定位相匹配的科普新地标。

以开放性、体系化的建设思路，打造了覆盖 16 个区科普场馆及众多社会化机构的北京科学中心科学传播体系（“1 + 16 + N”——北京科学中心 + 16 个区域分中心 + N 个特色中心），注重科普的普惠共享，集科学传播、资

源统筹、研发集散、服务管理于一体，优化整合北京地区科普基础设施资源，动员社会力量参与科学传播，构建了具有辐射和覆盖能力的科学传播公共服务平台。在16个区建立北京科学中心分中心，充分利用有鲜明主题和地域特色的、面向青少年及公众的综合性科普场馆，发挥本区域开展社会性、群众性、经常性科普活动的主平台作用，集中配套“系列化、移动式”科普展教具，通过定期流动巡展来满足基层科普需求，目的在于解决基层地区科普资源不足的问题，大力提升公民科学素质，改变公民科学素质相对薄弱的局面。N个特色中心由高等院校、科研院所和企事业单位的各类科研、科普设施打造而成，面向社会开放，是面向公众弘扬科学精神、普及科学知识、倡导科学方法、传播科学思想的重要载体。

2. 体现了科普内容及形式的“四科”融合和文化艺术融合特色

北京科学中心更加注重科学思想和科学方法的传播，注重激发科学兴趣和求知欲望，弘扬科学精神，培养科学思想、科学方法，普及科学知识，营造浓厚的探究式学习氛围，强调公众动手实践和充分的科学体验，加强与公众的交流与互动。目标是讲好北京故事、讲好科技创新故事、讲好科技文化故事，将提升公民科学素质与培育城市创新文化、实现理念创新引领融为一体。

与教育部门合作建立科学课教育交流提高机制，弥补当前国内课堂内外教育创新实践能力培育不足的短板。突出以科学思想方法研究、科技教师培训、精品STEAM课公开展示、精品科学课案例展评、国际科技教育交流等为主要内容，开展传播国内外科技教育先进理念、促进优秀科学课课程创作、推动科技教育交流创新发展、交流科学思想方法研究成果的科学思想方法研究，成为学习、交流、合作的“科技教师之家”。

北京科学中心首都科普剧团充分体现了科普与艺术、人文的融合。联合科普和文化企业、机构、院校，加强与文化、宣传等部门的合作，共同打造集创作、表演、培训、管理于一体的“非实体、联盟式”的首都科普剧团，繁荣科普文化市场，推进科普文化产业发展，促进科普文化融合发展。

高端科学讲堂以弘扬科学精神为主线。充分利用首都知名专家云集、国际知名学者往来频繁这一得天独厚的资源优势，邀请院士、专家，以演讲、论坛、专访等为主要形式，围绕科学热点、焦点话题，解读、弘扬科学精神，通过媒体联动形式进行延伸传播。

3. “首都科技创新成果展”突出体现了科技创新与科学普及的融合发展理念

“首都科技创新成果展”是北京科学中心科技创新与科学普及深度融合的最好体现，具体体现方式如下。

一是搭建“四科”传播平台，服务首都创新文化建设。特别注重创新精神、创新文化的弘扬，除了展示科技创新成果，更重要的是彰显科技创新理念、弘扬创新精神、激发创新意识，最终目的在于促进首都科学文化和创新文化建设。以科技创新成果为载体，弘扬科学精神、传播科学思想、倡导科学方法、普及科学知识，营造创新文化氛围，启迪公众科学意识，引导公众像科学家一样思考，发现问题、解决问题，对尚未解决的问题展开科学探究，体现科学精神、科学思想、科学方法和科学知识的传递和传承，体现开放性、包容性、无限性、故事性、文化内涵和人文关怀。

二是将发挥创新展示功能、推进科技创新主体及其成果的科普化作为重要目标之一。集中展示在京科创主体的创新成果，突出世界城市定位，进行国际前沿科技创新成果与首都科技创新成果的横向对比与交流，成为首都科技创新成果宣传展示阵地，促进科技创新成果全民共享。融合科技成果评估、评选与管理功能，满足重大科技项目成果、企业前沿创新产品、科学研究新发现、各类创新主体新发明等多元化成果发布需求，不仅展示前沿科技和创新成果，更重要的是挖掘创新成果中凝聚的科学思想和科学方法，通过讲好创新成果背后的故事，发挥激励人、引导人、影响人、启发人的作用。

三是体现了科技创新主体和科学普及主体的融合。其服务对象涉及有利于北京全国科技创新中心建设的科研、创新及科普等不同领域，具体包括两个层面：其一是创新主体，包括企业、高校、科研院所等科技创新主要力量；其二是社会机构和公众，涉及对科技创新内容有不同需求的组织和个人。通过一系列征集评选、展览展示和品牌运营工作，歌颂感人科研故事，表彰科技创新成就，推介优秀科研项目和成果，激发企事业单位创新活力和科普热情。以北京地区为主，建设辐射全国、面向世界的重要科技创新成果展，宣传优秀科技工作者，报道精彩研究过程，逐步将“首都科技创新成果展”建设成为在北京、全国乃至全世界有着重要社会影响力的优质科技传播品牌，助力北京成为全国科技创新中心建设的综合性活动平台、引领性平台。

（三）其他重要的融合科普实践

1. 科普主体角度：多种举措扩大主体范围，促进主体融合

一是长期坚持大联合、大协作的社会化科普工作模式。最典型的是深入贯彻实施《中华人民共和国科学技术普及法》和《北京市科学技术普及条例》，持续贯彻北京市科普工作联席会议制度，动员各部门、各行业力量，至 2019 年成员单位已经达到 37 家。每年召开北京市科普工作联席会议，成员单位和全市 16 个区的负责同志参加会议，总结本年度全市科普工作，研究部署下一年度科普和全民科学素质行动工作要点，研究通过科普重要政策文件。同时，按照大联合、大协作的科普理念，北京科学中心以管委会形式实行多主体联动管理模式，拟定了《关于落实北京科学中心管理委员会成员单位职责的工作方案》，明确管委会成员单位职责。

二是通过科普学会、协会、研究会、基地、联盟等的建设，推进跨行业科普个人主体和科普机构主体的大联合。主要举措包括建立了北京科普创作协会、科普教育基地、数字科普协会、科普资源联盟、北京科学教育馆协会、京津冀科学教育馆联盟等。北京市科普基地发展迅速，至 2018 年达 420 家，包括科普教育基地、科普培训基地、科普传媒基地和科普研发基地等不同类别。北京科普资源联盟于后续科普资源融合方面加以介绍，此处不赘述。北京科学教育馆协会、京津冀科学教育馆联盟是新近的重大创举：2018 年，北京市以超过 1000 平方米的科学教育场馆为重点，整合教育、科技、文化、公共服务等多领域资源，汇集文化场馆、教育场馆和科技场馆等多家场馆资源，打造了北京科学教育馆协会，实行会员制，首批成员单位达 75 家，包括中科院系统（6 家）、高校（17 家）、公共服务领域（37 家）、

企业（15 家）等不同类别；紧随北京科学教育馆协会之后，京津冀科学教育馆联盟于 2019 年 9 月 17 日成立，旨在推进科学教育馆深度融合与交流合作，带动辐射京津冀甚至全国科普场馆建设水平整体跃升，丰富科技创新文化内涵，加快形成科技创新与科学普及“比翼齐飞”新格局。

三是推进北京科普志愿服务总队建设，实现科普主体的社会化。出台了《北京科普志愿服务总队章程》和《北京科普志愿服务总队团体会员申请指南》，建立了分队信息台账，加强与分队之间的联络与管理机制建设，同时与“志愿北京”门户网站链接，总队微信公众号与“志愿北京”网络平台数据融合，与市其他志愿服务组织广泛沟通交流，形成可持续的、相对稳定的科普志愿者立体网络。在管理制度化的基础上，总队作为北京地区科普志愿组织的联合体，孵化和培育科普志愿服务团队，广泛开展北京科普志愿服务，弘扬热爱科学的文化和雷锋的服务精神。

四是广泛动员企业主体力量，促进科普事业与科普产业共融发展。各类科普活动均充分调动企业积极性，发挥企业科普功能的补充作用。比如，北京（国际）科普资源博览会每次都涉及几百家企业，2018 年达 200 余家，包括约五分之一的国际参展单位，涉及领域包括智慧教育、人工智能、AR/VR、展馆设备、机器人等。另外，科普资源联盟构成单位中科技企业占了相当大的比例。

2. 科普传播渠道角度：融合手段丰富多样

一是探索阶段的区域科普微信公众号“京科普”成为媒体融合的新兴典型案例。该公众号于 2015 年 8 月 20 日开通，功能定位是提供北京科普资源信息服务，集成北京科普资源。同时在公众号中嵌入科普活动信息。“京科普”与公众交流采用幽默轻松的方式，例如有一条对公众信息的回复是“您的消息已下海，稍后小编会打捞上来的～”；该公众号的内容紧跟时代热点，且注重趣味性，比如，针对郝景芳获雨果奖推送了《雨果奖？那是什么》，针对韩国女星捏塌鼻子推送了《韩国女星鼻子坍塌　整容风险手册出炉》，等等。该公众号阅读量增速较快，粉丝数为 7100 多人，阅读人数为 10000 余人，阅读量达 182000 余次。但目前“京科普”还有很大的提升空间，比如内容原创性较差、语言风格和排版较混乱等。

二是其他融合科普手段随着新媒体技术的发展与应用层出不穷。比如，微博、微信助力全国科普日活动效率和效果提升，建设完善全国科普日微博、微信平台，以“创新驱动发展，科学破除愚昧”为主题，打造集微信发布、创新展示、科普资源展示、公共互动于一体的综合平台，利用360全景、现场直播升级展示方式，2018年全国科普日短视频、科普有奖答题和出镜直播引爆全场；北京科普新媒体创意大赛引领潮流，2018年6月有70余所中小学参与，同比增长超过50%，主题包括“韧性城市　智享生活”等；开展了多项新媒体科普活动项目，如科技电影展、科学达人秀和科普网剧；“科学我最辣”活动于2018年1月获得“典赞·2017科普中国”十大网络科普作品；升级改造北京市科协创作出版资金资助申报系统，通过新媒体方式创新完成科普创作出版专项资金资助项目；利用网站、H5等手段，借助微博、微信等平台宣传动员，扩大征集选题；利用新媒体手段对首都科学讲堂进行创新升级，实现多个热门平台在线直播，加大对青少年的吸引力；打造互联网精品科普节目——科学麻辣脱口秀；以权威、科普、实用、有趣、好玩为定位，邀请科普专家、大咖出演，并将现场表演制作成科普微视频在腾讯视频、今日头条等多个大众媒体平台播出，至2017年11月点击量逾600万次；打造志愿者服务“两微一平台”，优化科普志愿者宣传及招募模式。通过微信公众号、微博以及网站专栏、微信交流群、QQ工作群等线上平台提升宣传影响力，优秀文章吸引转发近千次，浏览量达万余次。转变了科普志愿者招募方式，增加活动中招募形式，由单向招募向开放式招募转变，加大了科普志愿工作宣传力度，如在2017年北京科学嘉年华活动中“科学谣言终结者行动签名墙”吸引27000余人签名支持，成功招募科普志愿者约165人，关注“北京科普志愿服务总队”微信公众号的有110人，加入“北京科普志愿服务总队”微信群的有55人。[①]

① 2017年北京市某科普相关单位工作总结资料。

3. 科普资源角度：注重多渠道融合，实现科普资源的共建共享

一是大力推进北京科普资源联盟建设。该联盟成立于2011年，至2018年共有360家企业成为联盟成员，[①] 包括科普教育企业、科普旅游企业、科普展教企业、科普网络与信息企业、科普影视企业、科普出版企业等不同类别。旨在联合科学传播相关领域的社会力量，自愿结成公益性社会组织，以“平等、创新、共享、发展”为组织理念，团结所有联盟成员单位，从科普资源的社会需求出发，构建科普资源共建共享平台，形成社会化科普工作格局，共同推动“科普理念与实践双升级”，促进公益性科普事业和经营性科普产业协同发展。

二是组织北京（国际）科普资源博览会，大力度聚集国际国内科普资源。广泛深入调研北京展览馆、中国国际展览馆、全国农业展览馆、国际科技会展中心和汽车博物馆等场地，广泛收集芜湖科博会、科技周、教育装备展、全国基础教育信息化应用展、北京科博会、世界智能大会等多项展览资源。

三是定期召开京津冀科普资源推介会。以“共建共享·融合发展”为核心理念，以展会、路演、视频展示等多种方式实现区域科普资源的互相推介、共建共享。自2016年启动以来，每年均有来自京津冀三地科协及数十家科普机构、科普企业的几百名代表参加活动。为推动京津冀长效合作搭建多层次、宽领域的全面合作交流平台，深化京津冀科普资源共建共享合作机制，实现区域优势互补、协同发展。

四是广泛整合校园科普资源。与德拉、未来菁英、中科院科学教育联盟、中科科学文化传播发展中心、索尼探梦、星际元、Techplay、世纪新思力等几十家机构合作，立足公众实际需求，多渠道甄选校园科普资源。结合各自特色和优势，甄选涉及人工智能、公共安全、航空航天、古代科技等方面的优质资源，为学校科技节提供多元化科普资源和个性化、系统化的创新型解决方案。

---

① 引自北京市科学技术协会内部工作资料。

五是通过新媒体整合全国科普资源。组织“科学三分钟”全国科普微视频大赛，邀请多位央视著名主持人及科研院所知名专家教授为大赛录制宣传视频，数十家媒体形成矩阵报道，选手年龄范围广泛，从6岁儿童跨越至75岁老年人，许多优秀作品被纳入科普资源库用于长期展播。

4. 科普受众角度：资源下沉，依据不同公众需求推进科普的普惠共享

一是组织开展科技扶贫、助残工作。实施“科技助力，精准扶贫”项目，申报黑龙江省、贵州省、河北省三个农业科技培训项目，带动贫困户、贫困人口通过科技助力生产，进而扩大年增收额；组织山西左权“智爱妈妈—小手拉大手”行动，为当地乡村的妈妈和青少年带来3D打印、VR等前沿科技及创客手工坊，将优秀科技成果带给偏远地区的乡村妇女，提高其科学文化素质；针对河北饶阳，在充分的实地调研的基础上，组织专家讲座及田间指导，配送科普图书，对接当地需求和培训等；北京科普新媒体创意大赛历年获奖作品还应用于北京科学嘉年华现场及支持西藏科普工作中；开展“科技助残　爱心扶弱”系列活动，包括科技助残表演秀、黑科技智能展示、前沿科技康复体验、心理健康辅导、创客交流互动、助残志愿者服务等内容。2017年在通州区、朝阳区等发放科普材料1万余份，累计受众10万余人次。

二是广泛联系16个区组织开展科教进社区活动。紧密结合社区的社会基本单元特点，根据社会治理、科技治理需求开展特色社区科普活动。立足社区科普需求，以崇尚科学、破除愚昧、防范邪教为主题，以互动体验、专家咨询讲解、视频播放、发放科普资料等形式举办多场次活动。仅以朝阳区科教进社区活动为例，2018年全年举办活动119场次，涵盖朝阳区39个街道的117个社区，活动内容涉及健康医疗、公共安全等，活动形式以科普讲座、互动体验为主，累计受众约6000人次。

三是组织亲子科学大会。2018年4月完成首场活动，以市场化为导向，广泛对接社会力量，包括北京市地震与建筑科学教育馆、北京市动物园、中国古脊椎动物馆、手尚DIY创意体验基地、麋鹿苑等，通过有趣的主题和强互动性的形式，召集亲子家庭体验与实操活动，同时鼓励孩子们以科普小

志愿者的身份参加活动，实现科普传播的立体化。

四是组织北京科普新媒体创意大赛。其于2018年4月正式启动，大范围走访中小学、幼儿园，召开校园宣讲会，了解实际需求，邀请专业机构定制个性化课程，提供个性化服务。

五是开展科普超市行、校园行活动。围绕年度热点科学话题，整合光明网等数十家单位百余项科普资源，在密云、昌平、朝阳等地超市开展活动，吸引万余人参加，如2017年科普超市行活动围绕“军事”主题，着力普及军事科技；科普校园行，打破以往传统资源展示互动体验模式，采取以物理、化学、生物、纳米等领域的前沿概念为主题，以自主研究、自主实验及展示为活动形式开展的模式，2017年全年累计开展活动13场次。

另外，还利用全国科普日契机组织全国科普日基层巡展活动，利用科普嘉年华活动组织向远郊区输送科普资源的嘉年华巡展。

5. 区域发展角度：注重跨国境、跨地域的融合共进

一是将视野进一步扩大至国际范围，提高科普国际参与程度及水平。除了延续多年的国际科普方法研讨会、圆桌会议之外，2018年借助中国科学素质促进大会等契机筹备成立了北京国际城市科学节联盟（Beijing Global Network of Science Festivals）。建设了联盟官网，其成为科普资源、信息交流互动的新渠道、新窗口，也成为科普国际融合发展的新尝试。在专项调研DI、ISEF、以色列世界科学大会、美国总统奖等近20个国际国内赛事、会议、奖项并出具调研报告的基础上，进一步调研了美国STEM教育，策划举办了国际青少年科学大赛，为我国培养国际化英才后备军奠定了重要基础。

二是以京津冀科学教育馆联盟为抓手推进京津冀科普教育的一体化发展。2019年9月17日京津冀科学教育馆联盟成立，达成了《京津冀科学教育馆联盟共识》。该联盟由北京科学教育馆协会、天津市自然科学博物馆学会和河北省自然科学博物馆协会组成，实行联席会制度，为三地提供了科普场馆交流合作平台和科普资源研发成果共享平台，形成了三地教育馆协同发展的新格局，进一步拓展了三地科协交流合作的广度并增加了深度。通过联

盟机制，京津冀三地可以联合举办京津冀科普资源推介会、特色科学教育资源轮展、年度主题巡展和展品互换等交流活动，对相关科普企业进行业务培训，推动三地科学传播专业职称资格互认，组织开展科学教育馆专业技术人员教育培训和召开学术论坛，促进京津冀科学教育馆联盟与国际科普场馆的交流合作等，必然能够进一步增强三地科普场馆的社会公共服务能力。进入新时代，北京科普工作正在进行转型升级，联盟的成立可以推动科普场馆融合创新发展、联动发展、系统发展，优势互补、合力共赢，推动科普资源共建共享，提升京津冀地区科学教育馆“内涵”和水平。①

三是依托科协燕赵学堂推动京津冀科普一体化发展。除了建立京津冀科学教育馆联盟、召开京津冀科普资源推介会之外，还承办了河北省科技馆项目——科协燕赵学堂，促进科普专家及资源的共享。每月一期，主题涉及爱因斯坦与引力波、载人航天的发展、从星际穿越到中国慧眼天文卫星，等等。其中，2018 年第 1 期邀请欧阳自远院士做了精彩讲座——寻梦广寒宫，现场观众爆满，网络直播共有 8 万余人观看；创新发展科普创作出版专项资金资助项目，利用网站、H5 等手段，借助微博、微信等平台宣传动员，升级改造北京市科协创作出版资金资助申报系统，扩大征集选题范围、资助范围到京津冀，注重囊括津冀选题的比例。

四是推进京津冀科普产业一体化发展。打造京津冀科普产业园，探索建立北京科普产业投融资平台，加强对科普产品和服务发展相关政策的研究，将金融政策和科普产业发展结合，为北京科普资源联盟单位提供一揽子金融服务；召开京津冀科普产业发展研讨会，聚焦行业热点，解读政策空间，打通科普产业出口环节。

五是开展京津冀联合科普旅游活动。近年来北京市旅游发展委员会作为北京市科普联席会议制度工作成员单位，联合京津冀三地旅游部门和科技部门，共同组织推进了京津冀联合科普旅游活动。联合编制并印发了《京津

① 《京津冀科学教育馆联盟成立》，新华网，2019 年 9 月 18 日，http：//www. xinhuanet. com/2019 －09/18/c_ 1125010282. htm。

冀旅游协同发展行动计划》和《京津冀旅游协同发展工作要点（2018—2020 年）》，按照创新驱动、优势互补、市场主导、整体规划、试点示范、全面提升的原则，共同整合区域旅游资源，联合开展了多项特色科普旅游活动，开辟了多种特色旅游线路，将旅游活动与科学普及有机融为一体，营造科技创新驱动经济发展的良好环境，使得游客在接受科普的同时领略现代科技的神奇魅力和传统文化的博大精深。在 2020 年年底前，京津冀三地将共同建成一批旅游示范带动项目和基地，打造一批区域性龙头景区，形成京津冀旅游协同发展知名品牌。

6. 手段方式角度：采取科学与艺术、文化表演、休闲旅游等融合的手段开展各项活动，吸引不同类别的公众参与

一是开展北京科学表演大赛活动。近年来进一步拓展参赛剧目征集渠道，这使得参赛剧目来源更加广泛，涉及科普教育基地、表演培训机构、中小学校、其他教育机构，以及奇点汽车、百度等多家企业。2018 年又增设了科学表演训练营环节，在暑假期间针对各参赛队伍选手的表演问题进行全方位的指导，融入更多新媒体元素，呈现更加完美的决赛现场。北京科学表演大赛邀请专家指导剧目编排和演出，吸纳入围选手及获奖作品加入北京科学表演剧团。

二是注重节日文化作用的发挥。北京城市科学节已经发展得比较成熟，目前扩展建立了北京国际城市科学节联盟。北京国际城市科学节联盟是由北京市科学技术协会倡导并与众多在国际上有影响力的科学传播机构共同发起、自愿结成的一个专业性、公益性的国际科学传播组织交流和合作网络。联盟于 2018 年 9 月 17 日在北京科学中心正式宣告成立，并定于每年北京嘉年华期间召开年会，目前成员单位已发展至 27 家，发挥各国科学传播机构的优势，加强各国科普资源的共建共享，创新各国科学传播机构合作模式，推动“科普理念与实践双升级”。2019 年北京国际城市科学节联盟年会暨第七届北京国际科学节圆桌会议会聚了世界科学传播领域具有影响力的区域组织、行业机构、科学节组委会以及高校与科研机构的科普精英，共有来自美国、法国、德国、韩国、泰国、波兰、哥伦比亚、西班牙等 15 个国家的 20

余名国际代表出席。[①]

三是组织“科普研学”系列活动，将科普与休闲娱乐紧密结合。将科学普及与研学旅行结合，突出“游”字特色，形成“科”字品牌，涉及自然科学、生命科学等领域，以知识科普、自然观赏、体验考察为主要形式，开展“自然博物馆研学”“中科馆研学”等系列活动；创建“科普研学院”微信公众号，并与中国国际广播电台等多家媒体合作进行宣传推广。

三　新时代北京科普融合发展的新需求和新目标

步入新时代，全球科技治理需求日渐迫切，新一轮科技革命和产业变革正在重构全球创新版图、重塑全球经济结构，科学技术的发展不仅改变着我们所处的世界，也影响着国家前途命运和人民生活福祉。[②] 科技创新与科学普及并行快速发展，公众需求发生了深刻变化，信息传播技术的进步也对新时代科普工作提出了更高的要求，科普多维度融合发展的需求逐步凸显，作为首都的北京在快速发展中科普的新矛盾对融合发展的需求显得尤为迫切。面向北京科普工作的新时代、新局势，无论是政策文件还是各级领导讲话都做出了新安排、提出了新要求、体现了创新发展的新理念。

（一）相关政策反映了北京市新时代科普融合理念的新要求

2016 年 3 月发布的《北京市科协事业发展“十三五”规划》从多个方面提出了科普融合理念的新要求。一是在主要目标中提出“建立健全首都科普资源共建共享机制”、“科普信息化、产业化、社会化和专业化程度

① 《2019 年北京国际城市科学节联盟年会暨第七届北京国际科学节圆桌会议顺利召开》，北京继续教育网，2019 年 11 月 5 日，http://www.cedu.org.cn/art/2019/11/5/art_5438_417177.html。

② 王小霞：《新一轮科技革命和产业变革正重塑全球经济结构》，《中国经济时报》2019 年 11 月 6 日。

不断提高”、科普工作支撑科学素质和创新驱动发展的双重作用。二是在重点任务中提到了“区域科普资源汇聚共享”“建立公民科学素质建设共建机制，汇集社会科普资源”“实现从‘自己干’到‘搭平台’的职能转变，有效整合社会资源，形成首都科普工作社会化格局”。三是在重点任务中也提出了以科普信息化建设为目标的体系化发展理念，包括促进传统媒体与新兴媒体融合发展的“科学传播体系”和以蝌蚪五线谱网站为龙头，以手机 App 终端、社区数字科普视窗、楼宇电视、地铁公交电视为延伸的新媒体传播网络体系。四是提出以科普资源联盟建设为抓手，推进科普事业和科普产业共同发展，建设科普产业集群，形成以事业带产业、以产业促事业的良性发展格局；通过建设科普资源平台，运用市场机制推动科技创新资源的科普转化与应用，以及举办“北京·国际科普产业博览会”活动等手段，努力打造国际科普产业资源集散中心；同时指出“继续支持鼓励科技社团、企业、高校建立面向不同受众的科普教育基地，提升国家和北京市科普教育基地的科普效果。推动科研机构、高校、大型国有企业实验室面向社会公众开放。鼓励和吸引社会团体、民办非企业单位、基金会等社会力量从事科普公益事业”。五是提出了科研与科普结合、科技创新与科学普及融合的做法。①

2016 年 6 月发布的《北京市“十三五”时期科学技术普及发展规划》，在“指导思想”中使用了协调、共享、社会参与、大科普等词，提出了为文化创新和全国科技创新中心建设服务的要求：“扎实推进创新驱动发展战略，牢固树立‘创新、协调、绿色、开放、共享’的发展理念，坚持‘政府引导、社会参与、创新引领、共享发展’的工作方针，北京科普工作要站在大视野、大科普、国际化的高度，以建设国家科技传播中心为核心……着力培育创新文化生态环境，激发全社会创新创业活力，为全国科技创新中心建设提供有力支撑……”在八项“重点任务”中除了传统任务之外，突出了科普助力创新工程、科普协同发展工程、科普产业创新工程、“互联

① 北京市科协调宣部：《北京市科协事业发展“十三五”规划》，2016 年 3 月 15 日。

网+科普”工程和创新精神培育工程。在保障措施中强调了主体角度的协作联动、社会的广泛参与。

2016年7月发布的《北京市全民科学素质行动计划纲要实施方案（2016—2020年）》，明确提出了科普的多维度融合要求。一是为“大众创业、万众创新”服务的目标，要求自觉把科学普及放在与科技创新同等重要的位置，营造有利于创新、创业的社会氛围，激发全体市民特别是科技工作者的创新、创造活力，努力培育宽松和谐、健康向上的创新文化，形成鼓励创新、包容失败的良好环境。二是“五位一体”的协调发展理念，并专门使用了“协调”“共享”等词，要求牢固树立创新、协调、绿色、开放、共享的发展理念。三是立足首都城市战略定位和建设全国科技创新中心的目标，要求始终坚持“政府推动、全民参与、提升素质、促进和谐”的工作方针。

（二）北京市各级领导讲话提出了科普融合的新思想和新指示

2018年5月，北京市副市长殷勇在北京市科普工作联席会议上发表讲话，讲话以理念创新为统领提出了五个创新：其一，科普理念要创新——科学技术不仅是知识和技能，更是一种文化和精神，要让“崇尚科学、探索求真、勇于创新”的科学精神和科学思想深入人心，为全国科技创新中心建设营造浓厚的氛围；其二，科普主体要创新——科学家和科研人员在科学普及中应该居于主导位置，要为科研人员做科普创造更好的条件和营造良好的氛围，科普主体的来源需要拓展、结构需要优化、水平需要提升；其三，科普内容要创新——创新是当今时代的最强音，科普内容也要与时俱进、不断创新，一方面科普内容要紧跟全国科技创新中心建设的前沿、热点和重点工作，另一方面科普也要面向经济建设主战场，通过对公众进行科普展示宣传，为科技创新成果向现实生产力转化提供“催化剂”；其四，科普传播要创新——创新科普手段和方式，发展线上线下紧密结合的科普资源服务模式，让“高大上”的科学充满趣味与温度，增强体验性、互动性、贴近性；其五，科普融合要创新——要推动科普产品服务与其他领域深度融合发展，发展基于“互联网+科普”服务的新业态。

2019年5月北京市政府副秘书长、市科普工作联席会议副主席刘印春在北京市科普工作联席会议上的讲话中提出了科普融合全面发展的问题，并进一步提出三项重点要求。一是科普要为全国科技创新中心建设提供支撑，紧紧围绕“科技创新”这个核心展开，筑牢科学素质和创新文化的社会基础。科学普及是提高公民科学素质和培育创新文化的重要手段，是实施创新驱动发展战略的基础条件和必要保障。二是科普要面向首都高质量发展，促进科技成果转化应用，面向经济建设主战场，在服务科技成果转化上找结合，在发展科普产业上找突破，打造经济转型的新支点。北京建设具有全球影响力的全国科技创新中心，要求具备创新成果向现实生产力转化的优质平台和良好机制，需要加快培育新增长点，推动经济结构优化升级。三是科普应为人民群众追求美好生活服务，必须坚持以人民为中心的核心理念，把满足人民群众对美好生活的需求作为科普工作的发力点，让人民的生活更便捷、更智慧，提升人民的获得感和幸福感，满足人民群众基本生活的需要、满足人民群众的工作职业发展需要、满足人民群众的精神文化需要、满足人民群众参与公共事务的需要。①

（三）新的城市功能定位和发展规划决定了北京科普融合的新思路

2014年2月，习近平总书记在考察北京时提出了“四个中心”（政治中心、文化中心、国际交往中心、科技创新中心）的功能定位，要求努力把北京建设成为国际一流的和谐宜居之都，自此北京开始了城市格局重塑。科学普及与科技创新作为创新发展的两翼，自然要相互促进、融合发展，为全国科技创新中心建设服务，同时要以“四个中心”为一体，以“四个中心”的共融发展为使命。北京科普工作要坚持把政治中心和文化中心放在突出位置，与社会主义核心价值观相互融合，以培育和弘扬社会主义核心价值观为

① 《2019年北京市科普工作联席会议召开，部署新时代全市科普工作》，搜狐网，2019年5月8日，https://www.sohu.com/a/312723932_120058319。

引领，推动首都科学文化、创新文化建设，营造良好的“双创”社会氛围，促进科学文化、创新文化与人文文化的融合发展，同时要进一步放眼国际，树立“人类命运共同体”意识，为构建人类命运共同体而努力。

2017 年 9 月，北京市发布了《北京城市总体规划（2016 年—2035 年）》（以下简称《规划》），阐释了落实“四个中心”战略定位的重要性，提出了“一核一主一副、两轴多点一区”的城市空间结构，明确了核心区功能重组、中心城区疏解提升、北京城市副中心和河北雄安新区形成北京新的两翼、平原地区疏解承接、新城多点支撑、山区生态涵养的规划任务，北京市继续深入推进区域协调发展战略，推进首都功能疏解和京津冀一体化发展，《规划》将资源配置、文化保护、城市治理专门分别单列一章进行了阐释。当前“京津冀”“三城一区”“一核一主一副、两轴多点一区”“两翼”等的协同发展已经从顶层设计走向实践操作阶段，科普在促进公民科学素质的提升方面面临重大的机遇与挑战，科普工作要注重区域协同，实现普惠共享。

2016 年 5 月，中共中央、国务院发布实施了《国家创新驱动发展战略纲要》，科技创新的战略地位更加凸显。9 月国务院进一步印发了《北京加强全国科技创新中心建设总体方案》，确定了全国科技创新中心建设的总体思路、发展目标、重点任务和保障措施，强调了北京全国科技创新中心建设的重要性、紧迫性和持续性，要求把北京建设成为全球科技创新引领者、高端经济增长极、创新人才首选地、文化创新先行区和生态建设示范城。对于北京市来说，其要紧密结合党和国家的方针政策来开展全国科技创新中心建设工作。同年 9 月北京市人民政府发布了《北京市“十三五”时期加强全国科技创新中心建设规划》，强调要大力宣传首都地区创新科技成果，促进科技成果的传播和转化，加强科普服务能力，提升公众科学素养，将科学技术普及工作作为北京市建设全国科技创新中心的有力支撑。2018 年北京市副市长阴和俊作为主管市领导在科普工作联席会议上提到，北京致力于建设全国科技创新中心，因此科普工作要紧紧围绕“科技创新”这个核心展开，要将北京全国科技创新中心建设过程中的重要创新成果向社会及时发布，为公众提供全新的科普知识，促进创新科技成果的转化，使科学传播成为支撑全国科技创新中心建设的重要载体和有效方式。

（四）新时代北京市“大科普”应有的理念特征

新时代北京科普工作必须适应北京发展阶段的新变化、新特征、新要求，跟上城市发展的步伐，与时俱进，围绕首都特色和战略地位，总体以传播学“5W 模式”为引领，以传统科普模式为参照系，从自上而下单向灌输的“缺失模型”科普行为模式向双向互动交流的公众参与式的科普行为模式转变，从行政力量主导的科普工作模式向政策引导下社会力量共同参与的科普工作模式转变，确保实现到 2020 年北京市公民具备科学素质的比例达到 24% 的目标。新时代北京市科普理念应具备的特征具体如下。

第一，理念与实践动态交叉、融合发展。科普理念要引领实践，二者动态交叉前行，不断升级，实现动态可持续性发展，实现“科普理念与科普实践双升级”。

第二，充分体现主体和渠道等的多元化。以政府行政主导为前提，构建市场导向和政府主导双重并存的新机制，达到很好的合作与整合；大力推进科普产业的发展，坚持科普企业的市场主体地位，加大科普产品的供应；进一步有效发挥大众媒体的科普功能，畅通新媒体科普渠道；激励科研人员积极投身于科普工作，壮大科普志愿者队伍，促进民间自发的科普力量的比例大幅增长。

第三，科普内容真正得到拓展。以“四科”“两能力”① 为基础，不仅重视公众对科学知识、技能的学习，也更加强调公众对科学生产与应用过程的学习、理解和参与，以及对科技与社会互动关系等的理解，注重加强科学

---

① “四科”发源于我国科普专项法律法规。《中华人民共和国科学技术普及法》（2002 年）在总则中提出了普及科学技术知识、倡导科学方法、传播科学思想、弘扬科学精神的要求，逐渐被简称为“四科”；《全民科学素质行动计划纲要（2006—2010—2020 年）》（2005 年）规定了公民具备基本科学素质的含义，在“四科”基础上增加了“两能力”，即具有一定的应用它们处理实际问题、参与公共事务的能力。

文化建设。

第四，服务理念突出“以人为本”前提下的多重目标的融合。不仅要实现国家战略目标、社会治理目标，也要满足公众的基本需求，强调公众对科学事物的参与、互动和反馈。既要助力提高生产力推动经济发展，又要关注整体社会的协调发展；既要努力实现整体国民科学素质的提高，又要在“科学普及与科技创新一体两翼”理念的引领下注重培养创新人才、培育科学文化和创新文化。

第五，运行机制体系融合发展。坚持事业性与产业性并存、公益性与营利性并存，不同行业领域科普协同推进，促使传统与现代双重理念、方式、手段融合发展。

第六，公众科普意识和需求得到开发。我国的社会制度不同于西方民主制国家，长期的行政主导体制形塑了公众被动的惯习，因而主动提出需求的意识较弱。

（五）新时代北京市“大科普”应有的服务目标

综上所述，新时代北京市必须牢固树立“创新、提升、协同、普惠”的理念，围绕受众、社会和国家不同层面的需求，结合新时代、新趋势确定目标内容，体现“四科”“两能力”，并将科学文化与创新文化建设、社会治理与科技治理能力提升作为更高的目标诉求，具体如下。

第一，与时俱进服务于公民科学素质的全面提升。《中华人民共和国科学技术普及法》提出了“四科”的内容，我国纲领性科普文件《全民科学素质行动计划纲要（2006—2010—2020年）》提出了“四科+两能力”的公民科学素质要求，北京市也相应出台了《北京市科学技术普及条例》等地方性文件。新时代要与时俱进，以传统纲领性文件的核心理念为统领，以更宽阔的视野和更高远的目标，根据新形势、新需求进一步拓展公民科学素质的内涵和外延，丰富首都科普工作的内容、形式。

第二，服务于全国科技创新中心建设。创新文化建设早已成为创新型国家建设的重要制度安排，中共中央、国务院多次提到创新文化建设与科普的关联，习总书记在“科技三会”上指出科学普及与科技创新同等重要，十九大报告强调了弘扬创新精神。首都科普工作可以以创新文化建设为抓手进行，把创新文化建设作为科普的责任，作为首都科普的重要使命，服务于“双创”的发展，营造“大众创业、万众创新”的创新文化氛围。

第三，服务于社会和谐健康发展。党的十八届五中全会提出了“创新、协调、绿色、开放、共享”的发展理念，至今该理念已深入人心，得到社会各领域的广泛认可。以创新为引领，以科技创新为核心，科普工作作为创新发展的一翼无疑肩负着历史重任；协调是经济社会科学发展的根本方法，即统筹兼顾，可以不同方式来划分，包括经济、政治、文化、社会、生态之间的协调，也可包括不同空间地域之间的协调，甚至是不同文化之间的协调，这些要素几乎都能够直接或间接地与科普工作相关联；绿色发展理念强调经济发展与社会、资源、环境等的协调，承认生态环境容量和资源承载力的有限性，对传统发展理念的批判性超越，显然需要新时代科普对这种社会文化的宣传；开放、共享的理念更加符合科普的目标，要以开放的视野和格局，实现普惠共享，为构建人类命运共同体而努力。

第四，服务于科学文化、创新文化建设，促进科学文化与人文文化的融合发展。很多政策文件和科普理论大力强调科学文化、创新文化建设的科普责任，也从不同角度阐释了不同文化融合的具体要求。比如，中央书记处明确提出，要把弘扬科学精神和践行社会主义核心价值观结合起来，发挥科学精神对核心价值观的滋养和传播作用，现阶段加强科学道德和学术规范建设已经成为共识和常态化的行动，并要求把科学精神和科学家精神的弘扬与社会主义核心价值观的践行紧密结合起来。近些年我国在科普领域、科技和文化领域都做出了相关规定，倡导科技与文化的融合发展，倡导科普与艺术的结合、与文学创作的结合。比如鼓励科学漫画、科普剧等。

第五，服务于科技治理能力的提升。党的十九届四中全会把完善科技创新体制机制作为推进国家治理体系和治理能力现代化的重要内容，做出了重大部署。科技治理本是国家治理体系的重要组成部分，与科普工作密切相关，北京市作为首都要勇当全国科普工作的引领者和示范者，要把习总书记的这些重要指示和党的十九届四中全会精神作为科普工作的根本遵循和行动指南。

四　未来推进“大科普”发展的对策建议

新时代要以时不我待的精神提前谋划、全面部署、大胆创新，以新的理念引领实践取得新发展，引领全国科普工作实现融合发展新突破。

（一）通过加强理论研究推进“大科普”理念的创新发展

1. 推动理论研究，引领理念创新

加强理论研究，及时把握国际新局势和国家、公众、社会科普新需求与新动向，提供决策咨询，引领科普理念更新。不仅重视国际前沿理论的探讨，也要加强本土特色的实地调研，分析科普工作的特征与趋势，研究提出推动科普工作开展的对策建议，为全民科学素质提升工作提供科学依据，推动科普公共服务的理念发展和相关政策的制定实施。

2. 打造专门的科普研究智库

充分利用学会优势资源和发挥“科协、科技工作者之家”的功能，会集社会各学科（领域）专家、学者以及相关政府部门有管理工作经验的老科技工作者，组建研究团队和专家委员会，确定当前重点科普研究领域、建设科普研究基地或研究院所，开展智库型研究，为北京市科普工作建言献策，使之成为服务北京市科普工作实践的重要思想库。

（二）以“大科普”理念构建协同发展的科普机制

1. 结合新形势优化北京市科普工作联席会议制度，完善融合化组织领导机制

更好地发挥北京市全民科学素质纲要实施工作办公室的组织协调职能，拓展成员单位，加强科普社会动员；积极争取党委、政府的支持，将公民科学素质建设目标任务纳入北京市、各区委及部门发展规划；加强科普组织自身建设，改革创新科普工作的组织管理机制；转变政府职能，建立扁平化、

跨界融合的组织体制与机制，形成政府、市场和社会共同配置资源的格局；通过联盟引导，探索各方面密切合作的有效机制，实现科普与各行各业的协同互动；探索建设众创、众筹、众包、众扶、分享的科普生态圈。

2. 探索区域协同、创新融合、普惠共享的新机制

以平台建设、资源共享为核心，将北京科普发展融入京津冀协同发展、全国创新驱动发展大局进行谋划和推进。以京津冀科普资源联盟、科学教育馆联盟为抓手，发挥其在京津冀协同创新中的优势，搭建平台，整合共享科技、科普信息及科普项目、人才和专家库等资源，促进三地资源对接，探索资源共享、政策互动机制研究，带动区域协同创新发展。京津冀协同发展背景下，三地应联合推进科普的内容创作、表达方式、传播手段、管理运营的创新机制建设。

3. 积极创建引导科普经费投入的政府与社会融合机制

积极争取政府财政资金，增加相关预算，用好现有资金渠道，同时撬动社会基金和企业资金，建立科普基金会及其他形式的科普社团，或者与企业合作共同推动科普发展。概括而言，要保障政府科普经费投入，积极引导社会科普经费投入，逐步建立以政府经费投入为引导、社会经费投入为主体的多元化科普经费投入体系，形成政府、企业、社会团体、个人等多元化科普经费投入格局。

（三）多措并举创建协同发展的科普主体队伍

1. 推进平台建设，形成多主体联合的社会化科普工作大格局

推进北京科普联盟组织平台建设，创新联盟服务管理模式；紧抓供给侧，广泛汇集相关领域优势资源，调动社会力量参与科普服务，形成开源、开放、协调的社会化科普工作大格局，提升优质科普内容供给能力，提升科普资源精准推送服务品质和水平；推进产业化、市场化运营，努力把需求与供给、事业与产业以及政府与市场紧密联系起来，大幅度提高科普公众、社会及国家不同层面的服务能力和水平。

2. 挖掘科普新生力量，充实科普志愿者队伍，促进科普主体融合

注重信息化手段的运用，推动北京科普志愿服务总队建设，加强培训，规范管理，建立完善激励机制，调动科研人员及普通公众志愿参与科普服务的积极性，整合社会各方面的人力资源，创建一支志愿提供科普服务的多样化队伍，弥补科普人才资源的短缺。

3. 推进科研人员从事科普工作，促进首都特有科技人才资源的科普化

建立科研与科普相结合的机制，切实把科普工作与北京市科技创新工作有机结合起来，同时发力、同步推进、融合发展；推进相关政策制度的落地实施，比如科研人员参与科普工作的激励政策，要求考核时同等对待其科普成效与科技创新成果，再比如要求重大科技项目承担科普责任；充分发挥中央和北京两个层级各学科领域学会（协会、研究会）的作用，引领其鼓励动员科技人员从事科普工作；加强与北京科技人才研究会、北京科研院所和高校的交流与合作，动员更多的科技工作者参与科普工作，充分发挥科技工作者的科普主力军作用。

（四）其他重要举措

1. 以“三文化”（科学文化、创新文化、人文文化）融合建设推进科普全面融合发展

将“三文化”作为新时代首都科普工作的内在含义和本质特征，作为首都科普工作服务于全国科技创新中心建设的具体体现，作为科普工作服务于公民科学素质跨越提升和创新驱动发展战略实施的内在要求，也作为社会主义文化大发展大繁荣的重要内容；科学文化与创新文化既涉及价值观念和思想意识层面，也涉及法律法规和制度规范层面，要把科学普及作为培育科学文化、创新文化的重要手段；将“四科”重新排序为“弘扬科学精神、传播科学思想、倡导科学方法、普及科学技术知识”，同时与党建和社会主义核心价值观建设等工作结合起来，营造全民重视科普、热爱科普的氛围，强化科学普及、提高科学素质是全社会的共同责任，也要营造大众化、群众化、社会化的科普氛围；调整本位的观念，强化主体多元思维，提升主体地

位，启迪公众科学意识，弘扬科普价值；合理选择科学文化作品进行推介和开展传播活动，以潜移默化的方式逐步影响公众的思想和行为；注重科学文化宣传常规性平台的建设，同时利用好文化部门近年来在基层强有力推动建设的基础设施，以“内容为王”推进科普工作实现跨越式发展。

2. 发挥好社区作为社会基本单元的特殊功能，促进科普多维融合

新时期要打破北京社区科普研究及实践的传统范式，加强与文化建设、社会治理等领域的融合，为科普发展找到新的生长点。一是借助近年来现代公共文化服务体系建设契机，将社区科普工作与文化建设相融合，把提升社区居民科学素质与践行社会主义核心价值观，以及培育科学文化和创新文化、弘扬科学精神、传播科学思想等融合起来，为公众提供丰富的科学文化大餐，促进科技与文化的融合，为建设全国科技创新中心、建设世界科技强国营造良好的社会文化氛围。二是借助社会治理领域“十二五”期间打造的大量“一刻钟社区服务圈”示范点，通过增加“一刻钟社区服务圈”科普内容等方式将社区科普工作与社会治理工作紧密结合，最终实现社区综合治理和科普服务能力的提升。

3. 以京津冀发展战略为突破口，大力推动科普产业与科普事业融合发展

吸引或鼓励更多科技企业加入三地的科普资源联盟、科学教育馆联盟等，借此推动更多科技企业参与建设科普产业园、科普产业投融资平台、科普产业研发中心、科普产业发展促进会等，扶持新兴科普产业业态发展，提高科普产业的影响力和带动力；把握文化产业和现代服务业振兴发展的新机遇，大力发展科普服务业，拓宽服务领域，扩大服务市场，通过科普产品与服务采购、服务外包、实施重大科普项目等手段丰富科普服务内容和方式，实现科普产业跨越式发展。

参考文献

伍永珍：《孕期问题大科普：解密您想知道的孕期 B 超》，《家庭生活指南》2019 年

第 10 期。

薛贤荣：《大自然大情怀大科普——〈刘先平大自然文学画馆〉丛书品读》，《科普创作》2019 年第 3 期。

宣武医院疼痛科：《大科普：我们为什么能感受疼痛?》，《健康之友》2017 年第 9 期。

王凤飞：《科协与社会化大科普》，《科协论坛》2001 年第 3 期。

范军：《对付养生乱象需要一场“大科普”》，《健康报》2016 年 9 月 21 日，第 2 版。

王乙涵：《韩剧大科普》，《电视指南》2016 年第 5 期。

周加元：《和睦街道：地下室里的大科普》，《杭州》（生活品质版）2016 年第 3 期。

张纪昌：《大科普背景下的“小科普”策略刍议》，《海峡科学》2015 年第 12 期。

王莲华：《科创中心呼唤“大科普”》，《文汇报》2015 年 6 月 11 日，第 5 版。

赵新宇：《长兴县把大科普送进小课堂》，《新农村》2015 年第 5 期。

王大鹏、钟琦：《从年度十大科普事件看科学传播的发展趋势》，《科协论坛》2015 年第 4 期。

何方俊、赵祎：《“小松鼠”撬动大科普——泸州市科协开发科普信息化品牌的实践与体会》，《科协论坛》2015 年第 4 期。

宋北辰、范正银：《构建江苏为农服务大科普体系——江苏省农村科普实践与探索》，《中国科普理论与实践探索——第二十一届全国科普理论研讨会论文集》，2014。

《小社区大科普》，《农村科学实验》2014 年第 7 期。

姜晓凌：《构建“横向到边、纵向到底”大科普格局》，《科协论坛》2013 年第 8 期。

林方曜：《中国气象学会：立足社会化大科普格局》，《中国气象报》2012 年 10 月 29 日，第 3 版。

张志民：《临沧市：构建“大科普”工作格局》，《致富天地》2012 年第 5 期。

邹志强：《把创新扎根于社会化大科普之中》，《湖南日报》2012 年 3 月 11 日，第 9 版。

李庆英：《“大社科、大科普”与中华民族素质大提升》，《北京日报》2011 年 11 月 28 日，第 19 版。

喻泽红、朱静颖：《“小”县做出“大”科普——湖南省慈利县社会化科普工作调查》，《科协论坛》2011 年第 11 期。

罗远才：《围绕大科普　着力常态化》，《泸州科技》2011 年第 3 期。

张书亭：《略论农家乐旅游点的大科普特质》，《村委主任》2011 年第 2 期。

宋北辰、范正银：《构建为农服务大科普体系》，《经济发展方式转变与自主创新——第十二届中国科学技术协会年会（第四卷）》，2010。

李元：《大日食涌动大科普》，《科普创作通讯》2009 年第 4 期。

谢菊：《以大科普理念构建大科普管理体制》，《科学咨询》（决策管理）2009 年第 3 期。

张进川等：《树大科普观　扬正骨医术——关于建立正骨博物馆的构想》，《中医药管理杂志》2008 年第 12 期。

聂磊:《企业科普是社会大科普中的一块阵地》,《科协论坛》2008 年第 2 期。

吴知理:《全面实施〈科学素质纲要〉 打造社会大科普工作格局 陕西力求〈科学素质纲要〉实施工作新突破》,《科协论坛》2007 年第 10 期。

胡升华:《“大科普”产业时代来临》,《中国高校科技与产业化》2003 年第 10 期。

B.8
推进北京哲学社会科学普及研究

刘 涛*

摘　要： 长期以来，科普工作的重心在自然科学和技术方面，哲学社会科学普及工作缺位。但在推进科普工作过程中，哲学社会科学与自然科学同等重要。本报告从哲学社会科学普及的重要意义出发，结合北京科创中心与文化中心建设，在体制机制衔接、社科普及活动和普及作品创作等方面，探索北京引领全国哲学社会科学普及工作的路径，提出推动哲学社会科学普及工作发展的建议。

关键词： 哲学社会科学　自然科学　科学普及

一　引言

哲学社会科学在社会发展中具备不可替代的重要作用。当前中国正处于全面建成小康社会开创中国特色社会主义新局面的重要历史转折点，迎来了中华民族伟大复兴的重要历史机遇。习近平总书记在哲学社会科学工作座谈会上深刻地指出："坚持和发展中国特色社会主义，必须高度重视哲学社会科学，结合中国特色社会主义伟大实践，加快构建中国特色哲学社会科学。"

* 刘涛，经济学博士，河北科技大学经济管理学院，主要研究方向为经济预测与评价、大数据经济。

科普的目的是提高公民科学素质。在公民科学素质实施纲要发布的背景下，公民科学素质被赋予了全新的意义。现代社会要求公民具备良好的综合科学素质，强调人的综合素质即对世界、自我、社会的全面把握与人的发展能力即吸纳知识、自我完善的能力，这需要完整全面的自然科学与哲学社会科学的知识储备和建立在知识储备基础上的对相应科学精神的把握。

长期以来，科普工作的重心在自然科学和技术方面，科学精神、科学思想普及工作缺位，科技部开展的历次公民科学素质调查也突出反映了这两点不足。这种状况很大程度上是对科普工作理解的狭义化，哲学社会科学的普及工作缺失，使科普集中于科学知识。作为“科学的科学”，哲学思想的缺位，是公民科学素质中科学精神缺位的重要原因。而社会科学在科普中的缺位，严重制约了公民在提高科学素养方面对科学方法的合理运用。

二　普及哲学社会科学的必要性

（一）哲学社会科学是科学素质中的重要组成部分

哲学和社会科学在对社会发展的作用方式方面不尽相同，开展哲学社会科学普及工作，应当根据它们各自的特点充分发挥其作用。

哲学着眼于在宏观上对世界和社会进行整体性把握。马克思主义哲学作为强有力的工具和武器，为人类提供科学的世界观和方法论，能够帮助人类认识世界和改造世界。同时哲学作为价值引领，在为社会主义建设者提供价值观和人生观以及社会理想和信仰时，发挥的是人文教养的功能。社会主义核心价值观是马克思主义哲学中国化的最新成果，是推动社会全面进步的重要思想力量。

社会科学依赖于调查，需要通过田野调查、实证分析和实验或半实验方式进行验证。社会科学的研究对象是人类本身，其目标是揭示社会生活中各个领域客观的、科学的规律。社会科学相对于自然科学，更易受到人类主观意识的干扰，因此合格的社会科学研究者，更需要以科学、严谨的态度对待研究课题。社会科学的普及，是人类社会自知、自省的重要环节。拥有具备高度社会科学素养的公民，是推动社会文明进步，建立富强、民主、文明、和谐国家的基础与保障。

社会科学是由经济学、政治学、社会学等一系列以人类群体的特征、行为为研究对象的学科构成的知识体系。社会科学的延伸、演进的过程，是社科学者从旁观者的角度对社会变化进行深刻反思的过程。社会科学知识的广泛传播，是社会不断向上发展的不竭动力。社会科学向人类传递了最新的价值体系，提供了完备的工具，并且为人类提供了重要的科学思想、科学精神与科学方法。社会科学的普及，有助于提高公共决策和社会转变能力，是社会稳定发展的基石。

发挥哲学社会科学的作用，离不开哲学社会科学的普及。全面建成小康社会，实现全民族的伟大复兴，需要每一个个体来推动。从中国共产党的光辉历程中我们可以发现，哲学社会科学的普及，是社会主义事业发展的重要推动力，走群众路线，让哲学社会科学的最新理论成果发挥最大作用，离开哲学社会科学的普及是无法实现的。让广大人民群众掌握哲学社会科学这一重要武器，能够更好地推动历史发展与社会进步。

普及哲学与社会科学，应当注重在宏观领域的引领和微观领域的普及，增强对历史与当前的把握。加大北京市哲学社会科学普及力度，需要从多方入手，统一协调北京科普资源，实现哲学社会科学同自然科学普及工作协调推进。

（二）哲学社会科学是政治文明之基

尽管哲学社会科学无法像自然科学那样，通过改进技术直接作用于各类物质对象并将其转化为生产资料实体，但是哲学在科学研究的方法探究，社会科学在所阐述的社会运行规律以及经济社会观点、制度、政策和效果等方面，能够发挥自然科学无法替代的巨大作用。

习近平总书记深刻地指出："人类社会每一次重大跃进，人类文明每一次重大发展，都离不开哲学社会科学的知识变革和思想先导。"自 2008 年国际金融危机以来，外部经济复苏基础不牢、逆全球化浪潮和环境因素制约、人口结构等因素从内外两方面对我国经济发展提出了严峻的挑战。积极应对新形势，贯彻落实新发展理念，推动社会全面改革与文明进步，需要哲学社会科学普及工作发挥作用。

全面建设小康社会的内涵包括建设社会主义政治文明、法治文明社会。开展哲学社会科学普及工作，为社会提供具备良好人文社科素养的领导干部与劳动者，是发展社会主义民主政治的客观需要。加强以社会主义核心价值观为代表的中国特色哲学社会科学成果普及，提高人民群众的政治素养，帮助公民树立正确的历史观、政治观，提高公民参与社会主义民主政治意识，哲学社会科学普及是核心。政治文明，其核心是社会主义民主意识和民主观念的普及，体现了公民对社会发展客观规律的认识程度。法治建设是民主建设的重要组成部分，法治为民主政治提供了重要的制度性保障，法律知识是重要的社科普及内容。深入开展哲学社会科学普及，有助于提高人民法治意识，为中国特色社会主义民主政治的发展提供重要保障。

（三）实现社会决策科学，需要普及哲学社会科学

哲学社会科学的普及，是政府科学决策的重要前提。哲学社会科学以社会运行发展的实际问题为切入点，深入探讨问题根源，为解决问题提供切实可行的方法。具备哲学社会科学知识的决策者，能够在分析完善社会规律的基础上，进行合理的规则制定，实现社会资源科学整合，使各类公共资源在社会参与主体间公平、有效地分配。只有具备社会科学素养的人民群众，才能实现公共政策制定过程、决策过程中的公平正义、科学民主。

（四）自然科学与哲学社会科学相辅相成

自然科学与哲学社会科学相辅相成，自然科学的进步为哲学社会科学进一步发展提供物质基础，对哲学社会科学的运用使自然科学的研究和运用符合人类社会发展方向。对自然科学和技术的运用会因为使用者的价值取向与

立场不同导致造福人类或者产生巨大灾难两种结果。要确保自然科学与技术在人类中应用的可行可控，就需要哲学社会科学对科技的使用进行把关，避免单纯使用科学技术对社会产生冲击和造成负面效应。

哲学社会科学得不到普及，必然导致人文危机或价值混乱，导致自然科学进步同社会发展出现尖锐对立。如何正确处理哲学社会科学和自然科学与技术的关系，避免自然科学与技术成为诱发战争、群体对立、伦理冲击和社会失衡的因素？这一问题需要通过大量的自然科学与哲学社会科学的研究和对人类发展这一命题的哲理思考来解决。

人类发展的历史告诉我们，人类社会的全面发展不仅仅需要科技进步，也需要具备使用科学技术的社会形态和价值取向，价值取向的塑造和全社会科学理念的提高，离不开哲学社会科学的普及。

（五）建设文化强国的必然选择

加快哲学社会科学的普及，是增强中国道路自信、理论自信、制度自信、文化自信的重要动力。面对世界范围的文化交流与思想交锋，建设社会主义文化强国、增强中国国际话语权、提高文化软实力已经成为社会主义建设的迫切需求。在改革攻坚阶段，在各类矛盾和问题出现的情况下，推动国家治理能力提升和治理现代化，使党的执政能力和领导水平上一个新台阶，需要哲学社会科学的理论研究与普及工作全面推进。对社会主义现代化过程中的经验进行总结，对社会主义的经济建设、政治建设、文化建设、社会建设和生态文明建设的理论进行普及，是哲学社会科学普及工作的重点。

三　北京引领全国哲学社会科学普及工作的路径

（一）借力全国科技创新中心建设，推进哲学社会科学普及

做好哲学社会科学普及工作，为全国科技创新中心建设提供支撑。建设国家科技创新中心与文化中心是新时代北京科普的重要工作之一，哲学社会

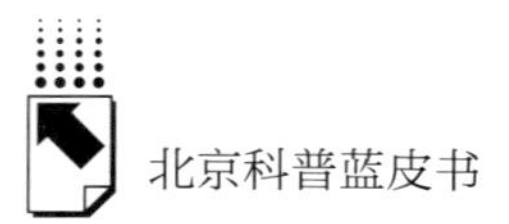

科学普及需要向着培育高素质公民，建设政治文明、法治文明社会的目标迈进。普及哲学社会科学，是北京科技成果转化、科学的城市管理决策和经济转型发展的重要工作。在北京一系列社会经济改革措施下，只有拥有具备高度哲学社会科学素养的劳动者、决策者、管理者，才能够实现北京科创能力的提高、经济结构的优化发展。

长期以来科普工作集中于技术成果展示与转化，对哲学、基础科学、社会科学的专题科普严重不足，不利于人民群众获得幸福感、满足其美好生活愿景，也不利于科学决策、政治文明的实现。哲学社会科学普及工作必须依托北京人文社科各类机构，补齐短板，解决科普内容中哲学社会科学薄弱的问题，满足人民群众精神文化需求，实现人民群众参与公共事务。

（二）加强哲学社会科学普及与自然科学普及联动

开展哲学社会科学普及工作，应当始终围绕党的最新理论研究成果和方针路线，以社会主义核心价值观为本，结合热点哲学社会科学事件，创新科普形式，提高科普供给能力，以全面提高公民科学素质，特别是人文社科素质为目标，推动哲学社会科学普及下基层，实现先进知识为一般科普受众所能接受、愿意接受的局面。打造一批人文社科文化精品。

北京市科普工作应当进一步坚持以习近平新时代中国特色社会主义思想为指导，创新科普工作机制，完善科普基础设施，提升科普供给水平，加强科普队伍建设，为北京建设具有全球影响力的科技创新中心和国际一流的和谐宜居之都做出新的贡献。要进一步提升各类社会组织主体开展科普活动的积极性，进一步挖掘北京人文社科文化，通过北京场馆、高校、哲学社科院所等优秀人文社科科普资源共享，提升杰出学者做哲学社会科学普及工作的便利性。

哲学社会科学普及工作是全国文化中心建设的一部分。要围绕国家开展全国文化中心建设的决策部署，进一步实现现有科普资源的哲学社会科学普及功能，依托科普联席会议、科普基地等科普资源建设机制与平台，对当前的科普人才队伍和科普基地等进行哲学社会科学培养与展示体系建设。通过创新精神与方法改革，在现有的博物馆、科技馆以及科普大篷车、科普展牌上对新的自然科学进行社会科学的延伸。建设哲学社会科学普及工作平台，推动北京各区、宣传系统各单位、各社科类社会组织同科普基地深度合作。

（三）开展首都哲学社会科学普及活动

继续坚持哲学社会科学普及活动，以北京“社科普及周”为代表的系列科普活动在提高公民人文素质上发挥了重要作用。北京“社科普及周”自 2001 年创办以来，以“普及人文知识、传播人文思想、弘扬人文精神、倡导科学方法”为宗旨。通过系列科普讲座、周末进社区、打造集成科普品牌等方式，实现社科普及切实贴近群众，在推动社会主义核心价值观深入人心、实现人文社科知识普及、丰富人民群众精神文化生活、提升市民人文素质等方面发挥了重要作用。

表 1　2012 ~ 2019 年北京“社科普及周”主题活动

年份	主题活动
2012	组织开展内容丰富、形式多样的社科普及活动，向广大市民群众普及人文知识、传播人文思想、弘扬人文精神、倡导科学方法、展示社科成果。
2013	主题为“我的梦——中国梦”。在原有社科普及活动基础上，开展“中国梦”和党的十八大精神专题展览。
2014	调动“周末社区大讲堂”、“经常性系列讲座”和“科普试验（示范）基地”的平台举办时事政治、历史文化、健康养生近百场社科知识普及讲座。社科学者在村镇、街道、社区等基层单位开展社科普及活动。在北京重要的人文社科景点，如北京市文物保护协会、北京颐和园学会、孔庙和国子监博物馆、颐和园内举办分会场活动。
2015	主题为“普及社科弘扬我们的价值观”，通过社会主义核心价值观主题展览、社科知识讲座、专家咨询义诊、社科普及进基层等形式，集中一周时间向民众提供各项科普服务。
2016	“超大型城市治理中融入社会主义核心价值观”系列活动。
2017	“弘扬中华优秀传统文化，推进全国文化中心建设”系列活动。
2018	主题为“普及人文社科知识，建设全国文化中心”。举办“习近平总书记视察北京重要讲话精神和北京新总规解读”专家讲座、“我身边的红墙故事”主题演讲、北京史研究会“‘一城三带’与全国文化中心建设专家谈”等活动。
2019	开展大力弘扬社会主义核心价值观、推进新时代文明实践中心建设。

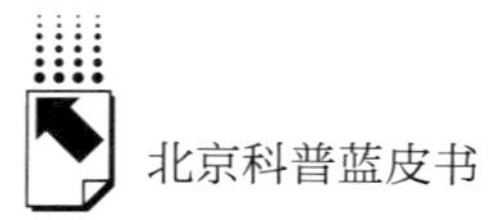

（四）加强哲学社会科学普及创作，满足人文社科普及需求

中国共产党始终高度重视实践基础上的理论创新，坚持用理论创新成果武装全党，教育人民，引领前进方向，凝聚奋斗力量。引领一代又一代有志之士选择了正确的人生道路，影响了中国几代读者。

优秀的哲学社会科学普及作品是引领人民群众和知识分子前进方向的重要文化产品。早在 80 多年前，由著名马克思主义哲学家艾思奇撰写的通俗著作《大众哲学》，引领一批批进步人士选择了正确的人生道路。在 2014 年，由中国社会科学院院长、党组书记王伟光主编的《新大众哲学》，深刻阐述了马克思主义哲学中国化的最新成果。在实践中进行理论创新，用理论武装全党、教育人民，是中国共产党的宝贵经验。

推动哲学、社会科学普及工作繁荣发展，离不开优秀哲学社会科学普及作品的创作。北京要依托中国社会科学院、清华大学、北京大学、中国人民大学等一流研究机构和高校，牢牢守住哲学社会科学事业的创作阵地，增强中国特色哲学社会科学的话语权，需要激发社科学者对通俗哲学读物和社科文献的普及作用，避免哲学社会科学的优秀理论成果束之高阁，推动一批哲学社会科学普及作品立项工作，精准选题，以通俗普及为主要目标，避免课题学术化，同时对现有的哲学社会科学研究配套进行普及，以体现学者的社会责任。

四　结语

哲学社会科学是为建设中国特色社会主义社会、实现中华民族伟大复兴而服务的。普及哲学社会科学是科普工作者和哲学社会科学研究者共同的责任。作为人类知识体系的重要部分，自然科学、哲学社会科学相互支撑与联系，不可分割。社会缺乏哲学思辨精神，就会导致科学研究陷入静止与局部状态，而社会科学普及是实现社会健康发展的必备条件。推进哲学社会科学普及，是北京实现公民素质全面提升、建设全国科技创新中心与文化中心的重要使命。

参考文献

邱乘光:《哲学社会科学知识普及的地位与作用》,《社会科学管理与评论》2012 年第 1 期。

吴颖文:《哲学社会科学普及立法问题刍议》,《江南论坛》2005 年第 12 期。

李祖平:《大力加强哲学社会科学普及工作》,《实事求是》2005 年第 2 期。

《习近平在哲学社会科学工作座谈会上的讲话》,《光明日报》2016 年 5 月 19 日。

郭湛:《哲学是什么与做什么?》,《哲学研究》2011 年第 11 期。

B.9

北京“大科普”新媒体新业态新发展研究

刘基伟　闵素芹　周一杨　曲　文*

摘　要： 本报告基于北京科普新媒体发展基础，描述了北京“大科普”新媒体新业态的发展背景与意义，总结了科普新媒体在新业态下的新特征，分析了新业态下的科普传播变化与差异，指出目前科普工作中的优势与不足，从科普传播融合形式、科普人才资源配置、科普理念更新、科普工作机制等多个角度给出对策和建议，助力北京科普工作的开展。

关键词： “大科普”　科普新媒体　科普传播

一　北京“大科普”新媒体新业态的发展背景与意义

（一）科普新媒体“全媒体”时代来临

科普新媒体随着网络时代的发展得到了进一步的延伸，公众对科普的诉求提升、要求更加严格。创新科普的形式与内容，需要满足多元化的社会要求。新时代背景下的科普，借助多种新媒体平台不仅可以提升传播速度，还

* 刘基伟，中国传媒大学数据科学与智能媒体学院硕士研究生，主要研究方向为多元统计、科普评价；闵素芹，中国传媒大学数据科学与智能媒体学院副教授、硕士研究生导师，主要研究方向为空间统计、科普评价；周一杨，北京市科技传播中心新闻部主任，主要研究方向为科技传播与科学普及；曲文，中国传媒大学数据科学与智能媒体学院硕士研究生，主要研究方向为科普评价。

可以在一定程度上扩大覆盖面积、提升覆盖广度，加强受众者之间的互动。

近年来，随着传媒业界对媒体融合的重视度越来越高，科普传媒同样面临新媒体环境下的机遇与挑战。“融媒体”是传统媒体与互联网在传播渠道、载体、内容、理念上的融合产物，是传统媒体和新媒体积极拥抱互联网的结果，党中央高度重视媒体融合工作。自 2013 年以来，党和政府多次强调全媒体时代与媒体融合发展，凸显了党中央对于媒体融合发展的高度重视和深谋远虑。

创新发展的两翼——科技创新与科学普及——具有同等重要的地位，我国科普媒体应当加快媒体融合，创新新媒体运营方式，打造权威优质的国家级科普传播新引擎，把握全媒体时代的业态形式，拥抱变革，融合发展，建设新型科普主流媒体平台。

（二）四个中心助力科普新媒体新业态发展

2014 年 2 月，习总书记就做好北京发展和管理工作发表了重要意见，其中第一点就是要明确城市战略定位，坚持和强化首都“四个中心”的核心功能；多年来数次强调北京科普新媒体的发展依靠“四个中心”战略定位，得益于“四个中心”战略定位，又能够促进“四个中心”的格局建设。科普新媒体工作的开展要借东风，乘势而为，突破瓶颈。

（三）提高全民科学素质的必由之路

创新驱动发展战略的基础是公民科学素质，要扎实推进全民科学素质工作，激发大众创业创新的热情和潜力，为创新驱动发展、夺取全面建成小康社会决胜阶段伟大胜利筑牢公民科学素质基础。截至 2018 年底，我国网民规模达 8.29 亿人，互联网普及率为 59.6%。显而易见的是，以互联网为载体的新媒体平台用户数量增长仍然势头强劲。以新媒体为科学普及的立足点、出发点、切入点会更有效率。载体的普适性高、种类丰富、传播范围广、更新频率快等特点拓展了科普新媒体的传播渠道和传播方式。同时，用户数量的稳定增长，对科普新媒体新业态造成了冲击，扬弃当下发展的利与弊，权衡科普新媒体产业发展的得与失，成为建设全民科学素质发展道路上的关键。

二　科普新媒体在新业态下的新特征

多层背景综合交错下，科普新媒体的发展迎来了新业态，也产生了新特征。

（一）主流媒体传播渠道深融合、路径全覆盖

如今，媒介信息传播采用多种媒体表现，利用不同媒介形态，融合广电等多家网络，实现多种终端数据的双向传输与融合，提供“跨越时空”的信息服务。媒体平台服务打出“组合拳”，各平台生态差异衍生了丰富的媒体文化。[①] 联合高精尖企业[②]，全力推进媒体深度融合，塑造一批国际一流的、新型的、主流的媒体是我国发展的内在需求。要借力互联网，引领中国传统媒体驶向新时代。

（二）深度融合 AI 技术，加速媒体产业智能化升级

随着 5G、人工智能、量子计算等前沿研究的突破，科普传播技术在新媒体领域掀起了新的发展浪潮。[③]

2019 年 9 月 19 日，人民日报社与百度联合成立人工智能媒体实验室。[④] 百度创始人、董事长兼 CEO 李彦宏出席仪式并致辞。谈及人工智能和媒体的融合创新，李彦宏表示，百度与人民日报社携手共建“人工智能媒体实验室”，就是要把人工智能技术在媒体全领域进行应用，从内容建设、算法推荐，扩大到智能化平台的搭建。未来，双方计划把合作的成果及实践联合开放出去，提供给全国其他的媒体机构，创建产业化的智能解决方案，提高

① 王丽、常路杰：《媒体传媒业态的嬗变：从“新媒体”到“融媒体”》，《山西经济管理干部学院学报》2018 年第 3 期。

② 《慎海雄先后会见马云李彦宏》，新华网，2018 年 3 月 22 日。

③ 《全国科普日本周六开幕》，《北京晚报》2019 年 9 月 11 日。

④ 《百度与人民日报建立人工智能媒体实验室》，新浪财经，2019 年 9 月 19 日。

整个行业的内容生产效率，加速媒体行业的智能化转型升级，把用户最需要、最优质的内容第一时间带到他们身边。

深度融合，不仅是各种不同媒体形式之间的融合，也是新技术和媒体之间的融合，应当“落地生根、日新月异”。“落地生根”，即每一步都走得非常稳固和卓有成效；而“日新月异”，则体现在不断拓展新的领域，每一天都可以收获新的成果。这些成果及实践，不仅可以支持新媒体的创新业务开放出去，提供给全国其他的媒体机构，制定产业化的智能解决方案，提高整个行业的内容生产效率，加速媒体行业的智能化转型升级，把用户最需要、最优质的内容第一时间带到他们身边，更有助于权威媒体平台搭建全媒体传播平台，不断提升传播力、引导力、公信力、影响力。

（三）国家政策为新型主流媒体保驾护航

2019 年，习总书记明确指出全媒体正发生深刻变革，充分强调新型传播平台的重要性，高度重视主流媒体引导、引领、服务人民的关键作用。

在新媒体新业态下，科学普及正经历前所未有的变革，推动媒体融合发展、建设全媒体成为一项紧迫课题。国家通过开展相关学习、发布报告与政策强调新媒体数字化的重要性。通过互联网进行科普传播与文化交流，既能提升全民科学素质，又能提升国际影响力。

三　北京“大科普”新媒体新业态差异

（一）科普受众结构差异明显

随着多媒体平台的更新换代，目前受众最广的是微信、新浪微博和哔哩哔哩。2018 年微信数据报告显示，微信用户突破十亿大关；新浪第四季度财报显示，微博月活跃用户 4.62 亿人，连续三年增长 7000 万人；哔哩哔哩（简称 B 站）用户已经达到 9280 万人。[①] 庞大的用户是三大平台作为科普新

① 新浪微博数据中心：《2018 微博用户发展报告》。

媒体载体得天独厚的优势。进一步解读各平台的数据我们发现，在用户结构方面，新媒体平台与传统纸媒存在较大的差异。

从年龄结构来看，微博、微信和 B 站作为新媒体平台主要的受众用户是 35 岁内的人群，其中主力军的年龄分布在 16 ~ 24 岁（见图 1）。传统纸媒用户逐渐缩减，且以中老年人为主。

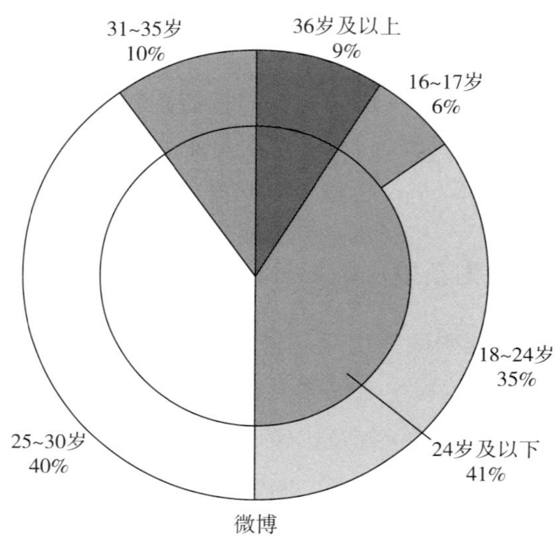

微博

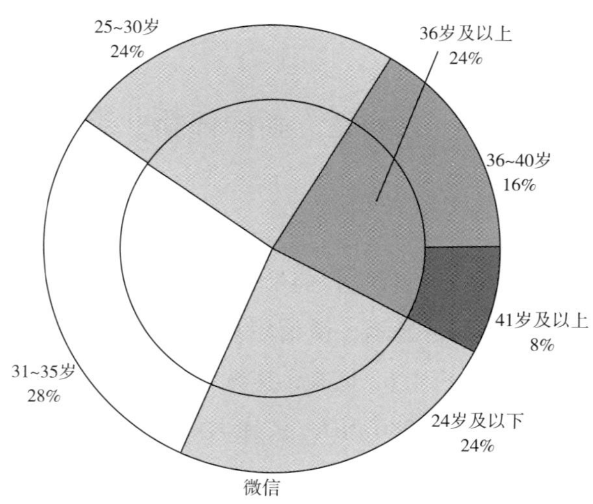

微信

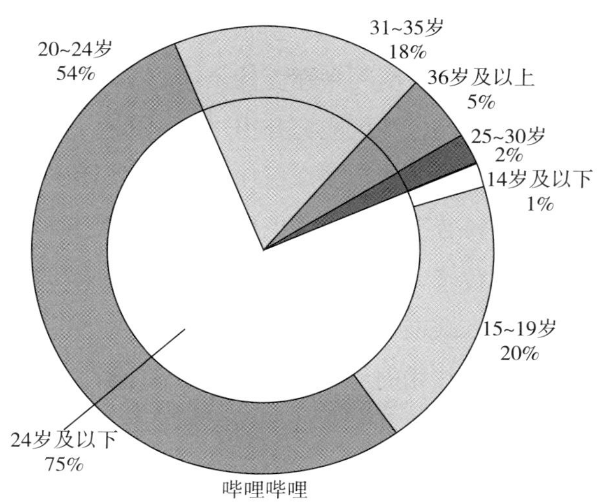

图1　受众用户年龄段占比

资料来源：《哔哩哔哩 2018 用户发展报告》。

新媒体丰富了人们信息获取的类型，人们可以按照自己的喜好定向地获取喜爱的内容，因此导致了不同领域阅读量的巨大差异。数据显示，微博已有不同领域百余个，从阅读量来看，以娱乐、搞笑、媒体为领头羊，随后紧跟情感、综艺、电影等领域；微信方面，从热门领域阅读量和增长率来看，科学普及相关领域几乎无一上榜，而从上榜的主要互动用户来看，更多的是厂商机构对商品的宣传，极少有以提升公民科学素质为目的的科普公众号。相关阅读量更是不及热门领域的十分之一。哔哩哔哩异军突起，成为更受年轻用户喜欢的学习平台，2019 年至今，在 B 站进行学习的用户已经达到 2027 万人，相当于 2018 年高考人数的 2 倍。

由此可见，北京借东风发展科普新媒体时要把握平台用户差异，对症下药，根据用户行为实施科学的、合理的新媒体科普方案。

（二）科普新媒体传播方式差异

虽然从整体来看，科普传播都采用传播内容和新媒体方式相结合的方式,[①] 但是从更精细的手段来观察科普新媒体传播方式，我们会发现，内容形式的差异导致了用户关注度和兴趣度的不同。[②] 具有良好的内容组成结构的科普信息更受观众喜爱，不仅能提升用户阅读体验，更能提升用户参与度。例如，结合视频等形式，能让受众更加直观地领会所要传达的信息。令人担忧的是，现在很多科普平台仅仅是把传统科普方式下的内容简单搬运到新媒体平台上，没有进行多方式的融合。而其他热门领域的推广已经开始结合视音频、直播等多种方式进行信息输出。

同时，在内容上，碎片化的形式更受用户喜欢。碎片化形式的好处是用户可以迅速地获取所需要的信息，完整的内容被分解为详细的义项。如微博能够尽快地把信息传播给用户，或者随时随地关注各种时事政治信息。而科普内容更需要的是用户理解，呈现的往往是一套很完整的内容，在碎片时间不能得到消化，难以在第一时间抓住用户眼球。久而久之，用户对于科普相关领域的兴趣越来越低。在大数据时代，对科普领域内容浏览的用户越少，推送系统推送给用户相关领域的内容就越少，从长远来看，科普领域就会被遗忘。

（三）科普新媒体传播渠道差异

新形势下的科普新媒体的传播渠道多种多样，与传统媒体的传播渠道具有差异性，比如数字杂志、数字报纸、各种网站、微信公众号、微博、短视频 App 等，与传统媒体的传播渠道大不相同，在一定程度上吸引了群众的眼球，拓宽了公众的视野。但是，受行为习惯与偏好影响，公众往往只会选择单一的渠道去了解事物。因此，用户接收信息的偏好也就引起了科普新媒体传播渠道的差异。

---

① 孙一歌：《浅谈“互联网 +”时代新媒体传播的互动创新》，《传播力研究》2018 年第 17 期。

② P. Weber, “Discussions in the Comments Section: Factors Influencing Participation and Interactivity in Online Newspapers Reader Comments”, *New Media & Society*, 2014, Vol. 16 (6).

四　北京“大科普”新媒体发展的优势

北京市作为“四个中心”拥有雄厚的资源和人力，这是应对新媒体新业态所带来的机遇与挑战的基础。

（一）文化中心助力科普新媒体发展

北京厚重的历史文化，发达的商业体系，相对完善的市场经济秩序，构成了建设文化中心的基础与优势，而吸引海内外人才则是北京建设全国文化中心的题中要义。人才集聚意味着资源与要素的集聚，更加意味着高端文化要素的集聚与碰撞。丰富的人才储备和悠久的文化底蕴是顺利开展科普工作的基石。越来越多新媒体相关领域的人才参与到科普事业中是大势所趋。

（二）经济中心扶持科普新媒体产业结构转型

北京作为经济中心，在国家大力扶持发展经济的背景下，有雄厚的资源作为保障，科普产业结构高质稳定发展，推进产业结构健全、产业机制完善。经济的发展使得国家有能力大力发展科普产业，政府能够在资金、政策、资源等方面给予企业支持；同时推进文化创意类产业优惠政策的实施，简化烦琐的程序。政府引导多个不同类型企业跨域合作、跨界发展，促进产业协同发展。完善的经济体制限制了恶性竞争，提高了科普产业的市场化程度。完善的科普市场机制，建立了科普产品的知识产权数据库，避免了优秀科普企业因产权得不到维护而蒙受损失。

（三）科技中心创新科普传播方式

北京拥有众多世界著名高校、科研院所。市级财政对高校、科研院所的研究与实验支持力度大。作为科技中心，北京能够统筹国家一流学科和北京高精尖学科建设，提高重大标志性科技成果产出。近年来，围绕“三城一

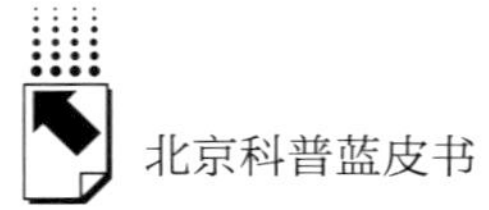

区”和十大高精尖产业，北京的科研成果转化率、转化能力提升，实现了科技成果的具体化、落地化。近年，围绕人工智能、大数据、量子计算等科技，北京实现前瞻原创成果重大突破。因此，科普产业也能够依靠科技的进步增加产出、更新方式、精准投放。例如 VR 与 AR 技术的融入提升了科普的趣味性，深入浅出的方式吸引了人民参与，又令参与的大众对科普信息印象深刻。

（四）国际交往中心丰富科普内容

作为国际交往中心，北京具有其他城市不具备的国际知名度、影响力、重要性。作为首都型国际交往中心城市，不仅常设有众多外交机构，还缔结了一批友好城市，同时与世界诸多国际组织、国际商业机构活动密切，频繁举办大型国际会议。这些优势丰富了北京的国际交往资源，加强了科技创新、科技合作能力，促进了科学普及理念的交流。要在设施条件、产业基础、行业规模、人才引进的发展和规划方面与国际接轨，吸取经验，把优秀的理念中国化，丰富国内科普理论，促进科普发展。

五　北京“大科普”新媒体发展的窘境

（一）科普新媒体特性是把双刃剑

时至今日，新媒体发展不同往昔，单纯的视听层面传播方式的结合已经不能满足大众的需求。从民众日益高涨的情绪可以看出，民众想要参与到信息传播过程中，如通过评论、回复、“@”等方式围绕主题与其他参与者互动起来。而目前科普新媒体往往是在运营平台上发布科普推送后，不再将注意力聚焦于受众的评论，更不用说去用心回复、解答。丧失了这一环节的科普新媒体难以聚拢受众用户，难以拥有较高的忠实度，容易导致受众的流失，进而导致科普新媒体运营方的情绪受挫，形成恶性循环。不重视互动环节的新媒体难以在新业态下实现良性发展，难以拥有优良的粉丝黏性。如今，Netflix 等国际大型流媒体已经在互动环节上进行了研发创新，[①] 2018 年年末，通过《黑镜：潘达斯奈基》向用户展示了新型互动的方式：视频播放过程中，当主角面临抉择时，会弹出用户可以主动选择的选项从而影响后续剧情，提升了用户参与度，引起了全球热潮与讨论，媒体业界巨头纷纷效仿。科普传媒面临其他领域飞速发展、用户需求不断提升的业态，在对新媒体特性的充分利用上仍有欠缺，虽然北京近年来科普成果显著，但依然有很大提升空间。

新媒体的快速发展是一把双刃剑，[②] 深度学习和视听媒体的结合衍生了像 Deepfake 等违法且充满恶意的软件，而以互联网为载体的多样化新媒体平台，又导致这类软件流传，对受害用户、相关行业造成了损失和恶劣影响。[③] 然而监督难度高，环节烦琐，成本高昂，导致新媒体很多违法内容总是在发布环节因审核漏洞而过审，缺乏及时的反馈和高效的监管。因此，如何发扬新媒体优点且改正缺点，将违法内容扼杀于发布审核环节，提高审核效率和准确率，是稳固北京科普新媒体发展亟须解决的问题。

（二）科普形式融而不合的困境

科普形式融而不合是目前最大也是最明显的问题。北京少有科普网站能够创新发展新媒体特性，目前难以实现新媒体传播形式的丰富结合，更多的是机械地搬运以往图书期刊或新闻报道的文字内容到互联网网站，缺乏对科普传播形式的深度研究。复杂、信息量丰富的内容仅以文字的形式呈现，一是会导致受众缺乏兴趣，二是受众往往难以充分理解科普推送内容的理念。融合多种方式的传播形式，在增强内容趣味性的同时，也便于用户理解内容；例如“学习强国” App，在科普国家政策、文化时既有视频又有图像，还设有答题功能，用户可以通过答题参与到科普中，通过答题获得积分作为激励，形成良性循环。

---

① 侯劭臻：《从〈黑镜：潘达斯奈基〉看互动电影图景》，《视听》2019 年第 8 期。

② 王丹娜：《人工智能恶意使用威胁与应对》，《中国信息安全》2019 年第 8 期。

③ 《王四新：“ZAO” 背后的社会管理难题》，《环球时报》2019 年 9 月 2 日。

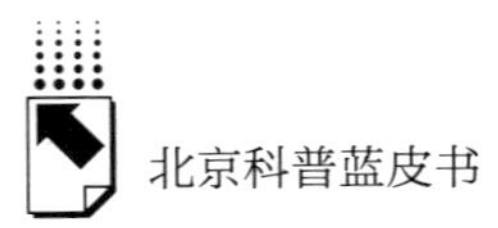

国家投入了大量的资金与精力，帮助相关部门进行科普新媒体运营或是扶持自媒体进行新媒体运营。从科普新媒体传播效果来看，往往是自媒体运营更能展示出丰富多彩的科普内容，更擅长结合多种传媒方式发挥新媒体特性。比较之下，企业很少有亮眼的表现。清博指数数据显示，2019 年 9 月，微信公众号平台文化领域前 20 位均是自媒体公众号，科技领域前 15 位均是自媒体公众号。

出现这种情况的原因可能是科普企业经营方式传统、人才适应性不匹配或是产品转化率差等多项因素综合形成的。

（三）科普理念更新慢与科普动机不一致

如今科普新媒体领域从单纯重视科技知识传播普及，发展到了更加关注科学精神、科学思想的弘扬普及。同时，科普与新媒体二者融合发展，大众参与互动成为科普热点。① 然而，目前仍有一些科普传播机构尚未意识到新媒体的作用。新兴事物概念的推广、更新等环节的关键是建立完备的科学理念体系与认知体系，我国在科普新媒体发展道路上仍不及欧美发达国家，与其踽踽独行，不如吸纳欧美领先理念，“洋为中用”，加快科普新媒体理念更新。②

另外，科研和科普之间缺失了重要的转化环节。科研文章概念复杂，难以直接引起大众的兴趣，即便是身为科研人员，除了自身科研的领域范围，甚至完全不愿意去阅读同行的作品。非科研方向的科普新媒体运营职员，难以在一定时间内吸收并归纳科研理念，并严谨地转化为科普信息推送给大众。由此可见，科普艰难也是由于从事科研的人与进行展示的人具有的动机相同，而其深层原因又涉及资源分配。

（四）科普传播资源分配机制

合理分配对应人才，能够提升科普工作的效率。根据《北京科普统计

---

① 王挺：《坚守科普初心　开创崭新未来》，《科技日报》2019 年 9 月 9 日。

② 麻庭光：《中美安全科普背后的理念差异》，《劳动保护》2019 年第 2 期。

(2017年度)》，卫生和计生、科协组织和教育的科普人员相对较多。如图2所示，卫生和计生科普人员共计16014人。科协组织和教育的科普人员数分别达到了9238人和8944人，质检、新闻出版广电、体育、人保、气象、民族事务、民政、旅游、粮食、环保、共青团、工信、工会、妇联组织、发展改革、地震、安监等部门的科普人员较少。

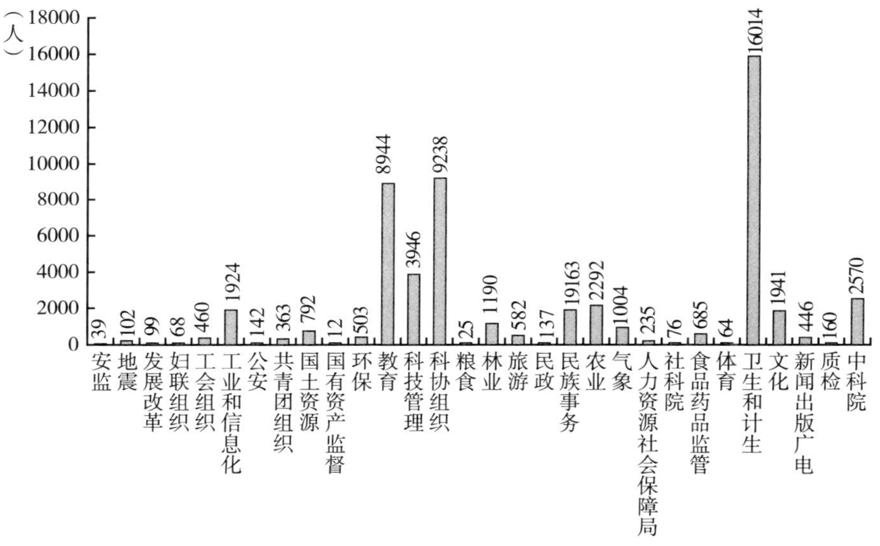

图2　各部门科普人员分布

资料来源：《北京科普统计（2017年度)》。

首先，民族事务、科技管理、民政等部门科普人才占比较低，应进一步吸引科普人才从事这些部门的科普工作。其次专业领域科普部门应更倾向于使用专才，这样能提高产出，提高科研转化率，然而在向大众推广成果的过程中，专才不一定有能力去挑战新业态的新媒体传播形式。有足够优秀的人才参与到科普新媒体发展中是各个部门在新业态浪潮中生存发展的必要条件。

虽然新闻行业人才占比高，数量也多，但如何将自身的传媒优势与其他部门的专业知识结合，并将专业知识推广给大众，是目前所面临的严峻挑战。新闻部门与专业部门两个单位之间信息的不匹配导致不能起到良好的普及作用。虽然新媒体传播形式足够丰富，但难以避免与其他领域科普内容对接不切合的事件发生。然而一个优秀产品、高质量科普内容的推广一旦出现错误，对其本身、研发团队往往都是致命性打击。各个部门是否需要配备专门从事新媒体运营的人才，而新媒体作为当下热门行业，各个部门又如何吸引并留住高质量人才，仍是值得思考的。

科普资金更多地应用于产品研发、成果落地、职员薪酬。国外各个领域各个部门科普新媒体营运的资金产业链结构已经相对完整，有着良好资金支持用于科普产品的宣传，那么面对国外的科普新媒体的新态势，北京科普产业是否已经做足了准备，又如何能做到后来居上？科普经费和团队支持是有效实现科普建设、运行、宣传的有力保障，建立良好的科普经营体系更是科普工作健康可持续的内在要求。①

（五）科普新媒体吸引度低

兴趣对于知识传播、科普新媒体发展非常关键，而把科学技术转化为令人感兴趣的科学信息，则是科普新媒体良性发展的基础。

目前科普宣传工作仍以定点、定时宣传为主；各新媒体渠道更新滞后，更新时间集中于节日、纪念日。科普讲座及广场宣传与听众需求呼应程度低，事前调研不充分，调研数据分析不深入，现场科普宣传缺乏互动性，从而难以达到预期的科普宣传效果。

《中国公众科学素养调查》的相关数据显示，公众对“医学与健康”这类的科技信息最为感兴趣，高于第二位的“经济学与社会发展”20 个百分点以上。这种现象充分体现了我国人民对科学的浓厚兴趣，表现了人民的强烈科普需求。科普就是要从人民需求出发，满足人民科普需求。目前虽然有了更为便利的新媒体渠道，但是人民对所接触科学内容的高度期待，对新业态下的新媒体发展提出了新的要求，而目前新媒体下的科普信息内容仍然比

---

① 李永：《“互联网 + 科普”时代背景下的科普工作创新路径》，《科技传播》2019 年第12 期。

较刻板空泛，总体来说不能长期稳定地吸引受众的乐趣。上述现象也体现出重视科普内容与轻视科普形式的不平衡。①

六 北京“大科普”新媒体发展对策

（一）加快科普产业结构转变，推动科学传播事业和新媒体产业的结合

科普新媒体产业不仅具有公益属性，也具有产业属性。② 科学传播事业化、产业化是必经之路，要深入挖掘科学传播事业与科普新媒体产业的共同之处，调整不相适应的环节，协调产业结构、产品运营、政策制度的关系，最终实现统一、协调、有序发展。

（二）人才资源合理分配，科普工作效率最大化

北京拥有资源丰富的人才储备，这是其他城市不具备的优势。目前来看，在新业态环境下，分配利用好这些资源是关键。要使每个部门有充足的科普人员从事科普工作；同时每个部门也需要配置专业人员负责新媒体运营。这些专业人员具有一定的科研领域专业知识，又具有良好的新媒体运营技能，能够充分地将科研成果转化为科普信息，推送给大众。培养掌握科技内涵的人才与精通科普宣传的人才、建立协作统一的专业团队是人力资源建设的中心任务。③

（三）创新科普形式，充分发挥新媒体特性

按照多媒体宣传需求，拓展科普创作内涵，结合“互联网 +”，丰富科

① 马林：《推动科普理念与实践双升级　服务北京科技创新中心建设》，《今日科苑》2019 年第 5 期。

② 梁索平：《新媒体时代科学传播的问题和策略研究》，渤海大学硕士学位论文，2013。

③ 曾静平、钟琦、王艳丽：《我国科技新媒体传播的发展状况与整合创新》，《湖南工业大学学报》（社会科学版）2019 年第 3 期。

学普及手段，让科普内容“活”起来。结合5G、VR、AR、互动媒体技术，积极更新、维护科普门户平台，借力热门短视频平台拓展公共服务，同时，通过用户反馈数据可以调节科普的工作形式。我国传统媒体拥有大量忠实读者，因此建立相关新媒体公众号等能够取得广泛的关注并产生更深入的科普效果。要利用好这类平台，打造科普传媒特色，提升读者、粉丝的黏性。

（四）加强科普立体传播，多方联动开创科普新格局

要完善顶层设计，突出科普生产力的重要时代地位。科普组织、机构联合高校应共同开展工作；发挥公众人物引领作用，扩大宣传范围及受众群体。要配合法律部门，健全科普法律法规，严厉打击、惩治科普信息违法犯罪行为。围绕时事热点，推出对应科普宣传内容，抓住大众关注的热点。

（五）结合“深度学习”等高精尖技术，以科技促发展

“大数据”“人工智能”“云科技”发展迅猛。同时，北京作为首批5G建设试点城市，要积极开展科技合作，将新兴科技应用于科学普及领域，激活科普领域焕发活力，推动科普产业升级，创造科普市场的良好环境，为其他城市的科普发展起到引领示范作用。

（六）改善科普传播方法，实现理念与实践双升级

新时代，科普工作任务既要掌握知识核心又要培养能力、培育人才。因此，科学方法的传授是科普工作健康、协调、可持续的重要前提。要在STEM基础上，开创适应我国形势、具有中国特色的科普教育体系，在科普教育工作中，启发公众特别是青少年的创新思维是工作的中心环节，工作要渐进有序、有侧重地加深公众尤其是青少年对科学的理解和感悟。强调努力通过正式和非正式的学习和培训渠道促进科技公益的发展，同时提高人们必要的知识水平和技能，使他们能够不断适应社会发展的需要；通过提高公众的科学素养来促进公众对科学的参与，提高公众的科学创造力，从而加速整个社会的科技进步和创新。各专门部门都应强调投入资源支持本行业政策工

作的开展；在各部门的政策中，我国科协和科技部门的政策视野要更加开阔，在内容、途径、方法、人力、物力、监督等多个政策行动领域进一步做出平衡。

（七）充分发挥传统科普场所的作用

积极发挥新媒体作用，不代表忽视传统科普场所的地位和作用。科普场馆作为学校教育的重要补充，同样是科学文化传播的源泉。科普场所应突出展览主题和拓展思维。以科学、技术和社会模式为基础，培养公众科学精神、批判精神，致力于“提高国民科学素养，构建科学与人文融合的平台”。各展馆应当将展品的过去、现在和未来融合在一起，深入挖掘经典珍贵展品背后的故事，将其转化为教育资源；在展览和其他活动中展示最新的科学成果。

参考文献

王丽、常路杰：《媒体传媒业态的嬗变：从“新媒体”到“融媒体”》，《山西经济管理干部学院学报》2018 年第 3 期。

《慎海雄先后会见马云李彦宏》，新华网，2018 年 3 月 22 日。

《全国科普日本周六开幕》，《北京晚报》2019 年 9 月 11 日。

《百度与人民日报建立人工智能媒体实验室》，新浪财经，2019 年 9 月 19 日。

新浪微博数据中心：《2018 微博用户发展报告》。

孙一歌：《浅谈“互联网+”时代新媒体传播的互动创新》，《传播力研究》2018 年第 17 期。

P. Weber，“Discussions in the Comments Section：Factors Influencing Participation and Interactivity in Online Newspapers Reader Comments”，*New Media & Society*，2014，Vol. 16（6）.

侯劭臻：《从〈黑镜：潘达斯奈基〉看互动电影图景》，《视听》2019 年第 8 期。

王丹娜：《人工智能恶意使用威胁与应对》，《中国信息安全》2019 年第 8 期。

《王四新：“ZAO”背后的社会管理难题》，《环球时报》2019 年 9 月 2 日。

王挺：《坚守科普初心　开创崭新未来》，《科技日报》2019 年 9 月 9 日。

麻庭光：《中美安全科普背后的理念差异》，《劳动保护》2019 年第 2 期。

李永：《“互联网 + 科普”时代背景下的科普工作创新路径》，《科技传播》2019 年第 12 期。

马林：《推动科普理念与实践双升级　服务北京科技创新中心建设》，《今日科苑》2019 年第 5 期。

梁索平：《新媒体时代科学传播的问题和策略研究》，渤海大学硕士学位论文，2013。

曾静平、钟琦、王艳丽：《我国科技新媒体传播的发展状况与整合创新》，《湖南工业大学学报》（社会科学版）2019 年第 3 期。

B.10
京津冀文化与科技融合发展现状与趋势

侯昱薇　李茂*

摘　要： 文化协同发展是京津冀一体化发展的重要环节，文化和科技的深度融合、共同发展是京津冀文化协同的重要抓手和主要途径。京津冀地区文化和科技的深度融合有助于推动京津冀协同发展，也有助于加强地区文化产业转型升级、提质增效，更有助于京津冀地区高质量发展。本报告分析了文化和科技融合的本质和演化机制，然后论述了京津冀地区文化产业和科技事业融合发展的实际情况，也指出当前融合发展中存在的问题，最后指出今后一段时期京津冀文化与科技融合发展的趋势。

关键词： 京津冀一体化　文化协同　科技融合

一　引言

习近平总书记明确指出："文化软实力集中体现了一个国家基于文化而具有的凝聚力和生命力，以及由此产生的吸引力和影响力。古往今来，任何一个大国的发展进程，既是经济总量、军事力量等硬实力提高的进程，也是价值观念、思想文化等软实力提高的进程。"① 文化产业的发展程度是国家

* 侯昱薇，经济学博士，北京市社会科学院市情调查研究中心博士后，主要研究方向为国民经济、金融监管、绿色金融；李茂，经济学博士，北京市社会科学院市情调研中心副研究员，主要研究方向为互联网经济管理、国民经济、产业经济。

① 《在十八届中央政治局第十二次集体学习时的讲话》（2013 年 12 月 30 日）。

和地区发展程度的良好体现，也是国家和地区核心竞争力的必然要素。文化产业和科学技术事业的融合发展有助于提升文化产业的发展程度，科技事业的发展为文化产业增添了很多新内容，丰富了表现手段和表现渠道，增强了感染力、影响力和传播力。与此同时，文化的蓬勃发展也为科技创新营造出更好的氛围和环境。

党和国家高度重视文化和科技融合发展，重视文化和科技相互促进作用。党的十七届六中全会审议通过的《中共中央关于深化文化体制改革、推动社会主义文化大发展大繁荣若干重大问题的决定》指出：科技创新是文化发展的重要引擎，要发挥文化和科技相互促进的作用，深入实施科技带动战略，增强自主创新能力。党的十八大报告指出：促进文化和科技融合，发展新型文化业态，提高文化产业规模化、集约化、专业化水平。党的十九大报告又提出："健全现代文化产业体系和市场体系，创新生产经营机制，完善文化经济政策，培育新型文化业态。"2019 年 8 月，科技部等六部门联合印发了《关于促进文化和科技深度融合的指导意见》。该项文件提出要加强文化共性关键技术研发等八项重点融合任务。

京津冀协同发展是党和政府制定的重要宏观经济社会发展战略，文化协同发展是京津冀协同发展的重要环节，而文化和科技的深度融合、共同发展是京津冀文化协同的重要抓手和主要途径。京津冀地区是我国文化发展最富活力的区域之一，也是我国科技创新的重要基地。京津冀地区文化和科技的深度融合有助于推动京津冀协同发展，也有助于加强地区文化产业转型升级、提质增效，更有助于京津冀地区高质量发展。本报告通过研究京津冀文化和科技融合发展现状，指出未来发展趋势和方向，希冀为推动京津冀文化产业协同发展、加快京津冀协同发展进程提供一定的智力支持。

二　文化和科技融合的内涵和机制

学术界对于文化和科技融合的定义较多，并没有形成统一的观点。有人认为文化和科技融合，就是将文化的内容、形式与服务等与科学技术的知识内涵、方式方法等结合起来，提升文化产业产品的总体水平和质量。有一批专家学者从产业融合角度去考察，认为文化和科技融合是指文化产业采用科学技术手段，丰富传统文化产业的表现形式和更新传播手段，提升文化产业的服务水平，催生出新的文化产品甚至新的文化业态。

综合各种定义和认识，我们发现文化和科技融合具有以下特点。一是交互性，即在融合过程中文化和科技的影响是相互的，而不是单方面或单进程的影响，文化可以作用于科技，科技也可以作用于文化，两者交叉、渗透和重组。二是差异性，文化更多地提供内容和内涵，科技更多地提供形式和途径，两者在融合进程中的功能角色存在一定的差异性。三是创新性。融合是一种形式和途径，其根本目的是创新，提升文化产品的竞争力、感动力和传播力。没有创新的融合是没有生命力的融合，是难以深层次渗透的融合。创新以新的文化产品、新的传播手段、新的展示技术为具体形式。因此，本研究认为文化与科技融合是指以文化为核心内容，以科技为具体载体，两者利用交叉、渗透和重组等途径形成创新产品，从而提升产品的影响力、创新力和传播力的过程。

文化和科技融合离不开要素的融合。一般而言，文化的要素主要包括四方面：一是物质文化，文化需要物质作为现实载体，也需要通过一定的客观事物的形式表现出来；二是精神文化，也就是文化的精神要素，是思想思维和价值取舍的展现；三是符号表征，也就是文化的传播形式，体现为不同主体在信息交流中的外在要素，比如音乐、图像、标志、语言符号等；四是文化规则，也就是各种文化行为的规范体系，比如礼仪文化、道德规范、文化体系等。科技的要素主要包含四方面：一是科技活动的主体，如研究人员、专家学者、研究机构等；二是科技活动的客体，如研究目标、研究对象、研究领域等；三是技术手段，包含科技活动中的工具、途径等；四是相关规章制度，指的是科技活动的外部制度环境。

因此，文化和科技融合的本质是要素的集聚、重组与创新，其机制主要体现在文化要素和科技要素在现实需求和问题导向这两个外部因素的作用下，相互重组、渗透、耦合，形成新的文化业态、文化模式和文化形态（如图 1 所示）。

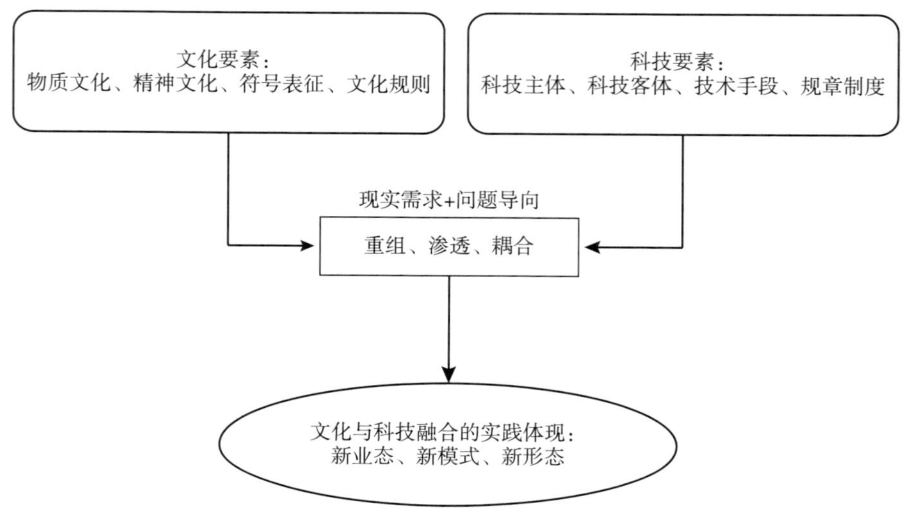

图 1　文化和科技融合的机制示意

资料来源：笔者自制。

需要指出的是，文化和科技融合是动态的，其形式、路径和目的在融合的过程中不断地受内外因影响而发生变化。在现阶段，文化和科技融合具有重要的现实意义，它有助于提升新时代中国特色社会主义的思想凝聚力、引领力，全面提升文化科技创新能力，转变文化发展方式，推动文化事业和文化产业更好更快发展，推动国家和地区经济高质量发展。不仅如此，文化和科技融合还能满足人民精神文化生活新期待，增强人民群众的获得感和幸福感。

三　京津冀文化和科技融合现状与存在的问题

第一，京津冀三地政府高度重视文化和产业融合工作，层层加强组织领导，在政策制度层面上做到了高位谋划、稳步推进。2015 年，北京市政府制定出台了《北京市推进文化创意和设计服务与相关产业融合发展行动计划（2015—2020年）》，该计划着力推动文化创意和设计服务与高端制造业、建筑业、商务服务业、信息业、旅游业、农业和体育产业等重点领域融合发展，促进文化创意产业的升级与转型，加快催生新的产业形态，更好地满足首都地区人民群众的文化需求，为建设国际一流的和谐宜居之都贡献力量。2016年制定出台的《北京市“十三五”时期文化创意产业发展规划》明确提出要促进文化与科技融合发展，依托云计算、大数据、物联网、虚拟现实等最新科技成果，推动传统媒体和新媒体融合发展，通过各种手段培育动画产业、智能制造、新媒体、高端会展、艺术品网络交易等文化科技融合新业态，开发文化科技融合衍生产品和服务，不断完善产业链条。2013年，天津市政府出台了《天津市促进文化和科技融合发展的实施意见》。该意见提出建立跨部门协调工作机制、完善扶持政策、健全融资体系、加强人才培养等工作方向，还提出了重点任务、保障措施和任务分工。天津市充分利用战略性新兴产业基础较强的优势，加快文化产业与战略新兴产业的融合进程。2017年，天津市在《关于贯彻落实“十三五”国家战略性新兴产业发展规划的实施意见》中提出，要以数字创意技术装备研发、生产和制造为现实抓手，加强大数据、物联网、人工智能等技术在数字文化创意领域的应用，促进企业运用数字创作、网络协同等手段提高生产效率；要以信息内容为途径，培育移动数据生活服务、互联网医疗、在线教育、数字娱乐等新业态，培育虚拟现实购物、社交电商、“粉丝经济”等营销新模式，推广移动阅读、移动社交等应用。2010年，河北省政府制定出台了《河北省文化产业振兴规划》，规划强调了文化与高新技术发展成果相融合的原则，提出要用文化创意改造和提升传统行业，大力推进文化科技的发展。2014年，河北省政府出台了《关于推进文化创意和设计服务与相关产业融合发展的实施意见》，强调信息产业的文化内涵，注重创意和设计的产业提升作用，加快培育双向深度融合的新兴业态，积极推进传统媒体和新兴媒体融合发展，推动动画产业和虚拟现实技术在设计、制造等产业领域中的集成应用，加快有线电视网络双向化改造，大力发展数字出版、网络出版、手机出版等新兴新

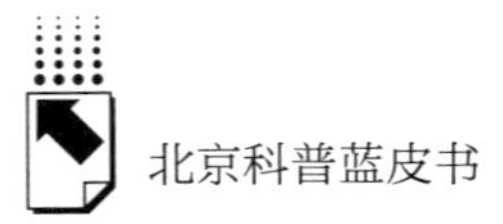

闻出版业态，推动新闻出版数字化转型和经营模式创新。综合来看，这些政策、意见和规划能够贴近当地发展的实际情况，具备发展眼光的前瞻性和阶段规划的科学性，对京津冀地区文化和科技的融合进程起到了良好的顶层设计作用。

第二，京津冀三地充分利用高科技的可融入性，推进高新技术在文化行业的转化和应用，推动当地文化产业转型升级，形成了各自的特色领域。北京文化行业发展水平较高，体量规模较大，处于我国文化行业的“第一方阵”。北京的文化和科技融合以前沿融合和高端融入为显著特征，重点培育中关村国家自主创新示范区，加快推动国家和市级层面的文化创意产业功能区建设，进一步汇集文化创意产业人才、科技、信息、资本等创新要素资源，推动产业联动、协同发展；持续推进北京国家数字出版基地等重点项目建设，集中优势科技力量推动数字技术、网络运营与传统出版业融合发展；加强博物馆、图书馆、文化馆等公共文化设施“上云上链”，提高相关服务的信息化水平；充分利用北京旅游资源丰富的特点，融合现代科技手段和文化创意建设科技文化旅游景区，加快推进北京科技体验馆、京郊天文小镇等文化旅游项目建设；开发运用互联网教育资源，加强远程教育公共服务体系建设，尝试线上线下相融合的教育新模式，引导教育培训围绕北京市的紧缺需求，发展在线化、快捷化的教育培训体系。天津文化资源丰富，创新创意人才队伍规模较大，装备制造业等领域技术储备丰富，天津的文化和科技融合以数字创意技术装备为抓手，加快虚拟现实、增强现实、全息成像、裸眼三维图形显示等核心技术和产品创新发展，研发具有自主知识产权的5D影院、虚拟现实娱乐、多媒体融合制造等配套装备和平台，加强大数据、物联网、人工智能等技术在数字文化创意领域的应用，促进企业运用数字创作、网络协同等手段提高生产效率。另外，天津还充分培育数字生活、数字医疗、数字教育、数字娱乐等新兴业态，推广移动阅读、移动社交等应用。提高数字影视、网络文学、在线演出等数字内容的创作、研发与生产能力，形成一批优秀数字内容产品，建设一批数字图书馆、数字博物馆、数字美术馆、数字展览馆等。河北充分发掘地域文化和历史文化内涵，利用科技手段推进传统文化产业升级改造。利用科技改造传统出版印刷业，推动河北数字印刷产业园及省新华书店数字化出版、印刷、发行、版权保护等技术创新与应用示范。利用科技手段推动媒体融合进程，加快 HD 电视产品制作、高清直播网络、数字制播系统等关键技术研究及装备研制。在文化产品生产业，重点扶持引导民营文化企业通过现代科技手段加快改造提升步伐，提高陶瓷、雕刻、乐器、剪纸等传统工艺品的科技含量，加大对乐器等工艺品的技术改造力度。利用技术手段提升演艺娱乐业的产品水平，积极推动提升演出科技含量，提高影响力和感染力。

表 1　京津冀三地文化和科技融合特色领域

地区	融合特点	融合特色领域
北京	前沿领域对接和高端产业融合	传媒产业、公共文化、旅游、教育
天津	与装备制造业和消费领域结合	广播影视装备制造、生活类消费
河北	与文化产业中传统部类紧密结合	印刷出版业、传统工艺品制作、广播电视业

第三，京津冀三地主动把握京津冀协调发展的战略契机，积极利用非首都功能转移带来的人才、知识、产业和资金外溢效应，重塑京津冀文化和科技融合和同步发展的宏观格局。天津利用在装备制造业和先进设备研发生产上具有的显著优势，高效承接北京文化、科技、创新外溢资源，围绕人工智能、智能制造、生物医药、新能源新材料等领域，与北京联手建立技术攻关合作机制，建设一批综合性、专业性的技术创新中心和重大科技基础设施公共平台，培育了一批科技独角兽标杆企业，加快文化和科技融合进程。河北大力推行“基金 + 项目 + 孵化器 + 园区”运作模式，抓好基础设施和各类服务平台建设，提升产业运行层次。强化与首都高等院校、科研机构、创新企业的联系合作，打造一批协同创新平台，引进一批优质项目、优质企业、优秀人才。创新文化创意产业管理模式，下放行政审批权限和开发区管理权限，实行聘任制和绩效工资，实现管理扁平化、行政高效化。2012 年以来，河北利用疏解资源，实施了一系列文化和科技融合工程，主要有传统文化产业改造提升工程、新兴文化业态培育工程、文化事业服务能力提升工程、文

化科技基地打造工程、文化科技合作平台建设工程、文化科技人才集聚工程等。2015 年以来，河北省利用京津冀协同发展契机，主动促成并建立了中国（唐山）网络游戏发行基地等 5 家重点文化科技专业创新平台，重点支持了中电科集团基本型数字家庭网络应用示范项目，培育投资上亿元的骨干文化科技企业 40 多家。

需要注意到，当前京津冀地区在文化和科技融合进程中还面临很多问题和矛盾。京津冀地区文化和科技融合程度还存在较大的差异性，三地文化发展水平和科学技术水平有着较大的差距，河北文化和科技融合的“末梢阻碍”问题有待解决，创新环节中的各类主体活力有待于释放。科技对文化建设支撑作用的潜力还没有充分释放，促进要素重组、渗透、耦合的制度性障碍依然存在，文化科技核心要素流动缺乏动力，资源配置效率较低。一些主管部门对于文化和科技融合的重要意义认识不足、办法不多，文化科技融合的政策制定和保障措施不到位。

四 京津冀文化与科技融合发展趋势

京津冀文化和科技融合已进入关键阶段，要以习近平总书记系列讲话精神为指引，坚持社会主义先进文化的前进方向，促进京津冀文化和科技大面积与深度融合，提升文化科技创新能力，转变文化发展方式，更好地满足社会文化消费需要和人民精神文化生活需要。因此，京津冀文化和科技融合发展将会呈现以下趋势。

第一，京津冀地区将加快发展具有区域优势的文化创意产业集群。“优化升级”将成为京津冀地区文化和科技深度融合的关键词。京津冀地区各级政府将会围绕自身资源禀赋和产业分工，建设一批特色鲜明、主业突出、产业链完备的文化和科技融合示范基地。京津冀地区需要充分协调好人力资源，充分发挥主体能动性，依托创新主体的知识、经验和智慧，把握住高科技对文化资源提升的历史契机，加强对文化与科技资源的双向融合程度，增加文化产品的附加值。北京需要改变当前文创功能区无序发展的局面，天津需要加快承接北京产业转移进程，河北需要解决资源配置效率低下等问题。

第二，京津冀地区应该建立跨区域的文化科技融合的联席会议制度，通过联动管理机制实现跨行业、跨部门、跨区域之间的政策协调，不仅要引导行业要素资源不断集聚，更要引导跨行业要素不断集聚，推动文化产业转型升级，如促进中科院科学园区与文化创意产业企业的协同发展；以建设国家级文化和科技融合示范基地为目标导向，以发展文化创意产业集群为抓手，统筹规划文创功能区、文创产业园区、特色小镇、文创产业，搭建文化创意产业服务、管理、理论与政策研究的综合平台，会集一批文化创意人才，推动区域文化创意产业协调有序发展。

第三，以“跨界融合”为抓手，推动区域文化创意产业发展。应当引导以研发和运用为主的科研系统、中央研究型高校和地区科技创新企业成为文化市场的引领者，鼓励有经验、有能力、有技术储备的公司企业开展跨领域、跨区域兼并重组，培育一批掌握核心技术、拥有原创品牌、具有较强市场竞争力的骨干文化创意企业和集团；实施“借船出海、借帆远航”策略，依托京津冀地区重大科学基础设施（公共实验平台、专用研究设施、公益基础设施等），建立文化企业与大装置基础设施共享运行管理模式，提高文创产品的科技含量，增强文化产品的表现力、影响力和传送力，加强文化对科技手段的内容支撑；建立以版权收入为核心的企业盈利模式，使原创内容发挥品牌增值效应，激发文化企业家的创新精神；引导企业充分利用重点高校“双一流”大学建设的契机，加快产学研深度融合，加速原创性成果产出。

第四，继续加强有利于融合的基础设施和配套制度建设。要加强数字基础设施建设，建立无缝嵌入式的社会网络环境，推动分享经济、创意经济、平台经济、体验经济等创新发展。可以采取部署高端用户项目、深度交流、需求对接、专题研究、非热点使用、跨学科拓展等方式吸引文化创意人才，利用中央和京津冀地区科研机构和科技创新企业的科技基础设施，大幅度提升创新的基础硬件水平，提供科技思想与文化创意耦合平台，开展高技术水平文化创意产品的研发和推广，加大文化科技融合力度，提升其传播力和影响力。出台相关配套制度，鼓励科技思想和文化创意重组、耦合和对接，鼓励科研主体和业界人士以“工匠精神”参与到文化和科技融合进程，发挥他们的主观能动性和自身创造性。

习近平总书记指出：“面对日益激烈的国际竞争，我们必须把创新摆在国家发展全局的核心位置，不断推进理论创新、制度创新、科技创新、文化创新等各方面创新。”京津冀地区要实现协调发展，践行高质量发展理念，迫切需要推动从“聚集资源求增长”向“转换动能谋发展”的重大转变，必须要下大力气实现文化和科技深度融合，让文化和科技融合成为京津冀地区社会经济发展的“主引擎”和“助推器”。

参考文献

姜念云：《文化与科技融合的内涵、意义与目标》，《中国文化报》2012 年 2 月 14 日。

尹宏：《我国文化产业转型的困境、路径和对策研究——基于文化和科技融合的视角》，《学术论坛》2014 年第 2 期。

葛欣桐：《辽宁省文化和科技融合发展问题研究》，东北大学硕士学位论文，2015。

于泽：《文化科技融合的内涵、目标、互动关系探究》，《科技管理研究》2017 年第 1 期。

彭英柯、宋洋洋：《文化科技融合理论研究——基于产业融合机制角度的分析》，《经营与管理》2013 年第 8 期。

王志刚：《推进文化科技创新　加强文化与科技融合》，《求是》2012 年第 2 期。

祁述裕、刘琳：《文化与科技融合引领文化产业发展》，《国家行政学院学报》2011 年第 6 期。

向勇：《文化与科技融合发展的历史演进、关键问题和人才要求》，《现代传播（中国传媒大学学报）》2013 年第 1 期。

陈少峰：《以文化和科技融合促进文化产业发展模式转型研究》，《同济大学学报》（社会科学版）2013 年第 1 期。

李凤亮、宗祖盼：《文化与科技融合创新：模式与类型》，《山东大学学报》（哲学社会科学版）2016 年第 1 期。

国际化篇

Internationalization Reports

B.11

北京科普产业双向国际化发展研究

司海平　高 畅*

摘　要： 北京科普产业化进程加快，为广大人民群众提供了高质量的科普产品和服务，为进一步提高北京科普产业水平，需要积极开展双向国际化道路，“引进来”和“走出去”并举，营造更加开放的业态环境，不断延伸产业链。本报告从会议活动交流、政策支持、国际业务角度分析目前北京科普产业双向国际化发展现状，探讨了北京科普产业“走出去”和“引进来”过程中存在的问题，最后针对如何加强和优化北京科普产业双向国际化发展提出加强双向交流活动、建立有效的国际化科普产业对接机制、培养和引进国际化科普产业人才等建议。

---

* 司海平，中国社会科学院数量经济与技术经济研究所博士后，主要研究方向为经济预测与评价、人力资源与经济发展；高畅，法学博士，应用经济学博士后，北京市科技传播中心副主任，副研究员，主要研究方向为科技政策与创新战略研究、科技传播与科学普及等。

关键词： 北京市　科普产业　双向国际化

一　引言

公民科学素质的普及率影响着科技创新的顺利开展和社会整体文明的进步。提升公民科学素质，必须提高科普产品的供给水平，而科普产业在此过程中发挥重要作用。科普产业的发展是一个持续优化的过程，其发展到一定阶段需要通过国际化的合作交流来获取更强的驱动力。在国家深化对外开放、扩大国际合作的背景下，北京科普产业的快速发展对双向国际化提出了要求。一方面，需要借鉴国外先进的科普产业发展经验，引进国外优秀科普理念和方式；另一方面，需要将国内出色的科普产品和服务输出到国外，加强文化交流，引导科普产业国际化发展，提高科普产业的国际竞争力。

当前北京科普产品和科普服务日趋多样，科普产业形成了一定规模，但总体上北京科普产业的市场化程度有待提高、竞争力亟须增强，其进一步发展存在瓶颈。从另一个角度看，北京科普产业具有较大的升级空间和发展潜力。加强北京科普产业双向国际化发展，促进北京科普产业与各国开放合作交流，是北京科普产业发展实现新突破、提高世界竞争力的重要途径，也是向世界宣传和输出中国科普模式的有力手段。首先，随着经济全球化和全球新一轮科技革命兴起，世界发展格局受到了深刻影响，人类生产生活方式渐渐转变，科普产业的国际化发展是必然趋势。其次，在改革开放已走过40年之际，我国其他产业正在积极以各种“走出去”和“引进来”的方式参与国际化分工，北京科普产业作为全国科普产业发展的排头兵，其发展已经呈现国际化趋势，此后应在双向国际化中探索更加有效的思路和方法。

双向国际化可以分为内向国际化和外向国际化①。一般来说，双向国际

① 谢泗薪、薛求知、都业富：《以国际化双向路径为基构建中国企业全球学习战略模式》，《科研管理》2004年第5期。

化的开端是内向国际化，而外向国际化是在内向国际化基础上的深入发展，二者实际上都是企业成长中知识、经验积累的过程。就企业来说，企业内向国际化是指通过引进外国企业的产品、服务、资源等，学习和积累国际经营理念与知识；外向国际化是指企业采取“走出去”的方式参与国际分工，通过将国内市场产品、服务、资源向国际市场延伸，实现企业的国际化。由此看来，科普产业双向国际化发展就是引进国外优秀科普产品和服务，引进国外先进科普产业运作理念、方式，借鉴国外政府和学界在促进科普产业发展上的一些有益政策，在深度分析、重点改良的基础上不断与北京本土文化、政策相融合；与此同时，将北京的科普理念、文化理念送出国门，推动北京优秀科普产品品牌国际化，利用国外市场延伸和拓展科普产业的生态链。我国科普产业双向国际化发展的理论和实践研究甚少，没有跟上北京科普产业的发展和扩张速度。北京科普产业国际化还处在初级阶段，但科普产业市场的需求潜力巨大，优秀科普产品的供给不足，需要通过科普产业双向国际化发展来激活市场需求，拓展科普产业的广度和深度，最终实现北京科普产业升级。

本报告首先分析了北京科普产业双向国际化发展研究的理论意义和现实意义，然后考察了北京科普产业国际化的发展现状，探讨了目前北京科普产业“走出去”和“引进来”过程中存在的问题，最后为如何加强和优化北京科普产业双向国际化发展提出一定的建议。本报告对促进北京科普产业发展、提高北京科普工作效率具有一定的参考价值。

二　北京科普产业双向国际化发展意义

在经济全球化背景下，科普产业的发展必须坚持“引进来”与“走出去”相结合的双向国际化路径。北京作为中国首都，有其独有的文化、信息、教育科研等优势。在科普产业双向国际化的互动交流中有利于本土优势与国际优质科普资源整合，通过打开国内外市场，将优秀科普产品和服务引进或输出，进而扩大北京科普产业的规模，延伸北京科普产业链，强化北京科普产业的核心竞争力。

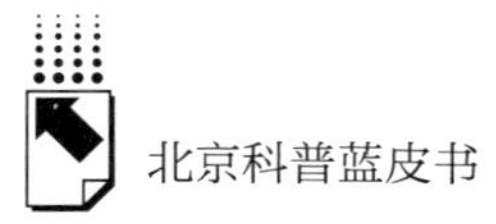

（一）有利于北京科普产业链的延伸

科普产业在不断发展的过程中，不仅需要通过获取外部能量来促进其快速成长，还需要能量输出来完成产业的健康循环。通过国际交流来获得与外界能量交换的机会是北京科普产业发展必不可少的一种方式。科普产业内向国际化就是引入能量的一种，北京可以通过间接引进国外资本或直接引进国外先进科普版权或专利的方式，延伸科普产业链；通过学习国外先进管理和发展经验，改进科普产业发展的规划和政策，优化科普产业资源配置。

双向国际化能够促进北京科普产业的交叉融合。科普产业是一个多种产业交叉融合的产业，各种各样的业务交织在科普产业中。例如，科普服务与服务业的结合，科普旅游与旅游业的结合，科普教育与教育业的结合，科普文化与文化产业的结合。北京许多产业已经在自身业务中包含了科普产业，如果能以合资或者技术转让的方式与国外其他优秀企业合作交流，可能产生更多创新型科普产业模式。一些发达国家如美国在科学技术上具有领先优势，北京可以依托中国强大的市场，借助国外前沿的高新技术融合本土综合研发能力，打造全球技术领先的科普产业，扩大科普产业的产品销售。双向国际化发展还可以帮助北京科普产业形成产业集群。产业集群是在价值链上资源共享、合作竞争、相互补充的一定区域内产业企业集中。只有紧跟国际先进发展形势，参与国际生产合作中的信息流动，科普产业链上的各类高端要素资源才有可能同时聚集，加速产业功能区成型成势。

（二）有利于汲取国外优秀科普产业发展经验

政府在科普产业发展中的作用不可忽视，而一些发达国家在发展科普产业方面的先进经验值得借鉴和学习。

目前英美等发达国家科普产业发展仍然位居世界前列，他们在科普产业方面的研究、开发较早，积累的经验也较为丰富。一些发达国家在科普产业方面已经形成了成熟的运作模式，科普产品和服务的投资主体多元化、运作主体多样化是较为完善的科普产业的主要特点。欧美发达国家科普产业化运作主体包括政府、企业和非营利组织[①]。其中，政府在科普产业的发展中起到了重要的引导作用。一是负责制定和实施符合当下人们科学素质的科普产业政策，出台科普产权、科普专利等法律法规，优化法制环境；出台针对科普企业的优惠和补贴政策，完善科普产业管理体系。二是吸引企业和社会组织参与科普产业链构建，制定科普产业发展规划，确定补贴和资助的科普项目；引入中介机构对科普项目进行培育和评估，保证科普产业的快速健康发展；提供公共资源主办国际级别的科普会议和科普交流活动，建立国际化科普平台，以多元化主体参与科普项目，形成多主体协作的竞争机制以推动科普产业发展。

北京科普产业发展还处于初级阶段，社会参与形式不足，政府产业指导经验较为缺乏。结合北京经济社会发展现状，学习和引进国外的一些先进科普产业化运作模式，有利于政府和相关机构采取有效措施引导科普产业健康快速发展。

（三）有利于提高北京科普产业的国际竞争力

科普产业双向国际化发展有利于提高北京科普产业的国际竞争力。一是有利于增进科普研究机构、政府相关部门对北京科普产业发展进程和优劣势的了解，以便下一步采取措施更好地完善科普产业配套设施和政策，发挥北京科普产业的地域优势。二是有利于北京科普产业的创新发展，增强国际竞争力。产业创新是影响产业发展的关键性因素。熊彼特认为创新的产生需要建立新的生产函数，即生产体系中引入生产要素和生产条件的新组合，而组织内和组织间的学习和交流是促进建立新型生产函数的有效途径[②]。目前，北京科普产业的研发与销售都可能受到技术与市场的制约，双向国际化使北

① 李黎：《我国科普产业协同创新发展研究》，中国科学技术大学硕士学位论文，2014。

② 吴延兵：《企业规模、市场力量与创新：一个文献综述》，《经济研究》2007 年第 5 期。

京科普工作有了与其他国家、地区合作和交流的机会，一方面优化了北京的科普产品和服务，另一方面刺激了北京科普产业的创新。三是有利于提高北京科普产业在国际上的影响力。作为公共资源和国家战略性资源，科普产业是国家科技实力和经济实力的重要体现。推动北京科普产业发展不仅要引进国外先进产业发展经验，还要让北京科普产品和科普服务走向世界，这是外向型经济的发展趋势，也是扩大北京科普产品与科普服务国际影响力的必然选择。

三　北京科普产业双向国际化发展的现状

（一）北京科普产业双向国际化发展现状

从近几年的科普规划、纲要中可以看出，中央政府重视科普产业发展的国际交流合作，北京一直在积极贯彻落实国家相关部门对科普产业发展的规划和指导方针。北京科普产业走双向国际化发展道路是必然趋势。从北京科普产业现状来看，北京与国外科普产业的交流活动虽然逐年递增，但形式和内容较为单一。北京科普图书版权引进多，原创出版少，并且国内原创科普图书和引进版仍然存在较大的差距；科普影视的引进与代理种类增多，以“引进”为主，原创科普视频、科普节目仍然较少。科普产业国际资本合作的体量过小，科普合作的形式较为简单，可以认为北京科普产业在走向国际化的道路上只是以“内向化”即“引进”为主。科普产品的创新不足和新产品的开发较少成为北京科普产业发展的主要瓶颈，仅靠“引进”已经不能满足北京科普产业发展的需求，北京科普产业需要双向国际化发展。

1. 会议活动交流

为增强科普产业发展经验的国际交流互动，北京市科学技术协会（以下简称“北京科协”）、北京市政府举办了许多相关会议活动，在北京与其他国家、地区之间搭建了交流合作的平台，给北京科普企业带来了项目合作的机会，使北京相关科普机构获得了一些可以提高科普产业发展水平的经验，提升了国际合作能力。

2017 年 11 月，首届“一带一路”科普场馆发展国际研讨会在中国科技馆召开。来自共建“一带一路”国家的共 24 家科普场馆参加，各方充分共享了在人员交流、展览展示、科学教育等方面的资源，并针对场馆建设、管理、运行等方面的经验进行了交流。2018 年 9 月 19 日，第六期“科普理念与实践双升级”学术论坛在北京科学中心举办。中国科学技术大学、国际公众科学技术传播组织（PCST）项目委员会等教授、专家就“用新媒体模式做科学传播应该注重的因素”和“如何进一步使用智能分发进行科学传播”等问题进行了交流发言。2018 年 10 月 25 ~ 28 日，在中国国际展览中心召开了 2018 年北京国际科普资源博览会。此次博览会聚焦科普场馆设施、科普新媒体、科普教育、科技前沿等领域，邀请了世界各国致力于科学传播的机构和组织参与交流，以期促进科普产品研发与公众科普需求的精准对接。在北京科协的牵头带动下，北京国际科普资源博览会及相关系列活动相继举办，发挥了北京的资源优势和区位优势，促进了科普事业和科普产业融合发展，为北京建设具有全球影响力的科技创新中心助力[①]。2018 年 9 月 17 日，北京国际城市科学节联盟在北京国际科学节圆桌会议上正式宣告成立，来自俄罗斯、德国、美国、法国等 19 个国家的 28 家机构的代表参加，拓展了科普国际交流“朋友圈”，为提升全球公民科学素质贡献更多的中国智慧。[②] 2019 年 6 月 12 日，由北京科协和北京市教育委员会共同主办，北京科普发展中心、北京学生活动管理中心、北京市西城区教育委员会联合承办的 2019 年北京国际科普方法研讨会在北京举办，会议就“科学传播教育实践经验”“人工智能时代科学教育经验分享”等主题进行交流。2019 年 11 月 3 ~ 5 日在北京召开了中外科技馆馆长对话会，来自全球 12 个国家和地区的 14 所科学传播机构及科普场馆的嘉宾应邀参会，与会嘉宾就国内外科技

① 《2018 首届北京国际科普资源博览会开幕》，硅谷动力网，2018 年 10 月 26 日，http：//www. enet. com. cn/article/2018/1026/A20181026055520. html。

② 《北京国际城市科学节联盟宣告成立 科普国际交流" 朋友圈" 不断扩大》，新浪财经，2018 年 9 月 18 日，http：//finance. sina. com. cn/roll/2018 –09 –18/doc – ihkhfqns3413222. shtml。

馆创新发展经验进行了交流合作[①]。第 22 届中国北京国际科技产业博览会于 2019 年 10 月底在北京召开，其间，多个国际组织和国内外代表团参加各项活动，有 200 多位国内外知名人士登台演讲，吸引了国内外 3100 多位客商到会交易，有力地推动了北京的技术、人才、资本深度融入全球化的开放发展进程。2019 年 5 月 31 日，中国科普教育组织与塞尔维亚代表团在北京就推进国际科普教育进行了会谈交流。

2. 政策支持

国家重视和支持科普资源、科普发展经验在国际上的交流，为此颁布了众多规划文件。2011 年，国家发改委、科技部、中国科协等机构制定和颁布《科普基础设施发展规划（2008～2010～2015）》，其中指出：“推动国内外交流与合作。引进、借鉴国际先进理念和方法，提高国内自主开发科普展教品的能力。营造交流与合作环境，推动国内外科普展教品研发的有效合作。适度引进国外优秀展教资源，推动科普展教品国内外交流与合作。”2006 年 3 月，国务院在颁布的《全民科学素质行动计划纲要（2006～2010～2020 年）》中指出：“集成国内外科普信息资源，建立全国科普信息资源共享和交流平台，为社会和公众提供资源支持和公共科普服务。”[②] 2016 年 2 月，国务院在《全民科学素质行动计划纲要（2006～2010～2020 年）》的基础上，印发《全民科学素质行动计划纲要实施方案（2016～2020 年）》，其中指出要加强科普的国际交流与合作，用好国际国内两种资源，提高我国公民科学素质建设的国际影响力。2017 年 5 月，科技部、中宣部联合发布《“十三五”国家科普与创新文化建设规划》，“积极开展国际交流与合作”是重点任务之一。其中明确提出要加强国家科普资源合作共享，促进共建“一带一路”国家交流合作，深化“海峡两岸及香港、澳门”科

① 《北京举办首届中外科技馆馆长对话会 在更多人心中种下科技创新的种子》，中共中央纪律检查委员会网站，2019 年 11 月 8 日，http：//www. ccdi. gov. cn/yaowen/201911/t20191108_203945. html。

② 《国务院关于印发全民科学素质行动计划纲要（2006～2010～2020 年）的通知》，海南省人民政府网站，2006 年 2 月 6 日，http：//www. hainan. gov. cn/data/hnzb/2006/03/414/。

普和创新文化合作。

2016 年 6 月，北京市科学技术委员会印发《北京市“十三五”时期科学技术普及发展规划》，其中指出北京具有国际影响力的科普品牌较少的现状，提出要“打造一批具有国际水准的大型品牌科普活动，吸引国内外具有影响力的科普机构参加北京科技周、全国科普日、北京科学嘉年华、全国双创周等，提升活动的示范带动作用和国际影响力”；要“拓展国际视野，充分利用全球创新资源，搭建常态化的国际合作平台”。2019 年 5 月，北京市科普工作联席会议召开，北京市科委公布了 2019 年北京市科普八大方面的工作要点，其中一项重要工作就是深化科普开放合作，深化国际科普交流合作。

3. 科普产业国际业务

科普产业国际业务丰富多样。北京科普产业参与国际贸易活动日益增多，范围越来越广，开展的形式不断增加，从单向引进逐渐转变为双向合作。从内向国际化来看，参与国际贸易的范围包括科普图书、期刊版权的引进、合作与输出，科普影视的引进与代理及科普企业层面的合作。①

科普图书、期刊版权的引进、合作与输出。近年来，北京各大出版社引进国外科普图书版权的种类增长较快，科普读物中国外新版和优秀译作的再版增多。如科学普及出版社（暨中国科学技术出版社）已出版科普图书和科技著作 3 万多种，与我国港澳台地区及其他国家和地区的出版公司合作，引进了大量科普图书版权，同时转让了多种具有中国特色的科普读物版权。还有一些出版企业在买断国外知名科普读物版权的同时，也在与其他国家的出版企业合作，重新修订出版不同语言的科普读物使其走向国际市场。如《环球探索》（少年版）是德国古纳亚尔出版公司（Gruner Jahr）和童趣出版有限公司合作出版的少年科普杂志。目前该刊物外版翻译成 4 种语言，总销量是 120 万册。有的合作已不局限于版权，还包括资本运作。

科普影视的引进与代理。爱奇艺等视频网站引进了国外一系列知名科普纪录片的版权，如《地球脉动》《宇宙的秘密》《地球的力量》《BBC：海

① 阚成辉、袁白鹤：《中国科普产业内向国际化效应分析》，《科技和产业》2012 年第 1 期。

洋》等。高质量科普视频版权的引进不仅提升了视频网站的用户体验，给互联网企业带来了更多利润，也将科普产业延伸到了互联网等新兴信息技术行业。还有一些科普专业人士利用新媒体传播科学知识，以在热门应用软件录制“短视频”的方式助推科普逐渐走向世界，如国家博物馆知名讲解员袁硕（微博名为“河森堡”）在社交媒体上上传的《进击的智人》演讲视频，得到广泛传播。

科普企业层面的合作。通过与国外企业合作，一些科普企业在科普产品和服务的提供上脱颖而出，引领了行业的技术发展，带动了整个科普产业的升级。例如，北京一家企业和以色列一家公司合作，依托中国强大的市场，借助以色列领先的光学、信息技术，研发出全球技术领先的一体式科技教育体验设备①。国外高科技企业在北京投资建立科普场馆、开展科普活动。一批国外企业为了提高自身知名度、打开中国市场，利用在信息技术方面的优势，投资建设主题科技场馆、开展科技活动，如索尼（中国）有限公司在北京投资的索尼探梦科技馆。

（二）北京科普产业双向国际化存在的问题

北京科普产业近几年取得了不错的成绩，发展水平始终稳居全国前列。但是就整个产业而言，对外开放的发展方式没有给我们带来预期的效果，尤其是在“走出去”中呈现弱势局面。北京科普产业双向国际化主要存在以下三类问题。

1. 过于重视“引进”

大量引进国外优秀科普产品未能有效地激发科普工作者开发科普新产品的热情。科普产品和服务的创新开发不足一直是北京科普产业发展的瓶颈，以“引进”的方式激发创新能力，效果却不尽如人意。中国科技馆馆长王渝生认为，一些科技场馆的科普展品在内容设计方面存在过度模仿国外科普展

① 《科普+行业：探索科普产业之路》，中国科普网，2018年8月2日，http://www.kepu.gov.cn/www/article/kpjd/7470dca1669349409a9f1d35a51ccf6f。

品的情况，缺乏创新意识和创新能力。另外，我国科普产业在面对国内创新不足与乏力时，选择从国外引进科普产品以激发和保持科普产业的旺盛生命力，但使我国陷入了“引进—技术差距缩小—技术水平停滞—再次引进”的怪圈。从北京科普现状来看，北京科普产业发展仍然存在“引进—淘汰—再引进”的路径依赖。北京科普产品和服务的输出和引进呈现明显的逆差状态，如何扭转这一格局将是北京科普工作面临的严峻考验。如何增强科普产品和服务的创新性、如何“走出去”已成为北京科普产业发展迫在眉睫的问题。北京引领全国科普产业真正融入世界，依旧任重而道远。

2. 缺乏科普产业国际化人才

一是北京现有从事科普产业国际业务的人员不足。科普企业开展国际化业务需要进行多次调研、洽谈、合同约定、市场跟踪、售后服务等，是一个复杂而烦琐的过程。因此，从事科普产业国际业务的人员不仅需要具备科普专业知识，还需要掌握国际贸易方面的法律法规以及丰富的跨国业务经验。总之，一个合格的科普产业国际化人才是具备多方面知识的复合型人才。虽然北京顶尖人才众多，但缺乏专门从事科普产业国际合作业务的人员。从事科普贸易、科普资本运作、科普产品推介的中介机构、咨询机构、代理机构更少，科普产业国际业务往来通常是跨国大公司旗下的一项业务。二是科普产业国际化方面的人才储备不足、素质不高。北京科普产业近几年才初具规模，双向国际化发展尤其是“外向国际化”发展经验不足，一些企业对优秀国际人才的需求难以满足，许多从业人员是“半路出家”，操作国际科普业务的能力不足，成长起来需要时间。而科普产业国际化方面优秀人才的缺乏直接影响国内科普产品的创新，也制约着科普产业外向国际化的发展。

3. 国际化参与的深度和广度不够

一是北京科普产业双向国际化程度较低，科普产业国际化业务参与模式过于单一。就合作模式而言，随着国际化程度的加深，合作模式逐渐由贸易式、契约式向投资式转移。而北京科普产业更多的是通过传统契约式参与国际业务，资本合作模式占比较低，并没有真正参与全球价值链创造。二是科普产业国际化存在结构失衡性。一些科普企业过于看中短期经济利益，导致引进科普产品和服务时出现盲目跟风的现象；科普产业本土创造力不足，轻视本土化创作和输出，加之缺乏销售和推介渠道，导致许多优秀的科普作品没有及时推广到国际上。三是有关科普产业政府层面的合作交流过少。虽然近年来北京科协、北京市政府等主办了一些科普国际会议和活动，但交流合作的内容不够丰富，没有为北京科普企业和其他国家、地区的科普研究机构、科普企业搭建起有效的合作交流平台。

四　北京科普产业双向国际化发展建议

（一）加强北京科普产业发展的双向交流

加快建设国际科普交流平台。建议北京市政府和科协等牵头组建“科普交流联盟”等交流平台，建立“平台 + 项目”机制，推动北京与其他国家科普企业层面、科普机构层面的交流与合作。国际科普交流平台作为各国家和地区科普资源交流的媒介，其最大的特点便是虚实结合，既可以是由政府相关机构专门设立的交流平台，也可以是由不同国家的科普机构或企业共同构建的跨国性交流组织，还可以是利用互联网等信息技术建立的线上交流平台，比如各类科普网站、论坛等。该平台可以为北京科普企业提供资本合作、产品交易或合作的机会，为北京科学场馆与其他国家的科普机构提供交流合作的机会。建立科普人才培训、科普产品研发、科普展览举办等方面的国际交流与合作机制，全天候为中外科技场馆提供实时对接服务。重点加强与共建“一带一路”国家和地区的交流与合作，拓展科普的渠道和领域。切实推动国内外科普组织共同举办科学嘉年华、诺贝尔奖获得者北京论坛等一批水平高、影响力大的科普活动，推动北京地区高层次科技人员加入有代表性和影响力的国际科技组织。

（二）建立有效的国际化科普产业对接机制

一是探索推动建设“共赢”的国际化科普产业中介平台，实现科普技术创新、信息共享、产品研发、质量认证、金融服务和人才方面的交流，吸引国内外投资。优选科普产业国际项目，对已签约的国际项目及时进行梳理，帮助企业解决在国际合作方面出现的问题。对于科普企业正在洽谈的项目，主动搭建对接平台，力争项目尽快签约落地；对于已经落地的项目，积极主动提供服务。二是加快科普产业融入“一带一路”建设。北京有关部门与其他国家政府部门、科普机构合作，建设“一带一路”科普服务平台机制，参与科普产业相关领域的深化合作。完善科普企业参与“一带一路”项目行为规范，加强科普企业管理，保证科普企业在项目的资本合作、产品运营等过程中遵循国际规则标准。三是建立优劣势互补的科普产业国际合作机制。北京相关部门要梳理科普产业链，追踪国外发达城市的科普工作最新动态，明确当下北京科普产业与所缺失的科普产业链配套企业；通过产业链梳理，加强对缺失和劣势科普产品和服务的引进，辅助北京优势科普产品和服务走向世界。

（三）培养和引进科普产业国际化人才

科普产业国际化运作有其自身的特点和规律，从事科普产业国际业务的人员不仅需要具备科普专业知识，也需要拥有国际法律、国际贸易等职业背景。专业科普产业国际化人才的培养与储备对北京科普产业双向国际化发展意义重大。一是加快培养科普产业国际化人才。北京要创新科普人才培养方式，利用首都多高校、多研究机构的优势，建设一批科普人才培养、实践基地，完善科普产业国际化人才培养、培训体系。二是提高工作待遇、优化居住环境，吸引更多科普产业国际化人才落户北京。具体来说，北京应该依托中关村科学城和怀柔科学城，加快整体布局，完善中关村和怀柔地区的国际人才社区建设，实施积极、开放、有效、精准的人才政策，打造“类海外”人才发展环境。三是完善科普产业国际化人才政策和管理体系。要保证培养和引进科普产业国际化人才政策的稳定性和持续性，保证相关人才政策与总体科普规划一致；要明确科普产业国际化人才的晋升、奖励与其科普产出的联系。

（四）加大政府对北京科普产业双向国际化发展的支持力度

科普产业的双向国际化发展需要政府的引领和支持。一是建议北京市政府相关机构制定和完善科普海外交易版权、专利等相关法律法规。无论是北京科普产品输出海外，还是海外科普产品和资本的进入，都要涉及版权归属、专利注册、资产所有权等一系列的产权问题，如果相应产权问题没有得到妥善解决，将导致企业交易成本的增加，而交易过程中成本不断的增加将影响科普产业资源的优化配置，不利于北京科普产业双向国际化的发展。完善科普产权制度是推动北京科普产品和服务与国际接轨的必要条件。二是建议北京市政府从宏观层面制定科普产业国际化发展的规划，加强对科普产业政策扶持。对研发出具有国际影响力科普产品的机构、企业给予奖励，对北京科普企业产品和服务的引进与输出给予适当关税优惠和补贴。三是加强科普相关设施建设。建议北京科协等相关机构牵头利用民间资本，整合国际优质资源，加快科普产品、服务的研发和创新①，加大相关基础设施和基础研究的投入力度，加快科技成果的转化等；还应注重盘活各个企业闲置资源，加快国际知识产权交易中心运营、智能城市试验区建设等，打造科普高端产业链。

（五）加速推进北京科普“走出去”

努力推动科普产业“走出去”，促进科普产业国际化经营。推动北京科普产业充分利用国内和国外“两个市场、两种资源”，通过跨国合作积极参与国际科普创作，形成具备国际竞争力的系列科普产业，为世界讲好中国科普故事。

中国科普产业要保持生命力，需要中国特色和国际思维兼备，“既能讲好中国故事，也要有国际性”。优秀的科普产品，需要既注重先进性，也要在国际性

① 张伟捷、郭健全、魏景赋：《发达国家科普相关产业税收经验借鉴与分析》，《中国科技论坛》2016 年第 4 期。

上强调中国特色，让世界知道中国优秀的文化财富和当代最新科研成果。推动科普产业国际化人才进行中国科普资源的翻译和双语化推介工作，并通过网络、新媒体手段不断扩大中国科普的国际影响力。

"走出去"更重要的是挖掘我们身边的文化。利用北京优秀的创作队伍、国际交流环境和文化资源，创作一批将本土化和国际化紧密结合起来的原创科普图书、影视作品，利用科技活动周，扎扎实实地将传统文化、先进文化融入北京科技创新，形成具备国际性的科普传播力。

充分发挥北京科普产业的文化交流沟通作用，利用共建"一带一路"国家"丝路书香工程"等重点项目推动北京科普产业"走出去"。以中国应对新冠肺炎疫情的系列科学举措所获得的良好国际声誉为契机，向世界传递包含中国抗击疫情措施和现代中医的最新研究成果等内容的科普作品，为世界了解中国创造条件。

参考文献

王瑞军、李建平等主编《中国城市创新竞争力发展报告（2018）》，社会科学文献出版社，2018。

胡志坚、玄兆辉、陈钰：《从关键指标看我国世界科技强国建设——基于〈国家创新指数报告〉的分析》，《中国科学院院刊》2018 年第 5 期。

王小鲁：《中国城市化路径与城市规模的经济学分析》，《经济研究》2010 年第 10 期。

B.12 打造北京科普品牌，提升中国科普国际影响力

李恩极　郝　琴*

摘　要： 北京科普工作已经从传统意义上的科学知识普及迈向包括科学普及、科技传播、科学素质建设等在内的“大科普”阶段。在此阶段，科技传播和科普要实现从注重本地化向本地化、区域化、国际化有机结合的转变，必须加强科普品牌培育。本报告以北京科普品牌为研究对象，总结了北京现有科普品牌活动的现状和问题，并结合爱丁堡国际科学节的成功经验，从加强顶层设计、加强科普人才队伍建设、夯实品牌基础、加强宣传推广等方面提出有针对性的品牌培育策略。

关键词： 科普品牌　国际影响力　爱丁堡国际科学节

一　引言

长期以来，北京重视《中华人民共和国科学技术普及法》（以下简称《科普法》）和《北京市科学技术普及条例》（以下简称《科普条例》）的贯彻落实，科普逐渐成为全民积极参与的行动，进入繁荣发展时期。当前，正值北京建设全国科技创新中心的关键时期，如何推进北京科普事业进一步发

* 李恩极，中国社会科学院研究生院博士研究生，主要研究方向为经济预测与评价；郝琴，副研究员，北京市科技传播中心项目主管，主要研究方向为科技传播与科学普及。

展，成为摆在北京科普工作者面前的重要问题。

经过多年的创新发展，科技传播和普及要实现从注重本地化向本地化、区域化、国际化有机结合的转变，必须将自身推向国际，融入全球科普事业发展格局，在国际舞台上树立创新、开放、专业的良好形象①。科普品牌是提升国际影响力的重要载体，新时代的科普工作必须聚焦品牌化这个核心要素，以品牌项目和品牌活动推动北京科普事业向前发展。《北京市“十三五”时期科学技术普及发展规划》对北京未来五年科普发展做出了系统谋划和前瞻布局，也提出了培育五个以上“具有全国或国际影响力的科普品牌活动”任务，可见品牌化将是未来科普工作的大趋势。

从类别来看，科普项目包括场馆、讲座、电视节目、网站、展览、竞赛、图书等多种形式。从科普项目成长为具有影响力的科普品牌是一个循序渐进的过程，不可能一蹴而就，在这个过程中，会存在很多问题，这需要我们适时改革，使科普品牌不断成长壮大。本报告以北京科普品牌为研究对象，总结北京现有品牌活动的现状和问题，并结合爱丁堡国际科学节案例，提出有针对性的品牌培育策略。

二　北京科普品牌培育现状

多年来，依托首都得天独厚的科普资源，北京科普工作始终走在全国前列，以北京科技周、北京科学嘉年华、故宫博物院为代表的科普项目吸引了公众的广泛参与，已成为北京科学传播的标志性品牌活动，在首都掀起了颇有影响力的科普热潮，是北京市民必不可少的科普盛宴。

（一）北京科技周

2019 年 5 月 19 日，以“科技强国、科普惠民”为主题的北京科技周活动在中国人民革命军事博物馆拉开序幕。本届科技周主场以 2014 年全国科

① 张仁开：《新时代科普发展的新战略——以上海为例》，《安徽科技》2018 年第 9 期。

技创新中心建设五年来取得的重大成就为主线，设立“规划引领、建设成就、美好生活、科普惠民”四个篇章，展示了人工智能、集成电路、航空航天、智能装备、前沿新材料等领域科技创新成果、科普展项和互动体验产品，共280余个项目，让公众充分了解全国科技创新中心建设的重要成果，诠释科技惠民内涵，让人们参与科技周、学在科技周、乐在科技周、玩在科技周①。

据不完全统计，本届科技周期间，全市举办了中国科学院公众科学日、北京社会科学普及周、中国创新创业大赛北京赛区暨北京银行杯中国·北京创新创业大赛季等大型科普活动十余项；各区科技周举办基层科普活动超过650项，参与人数16万余人次；各行业、各科普基地举办活动超过300项；仅在军博举办的科技周主场8天就吸引了12万人次现场参观和体验②。

（二）北京科学嘉年华

北京科学嘉年华是由北京市科学技术协会主办的面向社会、服务公众的大型公益性、群众性科普品牌活动。活动坚持“弘扬科学精神、传播发展理念、倡导科学生活”，以国际性、互动性、体验性为特色，聚焦“前沿科技传播与科学文化融合”，面向首都公众，提供学习、体验科学的精彩纷呈的科学盛宴。

2019年北京科学嘉年华的活动主题是“礼赞共和国、智慧新生活”，包括北京科学中心科普系列活动、“首都科普”联合行动、北京国际科学传播交流周三个部分。本次活动吸引了多家科普机构、高校以及企业参与，提供了300多项科学体验项目。由北京科学教育馆协会、天津市自然科学博物馆学会和河北省自然科学博物馆协会组成的京津冀科学教育馆联盟在本次北京科学嘉年华活动期间成立。联盟的成立进一步提升了京津冀地区科学教育馆的水平，推动京津冀地区科学教育馆的创新发展、融合发展、联动发展、系统发展，实现资源共享、优势互补、合力共赢，发挥提升京津冀地区公民科

---

① 《2019年北京科技周活动闭幕主场8天12万人次享科技盛宴》，人民网，2019年5月26日，http：//bj. people. com. cn/n2/2019/0526/c349239 - 32979290. html。

② 《2019年北京科技周活动落下帷幕》，科学网，2019年5月26日，http：//news. sciencenet. cn/htmlnews/2019/5/426771. shtm。

学素质作用。“首都科普”联合行动，围绕“礼赞共和国、智慧新生活”的主题展开。北京国际城市科学节是北京国际科学传播交流周的重要组成部分。北京国际城市科学节联盟于2018年成立，来自俄罗斯、德国、美国、法国、澳大利亚、新西兰、波兰等19个国家28家机构的36名代表见证了这一重要时刻。德国城市与科学传播组织、美国马萨诸塞州科学工程博览会、新加坡科学中心、泰国国家科技馆、墨西哥科学技术交流协会、荷兰屯特大学、挪威斯坦梅斯科学节、印度国家科学博物馆委员会、克罗地亚“科学野餐会”组委会等20家成员单位加入了这个科普国际交流“朋友圈”。20家成员单位涵盖国际科学传播领域有影响力的科学节组委会、科学传播研究机构、科普相关社团组织、科技馆、高等院校等，让北京国际城市科学节联盟在世界科学传播领域中更具权威性、专业性。

（三）北京科普新媒体创意大赛

北京科普新媒体创意大赛是北京市科协的重要品牌活动之一。大赛的主题是“科技让生活更美好”，号召广大公众通过动画、摄影、表演等形式来呈现日新月异的科学技术、畅想未来美好生活。在延续“科技让生活更美好”主题的同时，大赛结合当下科技热点以及发展趋势设置年度主题，如2019年的“AI生态·智爱生活”、2018年的“韧性城市、智享生活”。从青少年到成年科普爱好者，都可以借由此次大赛给自己插上想象力的翅膀，尽情畅想未来。通过丰富的线上线下宣传活动，大赛不仅吸引了来自清华大学、北京电影学院等多所高校及众多国内选手参加，还吸引了包括俄罗斯、乌克兰等多个国家的科普爱好者参赛。

2018年北京科普新媒体创意大赛共征集科普动画、科普漫画、科普文学、科普交互和科普微拍五种类型有效作品7093个。经过专家评委的初审、初评、终评，最终评审出金奖5个，银奖12个，铜奖17个，最佳科普创新奖12个，最佳科普潜质奖15个，最佳科普人气奖20个，优秀奖94个[①]。

---

① 《2018年北京科普新媒体创意大赛颁奖活动暨北京科学表演大赛决赛顺利举办》，中国科普网，2018年11月20日，http：//www.kepu.gov.cn/www/article/dtxw/1c00f0c614114d70abab98116fe8c733。

这些作品形式新颖、内容充实，展示了社会公众的科技文化创造活力，汇聚了信息化科普资源，使科技发展前沿和未来美好生活得到充分展现。

（四）科学麻辣脱口秀

《科学我最辣——科学麻辣脱口秀》是一档轻松、接地气、传播科学知识、传递正能量的全新科学普及类脱口秀，是2017年北京科普发展中心推动科普信息化和社交化的一次重要和成功尝试。节目根据大众喜爱的科学领域，邀请了北医六院主治医师著名心理学家唐登华、中科院动物所博士张劲硕、中国医学院肿瘤医院防癌科专家毕晓峰、中科院物理所魏红祥、北京天文馆朱进、中央美术学院教授王选政和奇点汽车创始人兼CEO沈海寅等进行现场脱口秀，面向普通科学爱好者、儿童、年轻白领、大学生等，共举办4场线下活动，形成20集短视频，利用腾讯视频、搜狐视频、今日头条、微博、秒拍、爱奇艺、优酷土豆、蝌蚪五线谱、京科普、壹父母等渠道传播，将线下的贴近性、社交性与线上更大范围的传播性相结合，第一季全网视频访问量超过1000万次①。2018年1月29日，在中国科协、人民日报社主办，人民网承办的“典赞·2017科普中国”活动颁奖典礼上，《科学我最辣——科学麻辣脱口秀》荣获“十佳网络科普作品”称号。《科学我最辣——科学麻辣脱口秀》已成为北京科学传播的标志性品牌活动，在首都掀起了颇有影响力的科普热潮。

三　案例分析：爱丁堡国际科学节

提升科普品牌的影响力需要立足国内、放眼国际，学习先进理念，积累先进经验。爱丁堡国际科学节、英国科学节、《科学美国人》等都是享誉国

① 《“典赞·2017科普中国”2017十大网络科普作品揭晓》，搜狐网，2018年1月29日，http：//www. sohu. com/a/219626867_ 114731。

际的著名科普品牌，具有广泛的影响力，其中爱丁堡国际科学节始于 1989 年，由爱丁堡市议会和苏格兰行政院发起，是享誉欧洲乃至世界的科学节。本文选取这一兼具高科学水平和影响力的科普品牌进行分析，以期为北京科普品牌的培育提供可借鉴的国际经验。

（一）科学节的定位

英国的科普工作有悠久的历史，政府、科研科普机构和科学家、大众传媒为科普的三大主力军。生活中包含大量科技内容和知识需要公众理解，而且随着科学技术的飞速发展，人们更要继续学习才能跟上科技发展潮流。但是在 30 多年前的英国，科学界和公众是分开的，很多时候公众并不认可科学界要做的一些事情，大部分科学家也不擅长理解公众的需求，有时双方争论非常严重，因此，需要一个第三方来解决科学家和公众之间的矛盾。在此背景下，爱丁堡国际科学节应运而生①。自创办以来，爱丁堡国际科学节始终将公众需求放在首位，甚至提出了“崇拜公众”的口号，创造了各种形式的活动，以确保公众和科学家之间有良好的沟通和互动。

（二）科学节的运营模式

爱丁堡国际科学节组委会是 EISF 有限公司，其性质是一个公益基金，赞助方首推爱丁堡市议会和苏格兰行政院，他们每年各拨款 15 万英镑支持该活动，还有 10 个左右大型赞助商投资 2 万 ~4 万英镑，也有几十个小赞助商为科技节投资 2 万英镑以下②。科学节本身售票所得有 40 万英镑左右，整个科学节的预算约为 160 万英镑。此外，还会有一些机构提供场地支持，比如苏格兰博物馆、城市艺术中心、皇家植物园等。

---

① 高伟山编《世界最大的科技盛典——爱丁堡国际科学节》，《中国科技奖励》2005 年第 10 期。

② 《英国科学节概述》，蝌蚪五线谱网站，2018 年 12 月 24 日，http：//www. kedo. gov. cn/c/2018 - 12 - 24/961239. shtml。

爱丁堡国际科学节十分重视员工和志愿者的专业素质。科学节全职工作人员只有 20 名，但是都参与过多次科学节的筹备和协调工作。除了任用经验丰富的主持人外，科学节每年会从各行各业中选拔 150 名左右的志愿者。

科学节组委会通常在活动结束后会进行回访，了解观众参观完的感受以及对未来活动的想法。爱丁堡国际科学节设有官方网站和 Twitter 账号，常年持续更新科学节有关信息，公众可以和组委会一起不断跟进科学节，进而对科学节更加信任和感兴趣①。

（三）科学节的活动内容

爱丁堡国际科学节会举办多种形式的科普活动，包括科技成果展览、动手制作体验以及各种亲子活动等，更有遍布整个城市的学术演讲、科学秀和工作坊，旨在通过视觉、味觉、听觉、触觉等感官刺激，鼓励公众用科学的眼光了解他们生活的世界。活动的主题涵盖数学、物理、医学、生物、化学、天文等学科，在推广科普活动的同时，也为各领域的学者提供了交流平台。

为了让科技活动更加流行和受欢迎，科学节组委会强调“内容为王”和“受众优先”。在“内容为王”方面，科学节活动项目通过两种途径形成，一种是策划团队创设的项目，占科学节活动项目的 50% 左右；另一种是其他团体或个人提议的项目，这些团体或个人会负责项目计划，并承担费用。在“受众优先”方面，组委会认为科技活动首先应考虑观众的感受，而不是讲解者或者主持人的感受。考虑到讲解者和主持人本身大都不是专业科学传播者，组委会在每年活动开始前会对讲解者和主持人进行为期三天的集中培训，邀请专业演员、主持人等安排系统训练课程，向科技工作者和工作人员传授如何使用相关技巧进行有效传播。

---

① 黄雁翔、聂海林、蒋怒雪：《北京城市科学节与爱丁堡国际科学节的比较研究》，《科普研究》2015 年第 6 期。

爱丁堡国际科学节在活动安排设置方面有四大特色。一是互动性、参与性强。爱丁堡国际科学节静态展览仅占3.2%左右，互动项目、动手工作坊及巡游等主动性强的活动占52%以上，并且在逐渐增加。二是有独特的巡游活动。组委会将地理、地质、历史、生物等知识贯穿城市游览，既突出了科普的主题，又促进了旅游产业的发展。三是提倡家庭集体参与。鼓励家庭参与不仅使参与者大大增多，也可促进家庭和睦和社会稳定。四是活动的主题与内容贴近生活。

四 科普品牌化过程中存在的问题

在相关政策的引导下，北京已形成若干具有一定影响力的科普品牌。然而在取得成就的同时，当前北京科普资源配置和科普品牌管理也存在一些问题。这些问题如果不能得到及时有效的解决和回应，将在一定程度上影响这些科普品牌可持续发展。

（一）政府的主导作用发挥不够

政府在科普资源配置中具有不可或缺的重要作用。北京科普事业发展至今，已初步形成了政府引导、部门协同、全社会共同参与科普创作的良好局面，但是政府在科普资源配置中还存在不同程度的越位、错位和缺位问题，具体表现在以下几个方面。一是科普政策体系待完善，相关法规可操作性不强。近年来，北京先后出台了《北京市科普工作先进集体和先进个人评比表彰工作管理办法》《北京市科普基地管理办法》《科普条例》《全民科学素质行动计划纲要实施方案（2016～2020年）》《北京市“十三五”时期加强全国科技创新中心建设规划》等文件，完善了政策法规、表彰奖励、监测评估等相关机制。不过从政策内容来看，对科普创作和科普品牌的保护力度还稍显薄弱，政策主要是鼓励、引导和支持某些行为，责任要求缺乏强制性，更没有惩罚性赔偿规定；从政策执行的角度看，缺乏具体的实施细则、措施等配套政策法规，导致有

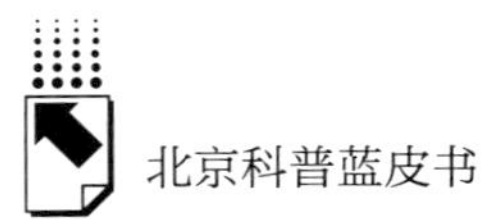

关政策难以有效落实[①]。二是科协职能未有效发挥。目前，政府的科普职能主要由科协承担，但是科协在政府职能机构中长期处于被边缘化的状态，其执行力和协调能力十分有限，难以有效协调社会各方。三是未充分实现职能转移。随着国家行政管理体制改革的不断推进和深化，政府的一些事务性、服务性、中介性社会职逐渐转移给企事业单位和社会组织，但是在科普品牌管理方面，政府还缺乏退出意识。政府作为公共部门，应扮演顾问或裁判的角色，把品牌的培育交给市场，让品牌在竞争中发展壮大。

（二）经费投入失衡

一些区县级科普场馆在建设时能够获得地方财政一次性拨付的基础建设经费，而到场馆运营阶段却得不到持续的经费支持，加上场馆吸引社会资金的能力不足，导致相当一部分科普基础设施不能及时进行维护和扩充，科普场馆正常运营和社会影响力的发挥受到较大限制。即使一些规模较大或者参观人数较多的科普场馆能够维持场馆运营，把财政经费、展览活动以及门票收入用于推动科普品牌化的场馆也是少之又少。

以政府科普专项经费为主要经费来源的科普电视节目、科普期刊和科普图书的品牌化也面临资金短缺问题，这在一定程度上会影响期刊的传播效果。同样的，当政府专项经费难以向科普电视节目倾斜时，这些科普电视节目只能依靠广告维持运营，而广告时长的增加又会引起观众反感，进一步降低节目收视率，以致进入恶性循环。由此可见，政府财政拨款短缺、社会筹资渠道不畅问题如不能得到有效解决，科普场馆、科普电视节目和科普期刊等的发展将受到制约，品牌的塑造也难以成功。

（三）科普人才培养机制不完善

第一，缺乏健全的人才考评体系。笔者以科技馆为例，从人事部门招人开始，就缺少对本馆整体长期发展的规划，往往是什么岗位空缺了，就招什

---

① 陈套：《我国科普体系建设的政府规制与社会协同》，《科普研究》2015 年第 1 期。

么人员，最终造成文理不平衡，进而影响人才队伍建设；对于已经招收的人员，不同的岗位也没有切合实际的评价标准，编制岗位紧缺，展教员大都是合同制员工，对于他们的考核、评价、激励又是另外一套体系，无法统一，造成评价缺失①。第二，科普人员的专业素养有待提高。科普工作兼具复杂性和专业性，科普宣传和科普创作都需要配以一定规模的高层次人才。然而就目前人才结构来看，高级职称以及硕士、博士在整个科普人才队伍中的占比还处在较低水平。

（四）缺乏有效的品牌管理机制

1. 科普电视节目数量较少，品牌同质化严重

整体来看，北京科普类电视节目比较少，像《首都科学讲堂》《上新了故宫》等成为科普品牌的节目微乎其微。以“点亮智慧人生”为核心理念的北京科教频道是科普电视节目的主阵地，2010 年该频道将节目整合划分为科学、教育、法治、健康、人文、艺术六方面内容，开设《法治进行时》《魅力科学》《科学实验室》《健康北京》等节目。但是随着科教频道不断萎缩，《魅力科学》和《科学实验室》停播，科普类节目越来越少。此外，现在很多科普电视节目是照搬国外节目，节目选题、形式大体上相同，可认为这些节目的品牌是高度同质化的，而同质化的品牌影响力和价值往往是有限的。

2. 创新性不足、针对性不强

品牌只有重视创新，才能孕育持久的发展后劲。北京现有很多科普图书、科普电视节目以及科普场馆的影响力较小，创新性不足是其主要原因。以科普场馆为例，很多场馆尚未转变传统的展陈设计思路。

3. 宣传力度不够

多年来，北京科技周、北京科学嘉年华、北京科普新媒体创意大赛和故宫博物院等多个科普品牌都在不断创新宣传方式，使用电台广播、电视、网

---

① 陆源：《科技馆科普人才队伍现状和建设的思考》，《科技传播》2019 年第 4 期。

络以及报刊等多种传播手段，取得了良好的效果。不过，目前对有关科普活动或科普产品的宣传主要是前期宣传和期间宣传，常态化宣传比较少，这在一定程度上影响了科普品牌的持续发展。以第六届城市科学节的宣传模式为例，第六届城市科学节于2019年3月开始组织参展项目报名，4月召开新闻发布会，6月官网上线，整个预热阶段公众都能及时了解城市科学节的相关信息。

五　提高北京科普品牌影响力的建议

（一）做好顶层设计，营造良好的品牌培育环境

各级政府有责任有义务健全和完善科普政策体系，建立长效运行机制，为科普品牌培育和壮大营造良好的外部环境。一方面，各级政府必须加强科普法制化建设。《科普法》《科普条例》针对科普事业出台相关细则，健全科普类的捐赠政策和奖励政策。同时，在科普政策法律法规实施以后，还应对科普政策的执行效果进行监测和评估，找到政策在制定和执行过程中存在的问题，并及时解决。另一方面，各级政府要建立有效的科普品牌培育经费投入保障机制，逐步加大对科普品牌培育专用的经费投入力度，支持北京科普事业的进一步发展。此外，为使科普品牌健康长远发展，还需不断完善科普经费投入模式，开辟多元化投融资渠道，从根本上解决科普经费投入不足问题。

（二）加强科普人才队伍建设，为科普品牌发展提供智力保障

推动科普品牌化、提升品牌影响力，必须不断加强科普人才队伍建设，提高从业者的综合素质。第一，加强专职科普人才培养，推动科学共同体加入科普队伍。事实上，为了培养高水平的科普人才，北京部分高校已经设置了科技传播专业或课程，如北京师范大学开设“科学与技术教育”专业、中科院设立国内首批科技传播硕士点。未来须在提升科教专业人才的知识水

平和能力基础上，继续加强对科普人才实践能力的培养，切实提高人才的适用性和科普能力①。同时，要发挥科学共同体在科普品牌化中的作用，如设立科普项目平台，鼓励专家学者将相关研究成果转化成科普产品，打造科普品牌。第二，建立健全考评机制。在新员工的招聘上，应综合考虑岗位需求和组织长远发展，优化人员配置；对员工的考核，可以按照不同的职能进行划分，构建多元化的评价体系，并根据绩效考核结果发放奖励，进而激发员工积极性和创造性；在职称评定上，摒弃传统的“论资排辈”“聘任终身制”等现象，形成能者上、平者让、庸者下的选人用人机制，整体上提升员工职业素养。

（三）以创新为导向，夯实品牌基础

打铁还需自身硬，打造科普品牌、提升品牌影响力，必须夯实品牌基础，用实力赢得社会认可。首先，专注内容，提升品牌质量。在信息爆炸的网络时代，知识更新速度越来越快，公众获取信息的渠道越来越多，提升科普品牌影响力的首要途径便是将产品内容与质量放在核心地位，妥善处理市场、内容、技术三者间的关系，保证期刊、图书、电视节目内容的时效性、专业性、完整性，使其免受多样化技术、海量信息与越来越泛滥的网络资讯影响。其次，重视发挥优势突出特色，提升品牌的影响力和竞争力。在科普产品的创意和设计上，很多产品缺乏创新，存在产品同质化现象，导致产品科普价值下降，品牌影响力更是无从谈起。最后，在品牌的培育过程中，必须创新科普工作方式，不断地跟公众沟通、互动，切实了解公众的科普需求，进一步提高品牌的吸引力和感染力，推动其逐渐成为公众的“首选科普品牌”。

（四）加强对品牌的宣传推广，提升科普国际影响力

在新媒体背景下，科普品牌培育除了注重内容、追求质量，也须转变宣

① 吴春廷、朱智利：《高层次专门科普人才培养反思——以北京师范大学“科学与技术教育”专业为例》，《中国科普理论与实践探索——第二十三届全国科普理论研讨会论文集》，科学普及出版社，2016。

传理念，利用新技术加强对品牌的宣传推广。“十三五”时期，北京大力推进新媒体、自媒体等基于移动互联网的“两微一端”新技术、新手段的运用，不断完善常态化宣传机制。未来要进一步发挥新媒体优势，加大对科普活动、科普期刊、科普竞赛等的宣传力度，扩大其覆盖面和影响力。另外，为进一步提升北京科普品牌的认知度和国际影响力，还要加强与国际媒体的合作，邀约国际知名媒体进行专题性的报道。

参考文献

陈威：《政府在推动科普品牌化中的作用研究》，东南大学硕士学位论文，2016。

张晶晶：《北京市科普教育发展现状与对策研究》，《科技促进发展》2015 年第 6 期。

许晓霞：《关于提升科普场馆吸引力的思考》，《科学大众（科学教育）》2019 年第 7 期。

B.13

北京“三城一区”建设引领中国科普走向国际化路径研究

祖宏迪*

摘　要：　“三城一区”是北京建设全国科技创新中心的主平台，为高精尖产业发展提供了良好的载体和支撑。“三城一区”主平台产生的重大科技成果科普化将极大地满足公众对高端科技资源认知、了解、熟悉甚至运用的需求。本报告梳理了近三年来“三城一区”开展的科普工作概况，分析“三城一区”科普国际化路径面临的挑战，指出“三城一区”科普国际化的局限性，并从加快“走出去”项目储备库建设、提升科普网站和社会化媒体科普双语或多语言能力、创新科技传播方式等角度提出北京“三城一区”科普走向国际化的对策。

关键词：　“三城一区”　科普国际化　科普品牌活动

党的十九大对建设创新型国家做出全面部署，强调倡导创新文化，弘扬科学精神，普及科学知识，为推进科普工作提供了根本遵循。2016 年 5 月 30 日，习近平总书记在全国科技创新大会上指出“科技创新、科学普及是实现创新发展的两翼，要把科学普及放在与科技创新同等重要的位置”。“两个同等重要”的重要论断深刻揭示了科学普及对于创新发展的重要意

* 祖宏迪，北京市科技传播中心，主要研究方向为科学普及、科学传播、科技管理。

义。近年来，北京市产业结构不断优化，高质量发展动力强劲。“三城一区”是北京建设全国科技创新中心的主平台，为高精尖产业发展提供了良好的载体和支撑，产生了大量科技成果。并且很多科技成果已转化落地，满足了社会公众对重大科技成果熟悉、认知、掌握甚至运用的需求。“三城一区”科普工作走国际化道路是建设具有全球影响力的科技创新中心的必然选择。

一 “三城一区”科普概况

推动“三城一区”科普事业发展的重要载体和抓手是公众参与度高、覆盖面广、社会影响力大的科普活动或科普展厅，它们在推动社会公众理解科技、传播科技、应用科技，提高公众科学素质方面发挥了重要作用。笔者选择 2018 ~2019 年北京市科学技术委员会支持的“三城一区”的科普工作任务来说明“三城一区”科普工作现状。

（一）中关村科学城开展科普概况

中关村科学城的科技资源丰富，主要集中在海淀区。海淀区拥有众多大专院校和中央及地方所属科研机构，为数众多的跨国公司驻京研发机构也大多入驻海淀。海淀区的高新技术企业与其他区相比，无论是规模还是科技人员数量都处于领先地位。海淀区高校在校大学生人数占全市一半以上，科研机构的科技活动人员占全市 60% 以上，北京地区的两院院士绝大部分生活在海淀区，占全国的 1/3 以上。丰富的科技资源为科普工作奠定了坚实的基础。

2018 年，海淀区对两院院士进行了普查，并建立了海淀院士智库。截至 2018 年 4 月，在海淀区域内工作或居住的两院院士总数为 605 名。其中，中国科学院院士 338 名，中国工程院院士 267 名。海淀区域内两院院士数占全国两院院士总数的 36. 27%，占北京市两院院士总数的 78. 27%。海淀院士智库的建立，为中关村科学城更好发挥科学家作用，推动全民科学素质建设提供了全面准确的高端人才支撑。

中关村科学城非常重视激发全民创新的科技文化建设。据不完全统计，2018 年 5 月 26 日，在紫竹院公园举办了科技工作者智慧火花、创意创新成果展示会等活动；同年 11 月 7 日，在植物园举办了第二届中关村科普产品博览会，吸引了 50 家单位近 200 个项目参展，展出了海淀区科技团体、科技工作者在改善科技民生、提升城市科学管理、促进节能减排、保护生态环境、发展新能源以及畅想未来美好生活等方面的好创意、好设计、好发明。如“VCI 鳞片型水性粉末、石墨烯涂料”“石墨烯高性能树脂基复合材料的 3D 打印制造”“智慧农场系统”“敏捷灌溉系统”等。此外，还有非遗人形机器人、文化主题机器人、VR 虚拟展厅、科普全媒体平台等，吸引了上万名观众参观，人民网、中国网、新浪网等众多媒体纷纷报道，在社会上产生了积极影响。

同时，中关村科学城集聚了中国科学院大量顶尖资源。2018 年以来，中科院全面推动“高端科研资源科普化”计划，重点实施科学与中国科学教育计划，推动两大计划协同发展、有效融合，继续提升优质业务，重点弥补科普工作短板，拓展工作思路，探索科普工作的国际化路径。2018 年 10 月 27 日到 11 月 4 日，中国科学院首届科学节成功举办。北京 20 多个科研院所举行了 25 场科学传播活动，接待社会公众 1 万人，网络直播受众超过 100 万人。这是中国科学院探索科学与艺术的结合，搭建科学教育工作展示平台的一次成功尝试。

（二）怀柔科学城开展科普概况

怀柔科学城定位于打造世界级原始创新承载区，规划面积约 100.9 平方公里，主要围绕物质科学、空间科学、地球系统科学、生命科学、智能科学等 5 个科学方向布局重大科学设施和科技研发平台。目前，北京运行、在建、拟建的大科学装置已达 19 个，其中怀柔科学城拥有 5 个，占 26%，是北京大科学装置最密集的区域。

为进一步提升怀柔科学城的展示度与影响力，2018 年北京市科委、怀柔区科委各支持 150 万元共同建设“怀柔科学城综合性国家科学中心科普展厅”，聚焦物质、地球、空间、生命与健康、智能等5个科学方向科技创新的新进展、新突破、新成效，依托以高能同步辐射光源、综合极端条件实验装置、地球系统数值模拟装置、材料基因组、清洁能源材料测试诊断与研发等为代表的一批大科学装置及交叉科学实验平台，将一批已建、在建、拟建的大科学装置集群、跨学科交叉研究平台等科技资源，开发转化为相关科普展品。

该展厅位于怀柔科学城管理委员会大厅一层，面积约300平方米，共设计制作4个大科学装置集群科普展项和8个交叉科学实验平台科普展项，具体包括先进光源技术研发和测试平台高能同步辐射光源、清洁能源材料测试诊断与研发平台、材料基因组研究平台、综合极端条件实验装置等12个展项，展项代表怀柔科学城综合性国家科学中心建设最新科技成果水平。展厅建成后，首次实现怀柔科学城大科学装置集群和跨学科交叉研究平台集群科普集中展示，是传统的沙盘、视频效果及表述性展板等传统方式的有益补充，提升了科学城国家站位的软实力，不仅能覆盖高级知识分子、科技专业工作者的科学传播需求，也兼顾普惠大众需求。考虑到该展厅坐落位置距离市区较远，为更好地向城市居民普及大科学装置相关知识，项目组尝试打造可移动的科普平台，能灵活、随时移动和走出去开展科普活动。

2019年，北京科技周主场活动上展出了“高能同步辐射光源”和“地球系统数值模拟装置”两个展项，受到社会和媒体极大的关注，成为主场展览中耀眼的“明星”。科技周现场约24平方米的高能同步辐射光源沙盘模型“自带流量”，从上方俯瞰，正中通体发亮的巨大圆环格外夺目。地球系统数值模拟装置的仿真版看似一个长方体的小房子，酷似缩小版超级计算机，内置的小灯和酷炫的投影闪烁不停，建成后会成为我国在地球系统科学领域的综合数值模拟平台，利用它将实际观测数据同理论模式以及大规模计算形成的数值模拟结合起来，能提高气候变化、大气污染、暴雨等预测的准确性，为我国防灾减灾、应对气候变化、大气环境治理等提供科技支撑。虽然这两个展项均以静态形式展出，但组织方辅以人工讲解的方式，定时向观众讲述展项背后的原理、科研团队的精神风貌，让公众更多地了解、认知大科学装置的重大意义，收到了良好的参展效果。

（三）未来科学城开展科普概况

医药健康产业是北京重点发展的十大高精尖产业之一，也是未来科学城重点发力的产业之一。《北京市国民经济和社会发展第十三个五年规划纲要》和《北京加强全国科技创新中心建设总体方案》均提出加快疾病技术攻关，普及市民保持健康理念，加快医药品种开发，为保障市民健康提供科技支撑。2018 年北京市科委支持 30 万元，在未来科学城开展“医药健康成果汇”活动，打造“北京医药健康成果展”，具体有以下四个方面内容：一是医药汇走廊，占地面积约 30 平方米，汇集博奥生物“基因芯片”、品驰医疗“国产脑起搏器”、爱康宜诚“3D 打印骨关节”、汇智赢华“介入类医疗器械大动物试验检测与评价技术平台”、华科创制“国产高性能内窥镜”、颐合恒瑞“一次性吻合器”等优秀生物医药企业成果；二是健康小剧场，占地面积约 10 平方米，循环播放“基因治疗”“两分钟了解肠道病毒”“基因的奥秘”等科普视频；三是公共图书馆，占地面积约 20 平方米，放置生命科学前沿的科普图书，《自私的基因》《第四类病毒》《奈特药理学彩色图谱》《古德曼·吉尔曼治疗学的药理学基础》等 50 余本；四是生物实验室，占地面积约 200 平方米，围绕药品研发过程中涉及的生物信息学、蛋白质组学、非临床安全评价等前沿技术，探讨讲解并亲手参与实验设计，模拟实验 DIY 活动等。

同时围绕“合成生物学”“干细胞与再生医学”“蛋白质组学”“免疫治疗”“基因检测”等领域召开了 5 期生命科学前沿科普培训班，邀请来自清华大学、北京大学、中国科学院、中国医学科学院领域知名专家，为未来科学城的高校、医院、驻地企业青年科学家培训。每次培训前将联合各高校科研处、园区管委会发布培训预告，进一步扩大活动知晓度和影响力。

建成后开放 2 个月内，项目承担单位组织周围企业人员、高校院所师生及周围社区居民走进场馆参观展览、观看影片、动手体验，深入了解和体会，接待参观者3000多人次。85%的参观者表示，通过这些参观体验，能及时知晓医疗健康方面的科技创新和科技改革成效，增强社会对创新驱动发展的认同感。可以说，“北京医药健康成果展”是未来科学城深入开展科技传播的重要阵地。

（四）北京经济开发区开展科普概况

北京经济开发区重点承接“三城”的科技成果转化工作，加速推进三大科学城创新成果在开发区落地。人工智能展厅聚焦“经济技术开发区升级”，集中展示重点产业领域的创新成果。智能制造是北京经济技术开发区四大主导产业之一，作为智能制造的重要组成部分，开发区人工智能领域聚集了一批优质企业和产品。2018年，北京市科委、顺义区科委各支持150万元建设“人工智能科普展厅”，展示内容以人工智能为主，展厅陈列以“历史—现状—未来”的逻辑为线索，从AI简史到AI大数据，从智能医疗、工业、家居、城市等维度全面展现未来人工智能发展方向。人工智能展厅利用现有平台展厅，改善科普基础设施，形成900平方米的常设科普展示场所。该展厅位于北京经济技术开发区亦城国际中心1层，是开发区重点打造的京津冀科技创新公共服务平台的重要展示窗口。

该展厅运用直观、形象、生动、新颖的展示手段和方式，实现科普互动体验效果，陈列了开发区具有代表性的人工智能领域的创新成果，包括AI芯片、AI传感器、3D快速建模等15项，其中可移动性展项不少于50%，以“视频+实物”展出等形式展现。其中，视频形式10段，每段3分钟；现场体验装置5套；另外包含服务机器人、无人机、AI芯片等实物。

二 “三城一区”科普国际化路径面临的挑战

十九大报告中提到的天宫、蛟龙、天眼、悟空、墨子、大飞机等重大科技成果以及量子科学、人工智能等科学发展前沿，公众对这些科技成果、科学前沿的了解需求不断增长，因此，向公众推广普及高端科技成果，使公众共享科技发展成果，成为北京科普部署工作的重中之重。如何让“高大上”的科学充满趣味与温度，增强科普成果的体验性、互动性、贴近性，是“三城一区”科普的重头戏。不过，从目前掌握的资料来看，“三城一区”科普国际化还是路途漫漫，未能充分发挥其示范引领作用，主要体现在以下四个方面。

（一）尚未打造出若干个具有国际水准的科普品牌活动

具有国际水准的大型科普品牌活动代表当前科普活动的最高层次与水准，彰显了科学性、思想性、趣味性、公益性、群众性、社会性等特点。目前口碑较好的国际性科普活动是“城市科学节”和“世界机器人大赛”。2014 年 7 月，“城市科学节”首次登陆中国，经过 6 年的培育，“城市科学节”已成为每年夏天家长和孩子们共同的期待。“城市科学节”每年吸引 10 个左右国家和地区的百余家科普活动组织、科研机构、科学教育机构齐聚北京，为公众带来形式多样的科学实验、讲座、竞赛等活动。2019 年城市科学节历时 9 天，活动邀请了英国、德国、西班牙、以色列四国有关科普活动组织，中科院物理所、北京光学会、北京化工大学等十余家科普机构，给参观者带来丰富的科学实验演示及互动体验活动。“世界机器人大赛”自 2015 年起，已经成功举办三届，下设 BCI 脑控类、共融机器人类、工业机器人类、青少年机器人设计类和无人船公开赛共五大类世界级机器人赛事，集专业性、技能性、创新性于一体，是目前国内规格最高、专业性最强以及国际元素最为丰富的顶级机器人竞赛。2019 年世界机器人大会以“智能新生态、开放新时代”为主题，由主论坛和专题论坛组成，同期举办世界机器人博览会及世界机器人大赛。不过严格来说，世界机器人大赛更偏向于科技创新。除此之外，“三城一区”举办的国际化科普活动寥寥无几。同时，“三城一区”具备国际化背景的从事科普工作专职人员储备还不够丰富，这也导致为数不多的具有国际水准的科普品牌活动难免出现策划水平不高、协调资源有限等问题。

（二）尚未充分运用丰富的科普展示手段

当前在移动互联网、微博、微信等新兴媒体快速发展和知识经济崛起的时代背景下，大众媒介资源不断丰富，公众的知识需求和获取科学知识的渠道发生了巨大的变化，要在保持和发扬传统科普展示手段的同时，不断拓宽科普展品传播的渠道，并借助现代科技手段不断创新展品展现形式，增加展品的互动性和体验性，培养观众对周围世界的好奇心和探索欲望，让观众在体验过程中充分领略科技的魅力。2017 年以来，“三城一区”建设科普展厅，开展形式多样的科普活动，研发科普展品，也有“走出去”和“引进来”各种项目等，但能实现互动体验的展项不超过 20%，绝大多数是采用展板、视频、实物模型、讲座等传统手段。这使“三城一区”部分科技成果未能被观众充分认识和理解，从而影响了观众对北京科技创新中心建设产生共鸣。

（三）尚未充分调动科研人员参与科普

科普本身有其自身规律和特点，既需要科学严谨、客观规范，更需要新颖生动、深入浅出、喜闻乐见的形式表达。当前，“三城一区”的高校、科研院所、企事业单位等各类主体参与科普的积极性不断提高，但是科普主体的来源仍需要拓展、结构需要优化、水平需要提升。最突出的问题是科学家和科研人员经常缺席，存在科研人员对于科普“不愿做、不屑做、不敢做、不会做”的“四不”现象。科学家既是某一科技领域的“行家里手”，也要具备把专业语言转化为大众语言的能力和技巧。科学家和科研人员在科学普及中应该居于主导位置。如果一个科学家能够把科学研究和科学普及结合起来，对于提高“三城一区”科技成果的知名度和影响力，带动社会公众理解科学、参与科学、应用科学具有独特的意义。

（四）尚未形成开展科普的风尚和潮流

当前，虽然“三城一区”科普工作已开始有规划地部署。不过在实际工作中，与科技创新相比，科普往往被当作一项“软任务”，还没有摆在“两翼齐飞”应有的位置上。如要在“三城一区”营造浓浓的科技创新氛围，科普工作必须快马加鞭。“三城一区”的科普经费较为有限，很多科普项目是在北京市科委或科协的支持下才得以完成。要想“三城一区”科普起到引领示范作用，需要自发开展科普，活跃地区的创新文化氛围。

三 “三城一区”科普引领国际化路径的对策

近三年来“三城一区”科普开展了有益的探索，为北京创新文化营造了良好的社会氛围，但在国际化交流合作方面还有短板。为更好地发挥“三城一区”科普引领北京科普国际化作用，本文提出以下几点对策。

（一）加快“走出去”项目储备库建设

按照“在建一批、推进一批、谋划一批、储备一批”的原则建设“走出去”项目储备库，推动北京优质科普资源进入国家“一带一路”项目清单。同时，密切跟踪落实“走出去”项目进展情况，为入库企业及时提供政策扶持、信息咨询等服务。通过各种渠道收集海外项目信息，结合我国当前科普产业发展情况确定重点项目清单并组织相关企业跟踪对接，促成北京科普项目和海外国家科普交流合作的落地和实施。

（二）提升科普网站与社会化媒体科普双语或多语言能力

相较于网站，微信、微博等公众平台因其强大的用户黏性、较大的用户群体，具有较佳的科学传播效果，尤其是微信公众号定时信息推送功能，可及时主动向受众推送可视化图片、网络链接、文本等形式的信息，也可以推送视频、音频等更灵活的资源。笔者在调研过程中发现，“三城一区”科技管理部门、企事业单位开通网站、微信公众号或微博官方账号的有百余家，但推送平台双语或多语言信息的寥寥无几。除了大型国际活动如中关村论坛等附有英文报道之外，其他均以中文推送。因此，为达到科普新闻或资讯国际化传播的目的，培育一批具有行业内容背景，如环境、医药健康、人工智能、生物、食品安全等，且具有较好语言表达能力的人才，提升科普网站和社会化媒体语言能力显得尤为重要。

（三）创新科技传播方式

科普信息化工程为科技传播提供了多种创新手段和方式。在“互联网+”时代，科普表达方式已从单调、呆板转变为内容更加丰富、形式更加生动。但从目前来看，“三城一区”科普顶层设计还不够，还未能充分体现全国科技创新中心建设筚路蓝缕的历程，还未能充分展示科技管理者、科研人员为建设科技强国攻坚克难、不屈不挠的精神面貌。2018 年《加油！向未来》《机智过人》等综艺娱乐节目在科学理性和教育公益的基调中融入轻娱乐元素，颠覆了以往枯燥乏味的信息灌输模式，重新激活了大众的科学兴趣，同时延续了节目传播科学文化、提升公众科学素养的主体功能，一经播出便引发收视热潮，微博话题累计阅读量更是高达 19.1 亿次。未来可考虑在类似节目中邀请其他国家的科学家进行与科技有关的主题演讲，分享科研成果，共同探讨人类美好的未来。

四　结语

党的十九大提出加快建设创新型国家，北京市第十二次党代会提出建设具有全球影响力的科技创新中心，推进科技创新和科学普及两翼齐飞，全面提高全民科学素质，营造良好的创新文化氛围，是新的发展阶段对科普工作提出的要求。新时代下，“三城一区”科普工作要以习近平新时代中国特色社会主义思想为指导，坚持和加强党对科技工作的全面领导，动员号召全国科技工作者、社会各界人士积极投身实施创新驱动发展战略、加快建设世界科技强国的伟大实践，依靠科技创新支撑经济高质量发展和现代化经济体系建设，让科技发展成果更多、更广泛地惠及全体人民，不断满足人民日益增长的美好生活需要，助力全面建成小康社会和社会主义现代化强国建设，助力实现中华民族伟大复兴的中国梦。

参考文献

北京市科技传播中心主编《北京科普发展报告（2018～2019）》，社会科学文献出版社，2019。

习近平：《为建设世界科技强国而奋斗——在全国科技创新大会、两院院士大会、中国科协第九次全国代表大会上的讲话》，2016 年 5 月。

《国务院关于印发北京加强全国科技创新中心建设总体方案的通知》（国发〔2016〕52 号），2016 年 9 月。

案 例 篇

Case Reports

B.14 科技支撑的文物保护修复新理念与技术进步研究

许文婕*

摘　要： 文物保护修复在中国成系统性发展不过一个世纪。由于社会科学和自然科学的高速发展，文保人员对文物保护修复的认知和理解在不断加强，采用的保护修复技术也在迅速进步。近年来，文物保护修复领域就理念展开了激烈的探讨，并且更多的高科技仪器和技术方法被引入保护修复工作。本报告对文物保护修复中的新理念和技术进步做出简要概括，并对北京地区博物馆文物保护修复发展方向做出展望。

* 许文婕，芝加哥艺术学院历史保护专业硕士，现供职于故宫博物院文保科技部，主要研究方向为中西方文物保护修复比较。

关键词： 文物保护修复理念　文物保护修复技术　北京博物馆

一　引言

传统文物保护修复在中西方都有较早的起源。中国自古就有收藏家对书画文物反复装裱以保护画心。欧洲 16 世纪就有艺术家和工匠对古老艺术品进行“修复”——依据现在的标准，这种“修复”只能算得上是清洗和修补。现代文物保护修复于20 世纪初在欧洲形成较为成熟的理念体系，意大利专家切萨雷·布兰迪 1963 年在《修复理论》中提出了最小干预、可逆性、可识别性等修复理念。该书历经半个世纪的翻译和再版，传播至世界各地。书中所提理念至今仍是欧洲文物保护修复的理论基础。中国自古以来就有独特的文物修复实践，但直到 20 世纪初期才开始就理论原则进行讨论，直至今日仍在西方理论和东方审美实践中寻求平衡。科技的迅速发展丰富了文物保护修复的理论观点。在经过近一个世纪的调整和发展后，中国文物保护修复在学科方面增加了十几种门类，在人才扩充方面经验与学历并重；横向上重视国际国内人才技术交流，纵向上加深领域内的学术研究，并承担起了非物质文化遗产传承的重任，进步显著，成绩斐然。本报告对中国近年来的文物保护修复理念和技术进步进行了简要叙述。

二　传统文物保护修复理念和技术面临挑战

我国传统的文物修复人才培养以师承制度为主，徒弟以承袭师父的经验和技术为先，这是传承传统修复方法和技术最直接和最有效的方法，但其也有一定的局限性。随着人们对文物和历史的理解和认知的进步，随着科技手段的更新和发展，文物修复专业也有了不同的理念原则和技术创新，这是传统文物保护修复理念和技术遇到挑战的地方。

（一）主观经验和客观数据

传统的修复方法极大地依赖于修复师的工作经验和主观判断。以文物验伤为例，有的伤况处于文物内部，验伤时从外观不可得见，修复师只能在拆卸文物的过程中不断发现新的伤况，并随时调整修复方案和工时。有经验的修复师当然能胜任，但这样的工作方式既劳心又劳力，效率低下而且容易出现失误，如果有科技手段的辅助，比如 CT 探伤，这个问题就迎刃而解了。

（二）工匠技艺和学术研究

传统的文物保护修复工作更倾向于工匠技艺，看重技艺娴熟，而对文物背后的时代环境、历史意义、科学技艺、艺术流派等附加价值缺乏总结和探讨。北京理工大学教师梁绸在 2016 年提出了“学术型文物修复师”的概念，提出修复师与研究者之间缺乏良好的沟通，但其实二者是可以合二为一的。文物修复师应该在文物保护修复的实践中提出自己的问题和见解。文物保护修复经过长期以来的探索和发展，在近些年已然形成一门成熟的学科。文保人员应当以实践和理论相结合为工作目的，继承传统文化，借鉴现代科技手段，发展文物保护修复行业。

三　文物保护修复的新理念

我国现阶段实践的文物保护修复新理念可以归纳为五个方面：尊重历史、遵循规律、依靠科技、预防为主、主动宣传。

（一）尊重历史是开展文物保护工作的前提

归根结底，文物保护是为了留存历史，文物修复是为了最大限度地还原历史。只有对历史怀有敬畏心，留存和还原真实的历史，文物保护修复工作才有意义。在文物保护修复发展的初期阶段，修复工作更多关注文物本身——在商业拍卖或博物馆展览中，能否达到较为完美的展示目的。这当然仍是现在文物修复的一个重点内容，但是今天的文物修复专家同样重视挖掘文物背后的历史价值。

文保人员对文物的处理也有了一些其他方式。比如有的文物伤况特殊，文保人员会将伤损的部位或配件更换为新材料，对更换下来的原材料进行保存和分析研究，以期对这种伤况有更深入的了解，找到相应的解决办法。这种做法并非国内首创，国外有的文物修复机构会做出同样的处理，比如意大利佛罗伦萨国立中央图书馆为方便古籍流通，对其受损的原封面会做出更换封存的处理。中国在很多文物种类里也会尝试类似的做法，比如古书画装裱，如裱工受损难以修复，文保人员或会选择揭裱重装，并保留原装裱材料，进行科技分析和学术研究。除了“抢救性”修复，还有“研究性”修复，工匠变成了学者，工艺增加了学术性。

（二）遵循客观规律是文物保护修复的主要原则

文物保护修复需要遵循客观规律，还原文物的最佳状态，使其能够“延年益寿”。遵循客观规律，则需要准确地理解“修旧如旧”和“修旧如新”这两个概念。“旧”和“新”并非完全对立，“旧”指的是文物在当时历史时期的原始状态，“新”则指的是它现在所展示的精神面貌。“修旧如旧”是要恢复文物的历史原貌，强行做旧是不可取的；“修旧如新”是要使文物脱去尘埃锈迹，恢复实用功能，焕然一新，而不是面目全非的翻新。每一件文物的修复目的都不尽相同，这需要文保人员依据文物的特点和经历做出判断。

一件书画文物可能历经多朝，反复装裱，这时文保人员便不需要将它还原成最初的模样。第一，因为没有原装裱的样式记录，无从考证；第二，因为后代的装裱也是它的一部分，不需要特意剥离。而一件陶瓷文物可能需要文保人员将碎片拼接完好，作色，以至从外表看不出修复痕迹，这样最能还原文物的艺术价值。这两种修复目的都是基于使文物遵循客观规律而做出的判断。

（三）科技的发展是文物保护修复技术进步的依托

文物保护修复不能闭门造车，除了钻研历史和相关的文化知识，还需要熟悉先进的科学技术。借助科学的力量来发展文物保护修复行业是已经实践过并得到良好反馈的。X 射线荧光光谱仪、激光拉曼光谱仪、色谱—质谱联用仪等一系列业内尖端的设备已被引入文物保护修复中进行元素组成分析、物相结构分析和混合物相成分分析。此外，还有扫描电子显微镜对不导电样品进行显微分析、多光谱成像系统应用于书画类文物表面信息检测、X 射线 CT 检测系统对文物内部结构和伤况做无损成像等，多种科技手段在文物修复领域起到了不可替代的作用。

以故宫博物院藏辽代金属面具的修复保护为例，该文物送修时有严重的锈蚀、开裂和脱落缺失伤况，使用便携式 X 射线荧光光谱仪（PXRF）对面具进行无损成分分析，可以确定面具的基体材质为银—铜—锡三元合金；使用 X 射线照相探查其锈蚀情况，其明暗差异反映了材质的密度和厚度信息，可以提示锈蚀严重区域和旧修痕迹部位；使用 X 射线衍射（XRD）方法判断修饰产物类型，并将显微激光拉曼光谱作为 XRD 方法的补充与印证，同时在某些怀疑存在有机物的位置，采用微取样进行显微红外光谱（Micro-FTIR）分析，得到面具典型病害产物的分析结果；除此之外，还应用了金相分析和紫外荧光照相等研究方法。依靠科技是文物保护修复的必经之路，这一理念已经深入人心。

（四）预防性保护应是主要手段

预防是目前文物保护领域普遍认为的对文物而言最好的保护手段。预防性保护其实不是一种新理念，早在 1930 年，罗马召开的国际文物保护会议就第一次提出了预防性保护的概念。当时的概念相对简单，主要是对文物保存环境的温湿度加以控制。预防性保护在近些年成为全世界的大热话题，在各博物馆、高校、科研机构都是非常受欢迎的研究课题。随着科技水平的提升，文保专家对预防性保护的理解也逐渐加深，不止于温湿度调控，更有光照影响、微生物、虫害、有害气体及挥发性有机物等多种因素的控制。通过对文物环境监测控制、文物生物病害监控防治和文物防震三方面进行研究，可以规避相当一部分伤况的发生，这对文物的“延年益寿”起到非常积极的作用。

（五）宣传展览文物保护修复工作可以更好地传承文化

宣传教育是博物馆的主要工作职责之一，文物保护修复是博物馆的主要工作内容之一，二者的结合是一件顺理成章的事情。近年来文物保护修复工作激发了社会公众极大的热情和好奇心。相关的纪录片、书籍、展览等都受到了观众的关注和好评。

国外博物馆很早就将文物修复作为展览内容向观众开放。早在 1972 年，加拿大国家美术馆就举办了“Progress in Conservation”的修复主题展，展览以实际修复案例为展览对象，向公众介绍了科学技术和文物修复之间密不可分的关系。波士顿美术馆，以现场修复为展览内容，开展了长达十余年的“Conservation in Action”项目。馆方在展厅中开辟了一个空间，用玻璃围挡起来，文保人员在里面对特定文物进行现场检测和修复等。意大利很多古迹允许游客付一笔修复参观费，之后便可以到脚手架上近距离围观文保专家进行现场修复，这笔费用便是修复工作的经费来源之一。国内近年来也开设了类似的文物修复展陈室，比如成都杜甫草堂博物馆，其于 2016 年开放古籍修复展示馆，观众可围绕玻璃展室参观文保人员进行古籍修复，四周展板、展柜中也有修复工具、技术和成果的介绍。陕西历史博物馆于 2018 年建起了常年开放的透明文物修复室，并开放了“文物修复季特展”。同年，故宫博物院向公众开放文保科技部实验室和工作室，并于次年在香港举办了“文物修复”专题展览。

文物保护修复通常是博物馆的幕后工作，将文物保护修复放到台前，除去神秘色彩，对公众产生了良好的科普教育效果，对提升公民文化素养而言也是一个有利的途径。文物保护修复不再是工匠师传徒的秘籍，而是希望全民参与的一种文化传承。

四 文物保护修复技术的进步

文物保护修复技术随着时代发展而不断进步。第一，引入了新材料、新技术，对传统修复技艺加以补充；第二，修复档案数字化，为修复工作提供高效、便捷、齐全的信息支持，并为未来科技发展奠定充分的数据基础。

（一）新材料、新技术

新材料和新技术的介入是文物保护修复依靠科技理念的一个直观反映。[①] 文物保护修复中一个重要的原则就是可逆性，即文物修复能够可逆操作，当未来科技水平更为发达时，可以纠正或改良以前局限于技术水平所做的修复工作。现时今日，科技水平有了一定的进步，文物保护修复领域也相应地引入了一些新材料和新技术来更好地完成文物保护修复工作，例如三维打印技术。过去文物修复师在进行文物缺失部位的补配工作时，或者对文物进行翻模复制，这对文物本身是有一定的危害的；或者依靠自身经验，对文物缺失区域的几何形状进行初步判断，然后通过雕刻、打磨等步骤完成文物补配部位的复制，这一过程主观性强、复原周期长、对文物修复人员的技术要求高。三维打印技术具有打印精度高、速度快的优势，通过对文物进行扫描，电脑建模、打印，能够一定程度上弥补传统手工补配方法的不足。国外各大博物馆都已开始使用三维打印技术来完成对文物缺失数据的建模和打印，并且将其运用到修复工作当中，国内博物馆也不例外。三维打印技术在金属、陶瓷等需要补配的文物的修复中得到了广泛的应用。例如，在前文提到的辽代金属面具的补配过程中，修复人员采取了三维打印的方式，使用光固化树脂材料得到数据精确的补块，再使用环

---

① 新材料进入博物馆必须先通过奥迪试验（Oddy Test），确认对文物无不良影响后才能运用于文物保护修复。

十二烷进行黏结处理。[①] 敦煌博物馆更是和日本东京艺术大学合作，采取三维扫描和打印的方式，尝试“克隆”了洞窟空间。

（二）修复档案数字化

除了材料和技术方面的问题外，文物保护修复面临的另一大问题就是修复记录的缺失。修复档案是对文物修复工作的全面记录，包括文物修前的状况、修复时使用的材料和工艺、已解决和未解决的问题等。对文物修复过程中使用的材料和工艺进行记录，可以帮助延续文保前辈精湛的工艺技术，也能够帮助未来的文保人员对旧修工作细节做出正确的判断，已解决的问题可以为其他文物的修复提供借鉴，而未解决的问题可以留给科技更发达的时代钻研。修复档案数字化，是时代大潮流。修复档案数字化有两个显而易见的优势，一是档案检索起来方便快捷，比传统纸质档案的调用更为省时省力；二是数据量巨大，和纸质档案相比较，图片有很高的像素，可以同时查看跨越数年甚至数十年、数百年的修复档案，对文物的老化和病因做出判断。如故宫博物院已采取修复档案纸质化和数字化并行的方案。数字档案存放在特定服务器中，文保人员可以通过工作电脑端随时访问和调取。纸质档案单独存放，作为数字档案的备份。在未来，通过对数字档案的计算机处理，可以得到更多的处理结果，服务于修复工作，甚至解决一些技术难题。

五　文物保护修复技术的发展方向

科学技术还在继续发展，近年来，大数据、虚拟现实、人工智能、5G都成为社交媒体上的热门词语，得到了广泛讨论。在文物保护修复领域，文保人员也在不断探索新科技和文保工作结合的可能性。各大博物馆对新科技推动文物保护修复技术发展都抱有积极的态度。近年来的展览和文创产品都

① 其中树脂材料稳定，环十二烷升温可逆，对文物修复工作来说都是很好的选择。

不乏新科技的身影。文物保护修复和新科技的结合有若干种发展方向，在此仅对两种可能性做出展望。

（一）绘制文物保护修复知识图谱

上海博物馆副研究馆员刘健在《以内容建设让数据活起来——浅说博物馆文化遗产数据的应用》一文中，对数字化技术在博物馆中的体现和应用进行了讨论，提出了博物馆还未找到 VR 技术、AR 技术、三维技术、全息技术等展示技术和互动手段真正的应用场景，要克服这些困难，首先需要突破博物馆自身的局限。他以藏品数据库为例，指出许多博物馆的藏品数据库基本上是为了提高管理效率而搭建的管理型数据库，如果想实现真正的数字化和产生更有效的应用场景，则需要建设关系型藏品数据库，数据需要通过语义或其他方式产生关联，形成知识图谱。落实到文物保护修复领域，这个观点同样成立。博物馆现有的修复档案数据库基本上只是管理型数据库，还没有在数据之间建立起语义关系，如果可以实现这一目标，则可以绘制出以文物保护修复为内容的知识图谱，如果再加入所有发表过的学术文章和书籍资料，那么该知识图谱将更加全面、应用价值将更加难以想象。天津大学张加万教授等人基于文物知识图谱开发了典型应用功能，有语义搜索、智能问答、知识聚合、知识图谱可视化等。同样，在文物保护修复中，文保人员通过语义搜索，可以迅速检索到同类别、同时代、同工艺、同材料、同伤况的文物采用的修复技术和材料；智能问答可以针对文保人员提出的问题迅速给出精准的答案；知识聚合展示和可视分析，可以为文保人员的专业学习提供帮助。文物保护修复知识图谱对解决修复难点来说是一个有效便捷的参考工具，对人才培养来说也是一个直观实用的培训工具。

（二）人工智能在文物保护修复领域的应用

人工智能在 2010 年前后又重新成为一个热点话题。大数据时代，各个领域都有了人工智能的身影。具有海量数据优势的搜索引擎公司谷歌在人工智能的研究方面势如破竹。在谷歌众多的人工智能项目中，和文物保护修复领域最为接近的就是智能医疗。[①] 智能医疗的目标是依托于海量人体基因数据来提供有针对性的医疗服务，那么智能文物保护修复可否依托于海量文物保护修复数据和研究成果，为文物提出较为准确的修复方案和保存建议？如果通过“深度学习”系统可以自发地找到规律并自助调整，从而对未来事件做出更准确的判断和决策，那么是否意味着人工智能可以通过在不同专业领域挖掘数据，为文物修复材料和技术提供从未使用过的方案？

六　北京地区博物馆文物保护修复技术发展展望

北京地区博物馆具有方向多、藏品多、观众多的特点。北京为中国首都，既有作为一个古老城市的地方文化底蕴，又是一个国家文化传承的代表。北京地区博物馆需要利用其“三多”的特点，实现三个方向的发展。

（一）科学技术发展

北京地区博物馆占据了首都的地理优势。北京市有处于技术前沿的高新技术产业和处于学术前沿的高等院校，是科学技术发展的大前方。北京地区博物馆应充分利用这一优势，首先配备馆内文物保护的科技仪器。即使经费有限，也应当更新预防性保护方面的仪器设备，达到更好的保护文物方面的效果。发展科技是支撑文物保护最好的方式。

（二）国际交流发展

习近平主席在2019年参观雅典卫城博物馆时曾说，中希两国都拥有大量文化遗产，双方可以在修复和保护重要历史文化遗产方面加强合作。世界上有很多历史文化遗产丰富的国家，如希腊、意大利、英国等，它们都有发

① 文物保护修复与医疗卫生的比较近年来比较常见，文物被类比为病人，伤况是疾病，和病人一样需要经历验伤、检测、治疗、保养等过程，流程相似，使用的仪器也有相似性。近年来也有文保人员自称“文物医生”。

达的文物保护修复技术。北京作为一个国际化大都市，其区域内的博物馆与全球博物馆、高校和文保机构都有密切的合作关系。未来几年，北京地区博物馆应主动开展国际合作、增强馆际交流、促进国际培训和合作修复等方面的发展，为文保人员增加职业学习的机会。

如1995年由意大利政府援助成立的西安文物保护中心，成功组织筹办了中意合作文物保护修复培训班，采取了意大利的三年学制，培训班的学员在中国文物保护领域都起到了很积极的作用。2004年，中国文物研究所成立的中意合作文物保护修复培训中心，将由中国和意大利文保专家授课培训的方式从西北地区推广到全国各地文博机构。2015年，由故宫博物院和国际文物保护修复学会合作筹办的专题培训班，为中国和世界各地的文保人员提供了职业培训的机会，授课专家来自英国、美国、意大利等多个国家，学员遍及90多个国家和地区。

除了从国际培训中获取经验外，北京地区博物馆还可以邀请修复经验丰富的外国博物馆文保人员来华辅助进行文物修复，以获得直接交流的机会。比如故宫博物院曾邀请来自意大利修复学院的资深文保人员，辅助进行文物修复检测工作，并同时进行学术交流活动。

北京地区博物馆应合理利用地域优势，积极推进文保人员接受国内外开展的职业中期培训，主动寻求与国际博物馆和高校专家合作进行学术研究和交流，提高文物保护修复水平。

（三）公众普及发展

公众不仅应了解文物本身，更应当了解文物背后的故事。只有加深对文物保护和修复的了解，才能使公众增强对文物的保护意识、更加尊重传统文化。

北京地区博物馆身处首都，肩负着文物保护知识普及的重任，应将文物保护修复与公众教育进行结合，增强公众的文物保护意识。

习近平主席在2016年的全国文物工作会议上曾经强调，各级党委和政府要切实加大文物保护力度，推进文物合理适度利用，使文物保护成果更多地惠及人民群众，为实现“两个一百年”奋斗目标、实现中华民族伟大复兴的中国梦做出更大贡献。

参考文献

〔意〕切萨雷·布兰迪：《修复理论》，陆地编译，同济大学出版社，2016。

Vivian van Saaze, “Key Concepts and Developments in Conservation Theory and Practice,” *Installation Art and the Museum: Presentation and Conservation of Changing Artworks*, Amsterdam University Press, 2013.

Joseph A. Bamberger, Ellen G. Howe, George Wheeler, “A Variant Oddy Test Procedure for Evaluating Materials Used in Storage and Display Cases,” *Studies in Conservation*, Vol. 44, No. 2, 1999.

谢守斌、马艺蓉：《意大利纸质文物保护工作与文保教育概述——兼论中华古籍保护人才培养》，《文物保护与考古科学》2019 年第 3 期。

曲亮等：《现代科技与传统技艺结合的金属文物保护修复研究——以故宫博物院藏辽代金属面具为例》，《博物院》2018 年第 2 期。

史宁昌等：《三维打印技术在文物修复保护中的应用》，《博物院》2017 年第 4 期。

刘健：《以内容建设让数据活起来——浅说博物馆文化遗产数据的应用》，《中国计算机学会通讯》2019 年第 9 期。

Nathan Stolow, “The Exhibition ‘Progress in Conservation’,” *Bulletin of the American Group*, Vol. 12, No. 2, 1972.

张加万等：《文物知识图谱的构建与应用》，《中国计算机学会通讯》2019 年第 9 期。

董洁林：《人类科技创新简史》，中信出版集团，2019。

田远新、李艳：《中意合作文物保护修复》，《中国文化遗产》2004 年第 2 期。

B.15

科学助力，共同抗疫

——基于京津冀疫情分布地图查询系统以及每日疫情时空分析

毛维娜　于怡鑫　童爱香　苗润莲*

摘　要：　新型冠状病毒肺炎疫情发生以来，广大科技工作者各尽其能、各展所长，潜心科研攻关，参与科学普及，为防疫抗疫贡献力量。北京市科学技术情报研究所深入学习贯彻习近平总书记重要指示精神，发挥科技情报机构专业优势，第一时间组织大数据情报分析、地理信息系统等领域的科研人员，制作发布了京津冀每日疫情时空分析、北京每日疫情时空分析简报，并紧急上线了京津冀疫情分布地图查询平台，将疫情实时数据转化为可视化的科普材料，助力推动科学抗疫。最后，本报告提出了针对当前疫情防控科普的几点建议。

关键词：　新冠肺炎疫情　可视化　京津冀地区

一　引言

一场突如其来的疫情打乱了庚子年春节的节奏，面对这场突如其来的疫

* 毛维娜，北京市科学技术情报研究所助理研究员，主要研究方向为科技政策及大数据分析；于怡鑫，经济学硕士，主要研究方向为科技情报、城市管理及咨询服务；童爱香，北京市科学技术情报研究所助理研究员，主要研究方向为科技情报、区域创新研究；苗润莲，博士，北京市科学技术情报研究所研究员，博士后合作导师，主要研究方向为科技情报、区域发展战略、科技传播。

情，以习近平总书记为核心的党中央立即成立中央应对新冠肺炎疫情工作领导小组，启动了重大突发公共卫生事件一级响应，各党政军群机关和企事业单位紧急行动，全力奋战，广大医务人员无私奉献、英勇奋战，广大人民群众众志成城、团结奋战，打响了疫情防控的人民战争，打响了疫情防控的总体战。①

习近平总书记强调，生命重于泰山，疫情就是命令、防控就是责任，并提出“坚定信心、同舟共济、科学防治、精准施策”的防疫工作总要求，为科学抗疫指明了方向。新型冠状病毒肺炎疫情发生以来，在以习近平同志为核心的党中央的坚强领导下，广大科技工作者各尽其能、各展所长，主动奋战一线、潜心科研攻关，开展战略研判，参与科学普及，为防疫抗疫贡献力量。科学防治既需要高效合理的决策和执行，也对公民的科学意识和知识储备提出了更高要求，还需要充分发挥科普的作用、增强疫情防控的科学性和有效性。

随着疫情覆盖范围的扩大，广大公众对疫情的最新变化和疫情防控进展十分关注，而公共卫生部门发布的官方信息往往以数据和专业术语的形式呈现，要便利于大众接受和利用疫情信息，迫切需要将这些数据转化为更加可视化的科普材料。

为了满足公众对疫情信息的需求，百度、腾讯、贝壳找房、中科院地理所、东方国信、中国建筑大学等单位纷纷利用自身优势，为公众科学防疫控疫提供帮助。为做好新型冠状病毒肺炎疫情科学防控工作，让公众及时了解最新疫情动态，北京市科学技术情报研究所深入学习贯彻习近平总书记的重要指示精神，落实市委、市政府各项要求，在院党委、院疫情防控领导小组的领导和指挥下，迅速反应，充分发挥科技情报机构的专业优势，第一时间组织大数据情报分析、地理信息系统等领域的科研人员，制作发布了京津冀每日疫情时空分析、北京市每日疫情时空

① 《微视频丨第一位》，中华人民共和国国防网站，http：//www. mod. gov. cn/v/2020－03/01/content_ 4861308. htm。

分析简报，并紧急上线了京津冀疫情分布地图查询系统。这些成果有助于公众更为直观、明了地了解社区、北京市及京津冀地区乃至全国的最新疫情动态，助力推动科学抗疫。目前，上述三款产品会同《科普时报》、中国科普网以及北京医师协会专家会诊中心的相关抗疫科普成果，形成了“新冠肺炎权威科普指南”专题。该专题已于近日上线，并荣登中共中央宣传部“学习强国”平台，为这场没有硝烟的全民抗疫之战注入了一份科学的力量，为公众了解新型冠状病毒肺炎疫情现状并积极做好防控提供科学支撑及普及。

二　科学助力、精准防疫——京津冀疫情分布地图查询系统

为聚合优质科技资源、助力抗击新型冠状病毒肺炎疫情，北京市科学技术情报研究所依托京津冀科技资源信息共享平台，运用大数据、移动互联网、云计算、人工智能等技术，建设互联互通、共享共用的京津冀疫情分布地图查询平台，以方便公众了解疫情实时动态信息，做好自身安全防护，利用科技手段实现群防群治、共抗新型冠状病毒肺炎疫情，遏制疫情扩散，助力打赢疫情防控阻击战。

为提升平台应用服务的便捷性、快速性、准确性及互动性，平台借助百度地图开展数字地图移动端服务设计，采用疫情专题图可视化技术，对京津冀以及全国其他（除湖北外）各省区市疫情信息进行布局和即时推送，并基于时空、地图等多种方式的搜索和查询，实现全国疫情数据地图分布查询、周边疫情信息定制、确诊病例分布场所及疫情详细信息查询等功能。

（一）权威数据，全国可查——疫情数据地图分布查询

京津冀疫情分布地图基于国家卫健委发布的最新疫情信息，借助大数据和 GIS 技术，把全国确诊病例场所数据在线标注在地图上，以可视化地图的

方式对相关数据进行直观展示，充分发挥地理信息数据优势，通过空间位置展示疫情信息，为疫情防控提供地理信息服务。

（二）定位周边，实时查看——周边疫情信息定制

周边疫情信息定制通过移动互联网和地理定位技术，获取用户实时位置信息，以用户所在点为圆心，以 2 千米和 3 千米为半径画圆，搜索附近的疫情场所信息，即时定制窗口推送并告知用户周边疫情信息。

（三）确诊区域，查阅距离——确诊病例分布场所信息查询

确诊病例分布场所信息包含确诊病例所在省市区县、具体区域位置以及与用户当前所在实际位置的距离等信息，用户仅需要手动移动地图，找到关注区域，点击红色标识，即可查看该确诊病例活动区域有关信息。

三　可视化分析助力疫情科普

京津冀每日疫情时空分析、北京每日疫情时空分析分别从京津冀和北京市疫情的空间分布和时间动态变化两个角度进行分析。京津冀每日疫情时空分析在精准采集三地权威数据的基础上，可视化展示整个京津冀地区疫情的时空分布状况，分析研判区域疫情的动态变化特点及趋势。北京每日疫情时空分析重点通过北京市疫情确诊病例数动态变化折线图、确诊病例各区分布及动态变化地图、境外输入国别分布及动态变化图等解读北京市政府发布的每日疫情咨询。

（一）京津冀地区当日疫情概况

截至 2020 年 4 月 4 日 24 时，京津冀地区累计报告确诊病例 1093 例，累计出院 895 例，当日新增确诊病例 2 例。北京市累计报告确诊病例 586

例（本地 416 例，境外输入 170 例）；[①] 天津市 180 例（本土 136 例，境外输入 44 例）；[②]河北省 327 例（本土 318 例，境外输入 9 例）。[③] 占比分别为 54%、16% 和 30%。京津冀地区新型冠状病毒肺炎疫情主要数据见表 1。

此外，整个京津冀辖区范围内，除北京市海淀区连续 12 天无本地报告新增确诊病例、东城区连续 29 天无本地报告新增确诊病例外，其他地区均连续 30 天以上无本地报告新增确诊病例。

表 1　京津冀地区新型冠状病毒肺炎疫情主要数据一览（截至 2020 年 4 月 4 日）

单位：例

地区	新增确诊病例	新增治愈病例	累计确诊病例	无症状感染病例	累计治愈病例
京津冀	2	7	1093	9	895
北京市	1	3	586	0	441
天津市	0	4	180	0	144
河北省	1	0	327	9	310

资料来源：北京市卫生健康委员会官网，http：//wjw. beijing. gov. cn/；河北省卫生健康委员会官网，http：//www. hebwsjs. gov. cn/；天津市卫生健康委员会官网，http：//wsjk. tj. gov. cn/。

（二）京津冀地区境外输入疫情分析

自 2020 年 2 月 29 日首次出现境外输入确诊病例至 4 月 4 日，京津冀地区累计报告境外确诊病例 223 例（占全国境外输入确诊病例的 24%），详见图 1。他们来自 22 个不同的国家，在京津冀三地接受治疗，累计治愈出院

① 《北京昨日新增报告境外输入新冠肺炎确诊病例 1 例，出院 3 例》，北京市卫生健康委员会网站，http：//wjw. beijing. gov. cn/xwzx_ 20031/wnxw/202004/t20200405_ 1789289. html。

② 《2020 年 4 月 5 日天津市新型冠状病毒肺炎疫情情况》，天津市卫生健康委员会网站，http：//wsjk. tj. gov. cn/art/2020/4/5/art_ 87_ 73014. html。

③ 《2020 年 4 月 4 日河北省新型冠状病毒肺炎疫情情况》，河北省卫生健康委员会网站，http：//wsjkw. hebei. gov. cn/content/content_ 14/403650. jhtml。

51 例。

可以看到，虽然京津冀地区境外输入确诊病例总数仍在增加，但从 3 月 24 日起增速回落。3 月 24 日至 3 月 30 日，7 天内日均新增 8 ~ 9 例；3 月 31 日至 4 月 4 日又下降到一个更低的水平，日均新增 3 ~ 4 例。此外，京津冀三地新增境外输入确诊病例比例变化明显。自 2 月 29 日至 3 月 22 日，也就是京津冀地区开始报告境外输入确诊病例的前 23 天，109 例境外输入确诊病例中 98% 来自北京市，天津市、河北省仅各出现过 1 例境外输入确诊病例。3 月 23 日起，随着天津市境外输入确诊病例的持续增加和北京市的大幅下降，天津市境外输入确诊病例数地区占比逐渐超过北京市；河北省 3 月 31 日开始，首次连续 3 日有新增境外输入确诊病例报告。最近 5 天，也就是 3 月 31 日到 4 月 4 日，北京市、天津市、河北省新增确诊病例比重相当，总数均为 6 例，单日病例数在 0 ~ 3 例（见图 2）。

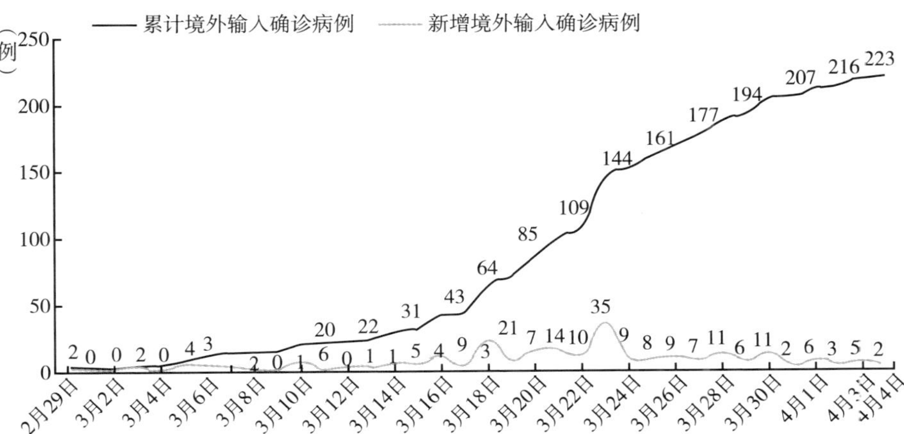

图 1　京津冀地区新型冠状病毒肺炎累计和新增境外输入确诊病例数变化趋势（截至 2020 年 4 月 4 日）

资料来源：北京市卫生健康委员会官网，http：//wjw. beijing. gov. cn/；河北省卫生健康委员会官网，http：//www. hebwsjs. gov. cn/；天津市卫生健康委员会官网，http：//wsjk. tj. gov. cn/。

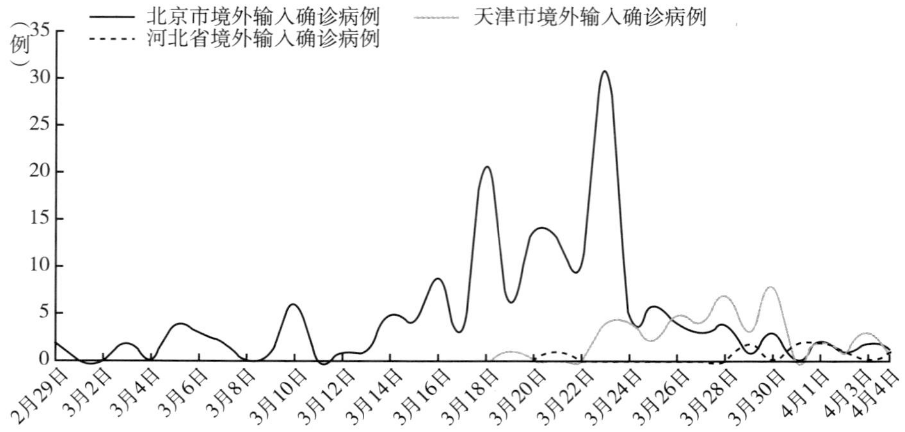

图2　京津冀三地新型冠状病毒肺炎境外输入确诊病例数变化趋势（截至2020年4月4日）

资料来源：北京市卫生健康委员会官网，http：//wjw. beijing. gov. cn/；河北省卫生健康委员会官网，http：//www. hebwsjs. gov. cn/；天津市卫生健康委员会官网，http：//wsjk. tj. gov. cn/。

（三）京津冀地区疫情变化趋势

1月下旬以来，京津冀地区疫情在经历了一个快速蔓延阶段后，于2月中旬迎来拐点，确诊病例增长率从20%以上降至2%以下（见图3）。2月底至3月初，河北省、天津市、北京市本土新增确诊病例先后清零，本土疫情得到有效控制。然而，境外输入病例自3月12日起开始持续出现，数量呈增长态势。3月23日，单日新增35例，增长率为3.68%，创49天以来新高。此后，政府不断加码外防输入举措，如从3月25日零时起，所有从北京口岸入境人员不分目的地，将全部就地集中隔离观察，全部做核酸检测；3月26日，国家暂停持有效签证、居留许可外国人入境，调减国际客运航班，国内每家航司经营至任一国家的航线、外国每家航司经营至我国的航线均只能保留1条，且每条航线每周运营班次不得超过1班等。京津冀境外输入确诊病例增量随之开始日趋收窄，目前增速降至0.3%左右。

在国内抗疫取得阶段性重要成效的背景下，不断增加的境外输入确诊病

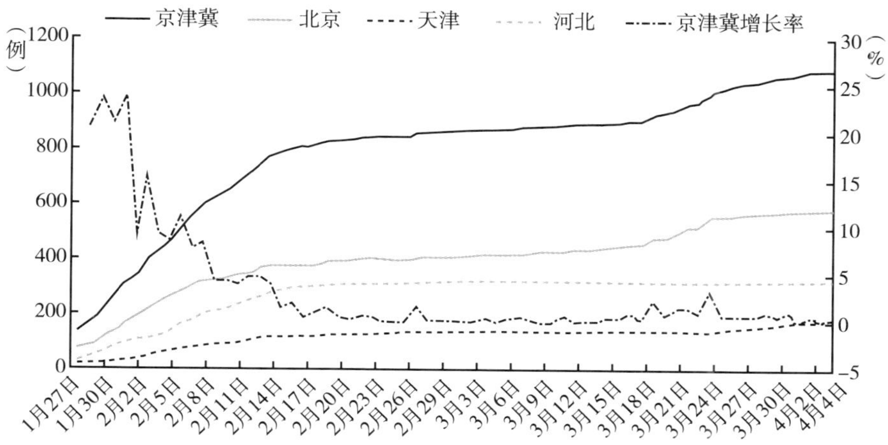

图3　京津冀地区新型冠状病毒肺炎确诊病例数变化趋势（截至2020年4月4日）

资料来源：北京市卫生健康委员会官网，http：//wjw. beijing. gov. cn/；河北省卫生健康委员会官网，http：//www. hebwsjs. gov. cn/；天津市卫生健康委员会官网，http：//wsjk. tj. gov. cn/。

例和无症状感染者对疫情防控工作提出了新挑战，及时调整战略战术，对无症状感染者的排查和防治成了当务之急。

从图3可以看出，京津冀疫情防控形势依然严峻复杂，并且，复工复产引起的人员流动和聚集，以及海外疫情的迅速蔓延增高了疫情反弹风险。当前疫情防控工作正处于最吃紧的关键阶段，京津冀地区仍要严格落实“外防输入，内防反弹”的各项疫情防控措施，以防战线被进一步拉长，或者产生大幅波动。面临境外疫情输入性风险，既要精准的“防”，也要严格的“控”。

四　对当前疫情防控科普的建议

在这次抗击新型冠状病毒肺炎疫情的战争中，习近平总书记提出了“坚定信心、同舟共济、科学防治、精准施策”的防疫工作总要求，为科学抗疫指明了方向。科学防疫既需要高效合理的决策和执行，也对公民的科学意识和知识储备提出了更高要求，因此有必要充分发挥科普的作用，增强疫情防控的科学性和有效性。本报告针对当前现状，提出了以下三点建议。

（一）加强境外疫情输入防控

目前，疫情在全球加速扩散蔓延，境外疫情输入风险持续扩大，北京面临外防输入和内防反弹的双重压力。为了更好地控制境外疫情输入风险，可以从以下几个方面开展相关工作。第一，加强对外籍人员的管理，将外籍人员纳入社区健康管理体系，进入小区的外籍人员需要登记、填写基本信息，并出示相关健康证明。第二，要做好外籍人员聚集区的防疫工作，做好在京外籍人员的健康检测管理，实现高风险人群不漏一人、不留死角。第三，要做好对外籍人员的疫情防控宣传引导工作，结合小区外籍人士情况，制作相应语种版本的疫情预防和就诊手册、宣传海报、公开信等，使外籍人士能够及时知晓。对于外籍人数较多且居住相对密集的地区，开通外语政策解答和心理疏导，加强外籍人士与社区、物业、居民的沟通，对虚报信息、隐瞒病情的行为要依法追究责任。另外，提高留学生自身防护意识。目前，滞留海外的留学生不在少数，而国外疫情形势严峻，为了更好地做好对疫情输入风险的控制，可以利用网络平台提高海外留学生等弱势群体防疫意识，通过搭建留学生防疫在线问诊平台、留学生心理咨询平台等方式，加强留学生自我防护。

（二）加强疫情科普宣传和服务能力

随着气温回升，疫情防控成效明显，市民外出活动频繁，出现了聚集性游玩现象，公众疫情防控意识出现松懈倾向，为保障疫情防控全面胜利，需要进一步加强疫情科普宣传和提高服务能力。相关科普单位除了要发动会员及时宣传疫情科普知识外，还需要结合各地特点及时发布专业疫情防控科普信息，发动街道、社区设立科普宣传员，在辖区内做好疫情科普工作，力争最大化覆盖全体居民。另外，通过微信、电视台、广播、倡议书、通告、户外电子屏等载体宣传防控信息或滚动播放相关视频，增强公众防控意识。

（三）加强京津冀地区应对新型冠状病毒肺炎疫情联防联控科普工作

疫情防控是当前最重要的工作，群防群治需要京津冀协同努力。北京市要按照“外防输入、内防反弹”的策略，全力做好疫情防控工作，要做好京津冀地区应对新型冠状病毒肺炎疫情的联防联控科普工作，广泛动员社会各方面力量参与协同防控，引导外地人员逐步有序返京。加强联防联控科普宣传，强化社会网络化管理，遏制疫情扩散，确保首都安全。

当前，北京的疫情防控形势依然严峻复杂，还远远未到可以松劲歇气之时。本报告呼吁，“在京外籍人士遵守北京防疫举措，支持配合各项防疫举措”，所有公众一如既往地为科学防疫继续努力。

B.16
发挥区块链在科普工作中的重要作用

李群　李晔　陈奕延*

摘　要： 科普工作是提高公民科学素质的重要方式。新兴技术的涌现促进了科普模式的演进与革新。本报告通过阐述区块链技术的特征，详尽分析了区块链技术在科普工作中的应用前景，并结合北京市的科普现状，从优化科普资源配置、科普经费保障、科普工作规划等方面进行了未来展望。最后，归纳了区块链技术在科普工作中可能产生的消极影响，并提出发展“绿色科普区块链”、完善相关法律法规、建立不同分管部门之间协同联动工作机制等对策建议。

关键词： 区块链　科普工作　科技赋能

一　引言

党的十九大报告提出了“弘扬科学精神，普及科学知识”的发展要求，习近平总书记在“科技三会”上也做出了“要把科学普及放在与科技创新同等重要的位置”的重要指示，这充分说明了科普工作的战略意义和重要性。科普作为一项国家性公益事业，其主要目的是提升公民的科学素质，而

* 李群，应用经济学博士后，中国社会科学院基础研究学者，中国社会科学院数量经济与技术经济研究所研究员、博士研究生导师、博士后合作导师，主要研究方向为经济预测与评价、人力资源与经济发展、科普评价；李晔、陈奕延，北京理工大学管理与经济学院博士研究生，主要研究方向为复杂不确定信息决策、绿色可持续发展。

科学素质是决定公众思维和行为方式的重要内因，也是从长远上推动经济社会发展以及科学技术创新的关键驱动力。

“基础不牢，地动山摇”，科普作为创新文化的重要内容和培育手段，能够为创新活动的开展提供良好的组织氛围以及优质的基础人才，是创新活动能够成功的先决条件。随着技术浪潮的不断涌现，传统的“讲授型、普及性”的科普模式已经演化为“科学型、体验性”的“科普 2.0”模式，大科学装置、沉浸式体验设施、数字化科技场馆、新媒体文宣等科普产品或载体的出现表明这一进程已基本实现。科普模式的升级促进了公民素质的提升，但这一效果仍不突出。以北京市为例，其 2014 年、2015 年、2017 年的公民科学素质达标率分别为 30.21%、30.69% 及 31.35%，虽呈现增长趋势但增幅并不明显，这说明目前的科普模式亟须改进，需通过更前沿的技术实现各类科普资源的整合和高效传播。

随着科学技术的突飞猛进，人工智能、物联网、大数据、云技术、区块链等前沿技术也将加入这一科技发展及社会变革的盛宴，从而再次颠覆科普事业的技术内涵和运行模式，形成以区块链、人工智能等前沿技术为核心，系统性整合技术要素和非技术要素的“科普 3.0”模式。特别是区块链技术，它拥有的“开放性”“可溯源”等特征能够促进科普事业的模式演进，提升科普工作绩效。区块链是集去中心化结构、分布式数据存储、共识一致性机制、非对称加密算法等为一身的集成应用技术。2019 年 1 月 10 日，国家互联网信息办公室室务会议审议通过了《区块链信息服务管理规定》，这是区块链技术在中国具有里程碑意义的发展。区块链以其去中心化、不可更改等特性，广泛应用在产业互联网、新一代金融服务、电力交易等场景，已在我国商业场景中得到充分应用。此外，在知识创作和传播上，区块链技术拥有广阔的发展前景，这使得包括科普在内的国家科技文化事业运用区块链技术有得天独厚的优势。建设体系化的、基于区块链的科普创作传播体系，是以新型信息技术推动科普工作发展的重要方式。区块链在我国已有较多成功的典型应用案例，譬如 2018 年深圳市税务局携手腾讯区块链推出的深圳区块链电子发票项目、2017 年阿里巴巴与普华永道共同打造的跨境食品区块链、百度金融联合华能信托等机构联合发行的国内首个基于区块链技术支撑的“个人消费汽车租赁债权私募 ABS 项目”等。这些案例充分说明区块链已开始融入社会经济运行和政府各项事务。

因此，将区块链技术有机嵌入科普中，发挥其技术能动性从而引领科普模式有序演进已成必然趋势。虽然区块链能够深耕科普领域，在挖掘创新技术热点的同时改造、引领科普事业创新，但区块链技术的两面性也会在带来机遇的同时裹挟部分“副作用”，因此推进区块链在科普工作中应用的同时要注重机制设计和协同治理，防范“副作用”隐患，使区块链真正成为新时代中国特色社会主义背景下科普事业改革发展的基石和催化剂。

二 区块链技术在科普工作中的应用前景刍议

区块链技术拥有的“开放性”“去中心化”“分布共识”等特征使其能够在知识共享、流程管理、组织协同等方面发挥积极作用。在庆祝改革开放 40 周年大会上，习近平总书记提出了“创新是第一动力”的重大科学论断；在中央政治局第十八次集体学习时，习近平总书记再次强调“把区块链作为核心技术自主创新的重要突破口”，这为区块链赋能科普工作、利用区块链技术开展科普工作提供了重要战略指导。区块链技术具备的多元特征不仅在工业制造、经贸产业、信息计算、医疗康养、公共服务、信息安全等场景中有诸多应用，在科普工作中亦具有广泛应用前景。

（一）开放性特征及其应用

区块链的信息任何人都可以参与记录，只要是它整个网络体系的有记账权的节点即可。科普是具有“全民参与”性质的战略工程，开放式的科普模式可以吸引更多的主体参与进来，利用区块链技术的“开放性”特征，可以降低科普工作的参与门槛，吸引包括公众、企业、高校、科研院所、社会团体、政府机关等各型主体积极参与科普活动，发挥协同效应，进行互动式治理，打破传统科普体系的中心化层级结构，形成一种“柔性”又不失“韧性”的扁平化、交互化科普体系。

（二）“匿名性”特征及其应用

匿名性使区块链中存在两个不可控因素，包括身份的不可控匿名性以及交易的不可控匿名性。在科普工作的监督评价环节以及科普工作人员工作绩效考核的流程中充分利用区块链技术的匿名性特征，可以避免监督者或考核人员个人隐私的泄露，保证考核评价的公正性，同时能够提高监督考核力度，完善科普工作的流程监督及人才管理机制。

（三）“去中心化”特征及其应用

去中心化使得网络中的众多分布式节点均具有高度自治的特征，任何一个节点都可以成为阶段性的中心，但不具备传统中心化网络特征的强制性控制功能，节点之间是一种非线性的因果关系，整个网络呈现平等化、开放化、扁平化的结构特征。在科普知识的宣讲活动中，若仅仅依赖宣讲团队与公众之间的互动，则此时形成的科普知识传播网络将是以宣讲团队为中心的中心化网络。而这种中心化网络通常存续能力低下，当作为网络中心的宣讲团队离开后，整个科普知识传播网络也就不复存在，为形成序贯或重复性的知识学习过程，科普宣讲活动的开展只能依赖于高频次的宣讲，从而不断建构新的网络中心，这样会浪费大量的人力、物力和财力。若通过“以点带面，以线带面”的机制，先行培育一批从事科普宣讲的专职人才，再通过知识共享的模式并辅以合理的激励机制，凝聚公众效应，则能够形成去中心化的科普知识传播网络。该网络将具备高容错性、高抗性、低合谋性、多元性等各类属性，不用担心科普知识传播的内容和流程“走样”，也可以最大限度防止知识传播过程中夹杂的公共信息安全危害问题发生，从而保证科普知识的正确性与客观性，提高科普知识传播的效率。

（四）“不可篡改”特征及其应用

由于区块链去中心化网络的每一个节点运用了哈希函数和非对称加密技术，因此若想篡改数据，则必须盗取区块链网络上至少51%的节点所持有的私钥，根据极大似然估计法则计算，这一行为基本不可能在概率上得以实现。由于科普是一项公益活动，需要政府在科普人员薪酬、科普设施采购维护、科普创作奖励、科普活动开展等方方面面投入大量经费，这必然会伴随逐级、分部门的大规模财务审计工作，这些审计工作的周期和效率都会直接或间接影响到科普工作的开展。通过区块链技术的自动检测机制，可以发现各级、各部门财务信息的篡改记录，并从其他存储节点处调入健康的财务记录，为审计工作提供充分保障，同时可以充分利用非对称加密技术，防止财务记录的恶意篡改，保证科普经费“专款专用”。

（五）“分布共识”特征及其应用

区块链中的共识算法可以解决对某一个方案各个节点达成一致性意见的过程，一旦达成共识则结果不可逆转，共识将作为最终结果确立，比如解决拜占庭问题的PBFT算法，它可以解决节点故障情况下如何达成共识的问题，是一种容错解决方案。科普活动的直接目的是提高公民的综合素质，借鉴区块链技术，可以预先设定好科普活动中公众、企业、政府、高校、科研院所、社会团体等各个参与主体在各个环节和步骤上产生失败的场景，从而在失败产生时能够保证科普活动总体上顺利进行，提高科普流程设计的“容错性”，并最终达到提高公民科学素质的目的。另外，也可以直接利用区块链技术中的“分布共识”特征对科普活动的开展进行决策，特别是复杂科普项目的调研和建设问题，比如在推进数字化科普场馆的建设工作中，可以利用“分布共识”算法改进决策支持系统，提高决策精度和容错度。

（六）“可溯源”特征及其应用

可溯源机制设定任意一个区块拥有前一个区块的一个哈希值，只有识别了前一区块的哈希值才能环环相扣，最终形成一条完整的链，且这些区块将其对应的哈希值作为唯一标识，对数据的查询搜索也可以通过时间节点首先寻找相应的区块，然后寻找相应的数据。为了促进科普活动有效开展，学界往往会通过编著皮书的形式搜集当年科普资源的相关数据，而区块链技术的可溯源特征能够保证科普数据搜集、归纳、分析、总结的完备性与准确性，同时可以追溯数据的源头、构成、属性、采集方式等多类信息，特别在技术不断发展的今天，VR、AR、二维码、人工智能等技术都需要海量数据进行驱动，这些数据体量大、价值密度低、信息安全风险较高，但这些海量数据又是科普工作科技赋能的基础，数字化科普场馆、沉浸式科普宣传、科普资源“云服务”等科普手段都离不开这些海量数据的支撑，因此，利用区块链技术中的“可溯源”特征能够保证科普数据的安全，提高科普数据的透明度，提升科普数据管理绩效。

区块链除能够在参与度、流程监督与人才管理、知识传播与共享、财务审计、决策支持、数据管理等方面完善科普工作外，其更大的应用前景在区块链蕴藏于技术中的互动式治理方式能够强化公众对科普事业的参与度。传统的科普模式往往依赖传授和宣讲，其主要目的是单纯的知识普及，而公众作为知识的受体并没有太多体验性的参与和反馈，这种单链式的知识传播容易形成“知识共享敌意”，削弱公众对科普工作的兴趣，而区块链蕴含的这种互动式治理方式能够让公众亲身体验科普工作的各项环节及流程，并有权提出自己的反馈及建议。这种类似于开放式创新或协同创新的方式破除了传统科普工作中公众参与度有限、科普工作透明度较低的劣势，最终能够演化为国家与公众之间的一种“管制平衡”（regulation balance）型的“参与式发展”（participatory development）模式，这使得科普工作中各参与主体之间的互动式治理能够形成积极的外部正反馈，使科普工作不断调整，从而形成与外部正反馈相一致的战略模式，通过这种“摩擦－匹配”式的螺旋渐进方式有序推动我国科普事业的改革与发展，加速科普事业的生态进化，为国家和公众提供更优质的服务。

三　区块链技术在北京科普工作中的应用前景

在科普的总体规划和布局上，北京市通过科普工作联席会议强化了各部门之间的沟通协调，形成了一种“纵横互动、上下联动、协同共建”的工作格局，这种方式铸就了北京市大科普体系的形成，使得北京市各部门以及16个区在科普工作的政策支持、经费投入、环境营造、公共服务、监督评估等环节上高度凝聚统一，实现了北京市科普资源的优化配置与开放共享。

在科普资源的配置上，北京市拥有一大批优质的科普资源，并能够通过这些优质科普资源使科普效益辐射至全市。比如2017年中科院举办的“第十三届公众科学日”活动，由中科院下属的118个院属单位的实验室、天文台、博物馆、野外试验站、植物园、大科学装置同时举行，面向公众深入展示了超过1000项重大科技成果，吸引了超过50万人次的公众参与体验和互动交流。除中科院之外，北京市还拥有众多科技研发机构、创新设计中心、工程技术研发中心、国家级实验室等，这些平台大都积极面向公众开放，在从事科研工作的同时负担了一部分科普职能，激发了公众特别是青少年群体对科学的兴趣和热情。北京市2016年度科普统计数据显示，全市拥有科普工作人员5.5万人，每万人拥有科普人员25.31人，这一水平是全国平均水平的2倍以上；北京地区全社会科普经费筹集额为25.12亿元，人均科普专项经费达58.13元，是全国平均水平的12倍。

科学的科普工作规划及合理的科普资源配置，是北京市实现科普事业“久久为功”“永续发展”的基本保障，也是未来北京市在科普工作中着力运用区块链技术的基础条件。结合北京市的科普现状，未来可在以下几个方面开展区块链技术的运用。

第一，在科普工作的参与机制上，可以利用区块链技术，将北京市各科研平台的优质科研成果数字化封装，然后利用区块链的“开放性”特征向北京市公众免费公开分享，而公众可以获得一定的权限，对科普内容进行留言、评阅甚至进行修订指正，形成一种共同参与式的科普共识，减少因受教育程度、工作性质不同以及信息不对称等各类因素对知识传播的限制。

第二，在科普工作的监督考评上，可以利用区块链技术中的“匿名性”特征，在市科委以及各科普工作单位的牵头下，组织人员对全市各项科普工作进行监督考评，杜绝“人情、面子、关系”等主观要素的消极影响，完善科普工作的监督考评机制，形成透明度高、信息量大、公正度强的科普工作监督考评方式。

第三，在科普工作的调动部署上，可以利用区块链技术的“去中心化”特征，减少科普工作对政府的单一性依赖，继续优化科普工作体系中的组织结构，使整个科普体系中的层级扁平化、柔性化，降低各部门之间因工作部署不当造成的职能摩擦和冗余磋商，使北京市的大科普体系形成一种分布式、开放性的系统结构。

第四，在科普经费的保障上，可以利用区块链技术的“不可篡改”特征，在科普人员的薪酬、科普设施的采购和维护、科普作品的制造、科普创作的奖励等各项经费支出与调拨环节嵌入健康的财务记录，并随时对存储节点上的各项财务信息进行检测，利用非对称加密技术保障财务信息透明，保证科普经费的合法使用。

第五，在科普工作的规划上，可以利用区块链技术的“分布共识”特征，在规划设置好各类主体、要素及场景的基础上，通过容错性预制决策失败的各类意外情况，尽可能消除科普工作中遇到的各型风险，提高科普工作规划的决策支持力度和决策精度。

第六，在科普信息和数据的采集上，可以利用区块链技术的“可溯源”特征，在科普信息和数据的搜集、筛选、分类、分析及总结等环节上提高信息采集的完备性及精确性，同时可追溯信息的源头、属性、结构、采集方式等具体步骤和细节，在发生谬误时及时追溯筛查，提高科普信息和数据的安全性与透明性。

四　区块链应用的副作用及应对策略

区块链作为人类工业经济社会向知识经济社会转型过程中衍生的颠覆性技术，能够形成物理空间向数字空间迁移的路径，它不仅能够在商业应用上丰富公众的文娱生活，更能够在诸如科普这样的国家性公益活动中发挥一技之长，助力国家的科技创新。然而，技术对人类而言历来是一把“双刃剑”，将区块链应用于科普工作具有重大创新意义，但在充分发挥技术优势的同时，要通过完善的机制设计和协同治理对技术进行约束和限制，从而采取有效措施避免“副作用”给公众社会和科普工作带来的危害，将区块链这匹“烈马”驯化成真正为国家和人民群众服务的“千里驹”。

（一）注重生态保护，发展“绿色科普链”

区块链、人工智能等技术是由数据驱动并依赖于算法，而在 2019 年召开的计算语言学协会第 57 届年会（The 57th Annual Meeting of the Association for Computational Linguistics）上，有学者研究发现训练当前流行的一个深度神经网络算法会排放出 62.6 万磅的二氧化碳当量，这一数字 5 倍于一辆中国 B 级轿车从生产到报废整个寿命周期内排放的二氧化碳当量，这种排放量必然会给生态保护带来巨大的负担，而科普工作本身是一项全国性的覆盖型工作，在数字化时代科普工作本身会产生海量数据，分析挖掘这些数据背后的规律和价值则必然依赖算法和先进技术，因此会造成巨量的二氧化碳排放。

因此，若要将区块链有机融入科普体系，则环境保护的因素是必须加以考虑的，应提前做好“热身”工作，在算法设计上考虑复杂度和能耗问题，改进硬件设备，尽可能发展“绿色科普链”而非单纯技术意义上的“区块链科普”。

（二）建立强有力的有害信息过滤机制

由于区块链参与门槛较低及其具有开放性和匿名性特征，有害信息的混入也会变得相对容易，虽然有算法和非对称加密技术的保护，但这种容错机制并不能100%过滤有害信息。因此，在通过技术过滤风险的同时要发挥协同治理效应，联动法律和政策执行部门，尽可能把控科普信息的来源和质量，杜绝伪科学利用区块链技术混入知识传播共享过程中，保证科普信息的同源性和客观性。

（三）充分考虑区块链的技术特征和风险，完善《中华人民共和国科学技术普及法》

区块链技术作为新生事物，存在一定的风险性，譬如由区块链技术衍生出的数字货币就存在一定的交易风险，技术上的漏洞使数字货币的失窃问题越发严重，据2017年12月路透社的统计，各交易所被盗的比特币超过98万枚；2018年初，日本最大的加密货币交易所之一CoinCheck被盗价值5.3亿美元的NEM币，成为历史上最大规模的数字货币盗窃案；黑客甚至还更新了攻击数字货币交易所的方式，从直接盗走账户里的虚拟货币转换成控制API接口来操控虚拟货币价格。

因此，必须通过法律明确科普活动参与主体的各项“责、权、利”。要将区块链技术运用于科普工作应完善《中华人民共和国科学技术普及法》，避免法律上的漏洞。由于区块链是新兴技术，因此应首先对区块链进行监管立法，然后将其与现有的《中华人民共和国网络安全法》《全国人民代表大会常务委员会关于加强网络信息保护的决定》一并与《中华人民共和国科学技术普及法》衔接，解决区块链技术参与科普工作中的确权问题和信息安全等问题，为科普活动的开展提供有力的法律保障。

（四）建立不同分管部门之间的协同联动工作机制，避免“各行其是”“各管一片”

在科普工作中引用区块链，则必然涉及技术研发、技术维护、技术监管等多重领域，这些领域是传统科普部门不涉及或不尽熟悉的，若盲目引入技术而没有从组织角度提供支援，则会形成各个部门之间“各行其是”“各管一片”的混乱情况，反而会降低科普工作开展的效率。因此，应该在现有相关部门的基础上成立一个专门工作委员会，统一规划协调各个部门之间的工作，使“区块链”和“科普”真正形成一个不可分割的有机整体，让区块链担负起弘扬科普、引领科普、创新科普的责任，为国家科技创新增砖添瓦，建立起新时代中国特色社会主义思想下的“区块链大科普体系”。

五　结语

在工业经济向知识经济过渡的历史大背景下，在充分理解、领悟中国特色社会主义制度内涵及其优越性的基础上，利用区块链技术赋能科普工作，弥补当前科普工作中存在的短板和缺陷，是北京市实现“科学普及和科技创新比翼齐飞”的基础条件，也是北京市推进科普事业全面发展的必由之路，相信在区块链技术的支撑下，北京市的科普工作必将取得出色进展，成为全国科普工作的典范。

参考文献

陈劲、曲冠楠、王璐瑶：《基于系统整合观的战略管理新框架》，《经济管理》2019年第7期。

梅亮、陈劲、余芳珍：《创新演进与范式转移——可持续转型理论的源起、特征与框架》，《自然辩证法研究》2015年第10期。

李群、陈雄、马宗文：《中国公民科学素质报告（2015～2016）》，社会科学文献出版社，2016。

韩璇、袁勇、王飞跃：《区块链安全问题：研究现状与展望》，《自动化学报》2019年第1期。

袁勇、倪晓春、曾帅、王飞跃：《区块链共识算法的发展现状与展望》，《自动化学报》2018年第11期。

区 域 篇

Regional Reports

B.17
海淀区科普多样化精品化可持续发展分析

周学政　毛维娜　张洪源　刘玲丽*

摘　要： 北京市海淀区科普资源丰富，科普工作围绕服务大局的中心，紧扣首都全国科技创新中心建设工作展开，科普活动特色鲜明，呈现出科普产品多样化精品化特色。其纵向充分利用"全国科普日"海淀主场活动、全国科技活动周活动、科普之春和科普之夏等活动，横向通过各种具有特色的多样化精品化科普产品，积极面向多种群体开展多样化的科普活动。结合热点与需求，海淀发挥了区域科普禀赋特长。本报告通

* 周学政，哲学博士，经济学博士后，北京体育大学教授，博士生导师，主要研究方向为科技政策与发展战略；毛维娜，北京市科学技术情报研究所助理研究员，主要研究方向为科技政策及大数据分析；张洪源，博士，北京市科学技术情报研究所助理研究员，主要研究方向为技术经济及管理；刘玲丽，北京市科技传播中心科普部副主任，主要研究方向为科技传播与科学普及。

过调研及案例分析，从海淀区科普内涵发展、绩效评估、品牌服务等方面提出了多样化精品化可持续发展的建议，为海淀区科普发展融入京津冀乃至全国科技创新中心建设、树立海淀科普品牌和全国样板提供帮助。

关键词： 海淀区 科普产品 科普品牌

一 引言

北京市海淀区是我国高新技术产业重镇，是中国人才最为密集、知识最为聚集、创新能力最为强劲的区域之一，同时拥有我国最优秀的民族企业和品牌，拥有我国最有希望建成世界一流园区的科技园区。根据《海淀分区规划（国土空间规划）（2017 年—2035 年）》，海淀区将建设成为支撑首都中心定位的现代化、国际化创新型宜居城区，海淀区以“挖掘文化科技融合新动力、构建新型城市形态”为总抓手，推动高质量发展，打造高品质城市，致力于建设成为人文、生态、科技融合发展的国际一流科学城和令人向往的和谐宜居之城。

海淀区是我国科技资源最为丰富的地区之一，丰富的科技资源为海淀区科普工作开展提供了良好支撑。为大力弘扬科学精神，普及科学知识，促进科技创新和科学普及的协调发展，充分发挥科技创新对经济发展和建设世界科技强国的引领支撑作用，使科技创新成果和科学普及活动真正惠及广大公众，海淀区依托自身优质科普资源，纵向充分利用“全国科普日”海淀主场活动、全国科技活动周活动、科普之春和科普之夏等活动，横向凭借各种具有特色的多样化精品化科普产品，积极面向多种群体开展多样化的科普活动，在科普产品多样化精品化可持续发展方面取得良好成效。

二 海淀区科普工作特征

海淀区作为首都中心城区的重要组成部分，是“四个中心”的集中承载地区，是建设国际一流和谐宜居之都的关键地区，是疏解首都功能的主要地区。作为全国科技创新中心建设的核心区，海淀区积极落实习近平总书记提出的“科技创新和科学普及是实现创新发展两翼”的思想，在科普工作方面始终坚持大局意识，结合热点与需求，发挥海淀区域科普禀赋特长，通过普及科学知识和科学技术、弘扬科学精神、传播科学思想和科学方法等方式，提高公民科学素养。其科普工作具体特征可以概括为以下四点。

（一）坚持大局意识，紧扣科普活动主题

海淀区科普工作坚持围绕服务大局这一中心，紧扣中央和北京市要求，紧密结合中央对北京建设科技创新中心的要求，结合海淀区实际情况积极开展相关活动。

海淀区科普工作坚持贯彻习近平新时代中国特色社会主义思想和党的十九大以及十九大以来的中央全会精神，认真落实《中华人民共和国科学技术普及法》、《国家创新驱动发展战略纲要》、《全民科学素质行动计划纲要实施方案（2016—2020 年）》、《中国科协关于加强城镇社区科普工作的意见》和《中共海淀区委海淀区人民政府关于加快推进中关村科学城建设的若干措施》等文件精神，按照《关于举办 2019 年全国科普日活动的通知》、《关于举办 2019 年（第 25 届）北京科技周活动的通知》、《关于开展北京科普之春活动的通知》和《关于开展北京科普之夏活动的通知》等通知的要求，推动“创新、协调、绿色、开放、共享”的发展理念深入人心，推动全面提升全民科学素质，促进科学普及与科技创新协同发展。围绕新中国成立 70 周年献礼等重大事件，开展丰富多彩的活动。根据每年不同的要求和主题，组织开展内容丰富、形式多样的科普宣传活动。紧扣每一年度的主题要求是海淀区科普工作的一个重要特色。

2017 年全国科技活动周的主题是“科技强国、创新圆梦”，针对社会关注的食品安全、空气质量、应急避险、低碳节能、健康生活等热点问题，以贴近实际、贴近群众的方式，丰富活动内容，提高影响力，使活动取得显著成效。2018 年全国科技活动周的主题是“科技创新、强国富民”，海淀科技

中心主办了海淀主会场活动，该活动不但通过众多体验互动形式为公众展现了科学魅力，而且为小朋友们带来了科学乐趣。2019 年的主题是“科技强国、科普惠民”，海淀区大力弘扬科学精神，普及科学知识，促进科技创新和科学普及的协调发展，使科技创新成果和科学普及活动真正惠及海淀区广大公众。

科普之春活动固定在每年的 3 ~ 5 月进行，2017 年的主题是“科普惠农、科技富民”，2018 年的主题为“提高科学素质、助力乡村振兴、播下科学种子”，2019 年的主题为“新时代、新科普、服务乡村振兴”。科普之春活动紧紧围绕提升农民科学素质、强化农业科技创新驱动、推进农业供给侧结构性改革、加快培育农业农村发展新动能展开，积极面向从业者开展丰富多彩的科普活动，让群众在参与活动中获取科学知识、提升科学素养。

海淀区科普之夏活动从每年的 7 月开始至 9 月结束。2017 年的主题为“科技促发展、科普惠民生”，2018 年的活动主题为“科技改变生活、创新引领未来”。2019 年，为迎接中华人民共和国成立 70 周年，活动主题定为“礼赞共和国、智慧新生活”。科普之夏活动在全区范围内掀起了以普及科学知识和科学技术、弘扬科学精神、传播科学思想和科学方法为内容的热潮，营造了良好的社会氛围。

（二）发挥科技资源优势，科普产品多样化精品化特色显著

海淀区科技资源丰富，科普供给侧来源丰富。海淀区拥有众多的大专院校和中央及地方所属科研机构，以北大、清华为代表的高等院校林立。跨国公司驻京研发机构也大多驻在海淀，中关村科技园海淀园的高新技术企业与其他园区相比也具有领先优势。科技人员数量也在全市处于领先地位，高校在校大学生人数占到全市一半以上，科研机构的科技活动人员占全市 60% 以上。海淀区聚集了以中国科学院为代表的科研院所 138 家、国家级工程研究中心 29 家、国家级重点实验室 73 家。丰富的科技资源为科普工作提供了坚实的基础。海淀区科技资源概况见表 1。

表 1　2019 年海淀区科技资源概况

国家级高新企业(家)	上市、挂牌公司总计(家)	"十百千"企业(家)	总收入(亿元)	中关村高新技术企业(家)	从业人员(万人)
>10000	933	214	16300	12000	85.77

资料来源：《海淀概况》，北京市海淀区人民政府网站，http：//www.bjhd.gov.cn/kjhd/#kjhd。

海淀区两院院士云集，为了记述每位院士在崎岖陡峭的科学道路上，不畏艰险、永攀高峰的传奇历程，充分展示院士们的创新成果和社会贡献，诠释院士们的精神风范和价值真谛，从而更加激励全社会尊重知识、崇尚人才，发扬勇于创新、敢于争先的创新热情和担当精神，海淀区科学技术协会以纪录微电影的形式拍摄《印·迹》，以新的传播媒介和呈现方式来宣扬院士精神。通过纪录微电影聚集院士故事、传播科学家精神，在让更多的人认识、了解那些默默奉献的科学家的同时，号召青年人投身科学事业，坚持敦品励学、积厚成器，引导青年走向创新建功新时代。在实现"两个一百年"奋斗目标的新征程中，提高全民科学素养和创新意识，营造热爱科学、尊重知识、重视人才的创新友好社会氛围，激发起全社会的创新活力和创新潜力，打造最具海淀特色的精品化科普产品。

科普工作不仅是科协或者科委等部门的工作，还是街道、镇和科普基地的重要工作。不论是科技周期间，还是科普之春和科普之夏活动中，各街道、镇和科普基地结合自身实际情况，积极开展各具特色的科普活动，同时还积极吸引各科普企业或者其他社会主体参与到科普活动中来，发挥科普基地、高等院校、科研机构、企业以及科技社团等单位的作用。科普形式方面，海淀区充分采用体验式参与、展板、横幅、巡展、讲座等多种有效形式进行宣传，建立常走动、多展出机制，把科普知识送到辖区群众眼前，并与外部科普机构共同打造新媒体宣传平台，通过在网上开设微信公众号等多种形式提升科普效果。

为了整合区域科普基地资源，创新科普基地工作方式内容，把科普基地提升转化为生动的情景化、规范化科学传播园地，推动科技旅游全面开展，提升全民科学素质建设，2019 年 7 月 4 日，首批 20 家“海淀区科普创新基地”成功揭牌。首批 20 家基地包括中国科学院科技展示厅、中国科学院院史馆、中国科学院自动化研究所、中关村国家自主创新示范区展示中心、国家纳米科学中心、北京大学创新科普教育基地、中国机器人运动海淀人才培养基地、中国林业科学研究院、中国气象科技展厅、北京市应急逃生科普体验厅、北京邮电大学信息通信动态新技术科普展厅、北京市海淀科技中心、北京石墨烯技术研究院有限公司、中国蜜蜂博物馆、北京北科光大公司“巧客 3D + 智造馆”、中关村智造大街、中关村东升科技园、三元农业科技园、游极虚拟现实科普体验厅、中关村创业博物馆。这些基地涵盖行业广、科普资源水准高，“海淀区科普创新基地”的创建与服务是中关村科学城建设工作总体部署中实施科技公民培育行动的重要举措。综上所述，海淀区丰富优质的科普资源为科普精品化发展奠定了良好基础。

（三）紧贴热点与需求，深挖海淀区域科普禀赋特长

海淀区积极发挥科普资源优势，持续深入挖掘科普资源，开展科技周活动，扩大科普活动的覆盖面和影响力，提高科普宣传效果。

以社会热点、人民群众需求为科普活动着力点。结合海淀区科技特色、准备恰当科普内容、采取适合的科普形式，是海淀区科协组织开展各类主题科普活动的宗旨，在此基础上以普及科学知识和科学技术、弘扬科学精神、传播科学思想和科学方法为内容，加强对创新创造的科普宣传。

注重科普趣味性与互动性。科普的理念就是“让科学玩起来”，而严肃的科技知识只有用通俗、有趣的形式表达出来，让公众觉得“原来科学可以这样简单、有趣”，才能取得良好的效果。科技周活动面向众多慕名而来的家长和小朋友，其中，无人机表演和科学表演秀几乎座无虚席，小朋友们在活动中通过参观体验学到科学知识原理、了解最新的科研成果及高新技术的应用。

（四）服务国家战略需求，传递“抗疫”正能量

新型冠状病毒肺炎疫情发生以来，海淀区作为首都科技创新示范区，充分发挥科学技术在抗击新型冠状病毒肺炎疫情中的积极作用，为武汉提供了抗击新型冠状病毒肺炎的最新科技支撑，同时也做好本区域科普工作，为广大人民群众抗击疫情传递科技正能量。

疫情发生以后，海淀区将防范疫情输入与扩散作为重中之重，同时积极发挥科技知识在抗疫中的作用。海淀区科协充分利用互联网、微信平台宣传新型冠状病毒科普知识。例如在街镇科协工作群、青少年科普群等转发了《预防新型冠状病毒感染防控试题》、《新型冠状病毒感染的肺炎防控知识手册》和科普中国与有来医生联合开发的新型冠状病毒肺炎科普指南。按市科协科普部要求，以最快速度转发了 30 个战疫常识的科普和宣传挂图。同时，按照规定，返京人员抵京后应该居家或集中隔离 14 天，在此期间社区防疫不能局限于查证件、查体温，应该探索新的社区防控模式。青龙桥街道开设“7 ×24 小时免费在线问诊平台”，通过社区微信公众号，为社区居民开展免费义诊服务和其他就医及防疫信息服务，避免了人员的直接接触，提升了社区防疫的水平。北京植物园针对居民居家休养需求，推出“植物云”科普系列，浏览者可通过在线植物展览、植物画展、植物小知识和“植趣不凡”品牌节目，学习植物知识，感受自然魅力，丰富居家生活。同时还针对居民心理展开针对性心理调查和疏导。这些精品化的科普服务活动，有效促进了抗击疫情工作，为社会传递了抗疫正能量。

三　海淀区多样化精品化科普活动典型案例[①]

海淀区一贯重视科技发展和科普工作在社会进步中的积极作用，不断通过各种政策措施提升科技创新能力和科普工作效果。早在 2013 年就发布了

① 本报告案例资料由海淀区科学技术协会提供。

《关于进一步加强海淀区科普工作的指导意见（2013～2015年）》，为科普工作开展奠定了良好基础。随后，从公共服务体系建设入手，相继出台了《北京市海淀区人民政府关于加快构建现代公共文化服务体系的实施意见》、《关于促进社会力量参与公共文化服务的实施意见》、《海淀区落实〈北京市“十三五”时期健康北京发展建设规划〉工作方案》和《海淀区落实〈“健康北京2030”规划纲要〉工作方案》等文件，这些文件都将科普工作作为重要的工作抓手，通过开展富有特色的各项科普活动，不断提升科普与公共服务体系的结合程度，不断提高海淀区人民群众的科学文化素质和技能，进一步加强科普的着力点，积极发挥区域内科技团体的作用，团结和发动广大科技工作者，为建设中关村国家自主创新示范区核心区服务，有效促进了科普效果的提升。同时，还进一步完善了全区科普工作的社会化体制机制，使区域科普资源得到了有效整合，落实市科协与区政府签订的《落实全民科学素质行动计划纲要共建协议》，努力争取全民科学素质建设继续保持在全市以及全国的引领示范地位。

（一）发挥科技资源优势，以前沿科技引领科普工作

海淀区科技资源丰富，其科技创新成果体现了我国科技建设的最前沿水平，运用最先进的科技成果为科普服务，为科普提供精品化产品，使科普助力科技强国建设，从而不断提升广大人民群众的科学素养，是海淀区科普工作的特色之一。

1. 着眼未来，多样化科普活动展示科技新应用

2017年5月19日，主题为“科技强国·创新圆梦”的2017年度北京市科技周海淀区主场活动在北京市海淀区中关村智造大街拉开帷幕。该科技周活动由北京市海淀区科学技术协会主办，由中关村智造大街全力协办。该活动以“智创未来”为主题，包含智能医疗、智能花园、VR体验、无人机、智能家居等，共计20余家单位前来参展，使公众在了解智能发展现状的同时，展望未来。展览期间，通过互动体验、机器人表演、3D现场打印、现场咨询以及展板展示等多种形式向参观的公众开展科普宣传。

2018 年在科普之夏活动期间，全区各街镇科协都因地制宜积极开展了各类精品活动，把科普场地搬到科技创新单位，将科普拓展到各行各业，在让民众了解科技创新的同时，将科普知识融入生活。

2. 科普产品智能化，培育青少年科技兴趣

2019 年 9 月 21 日，由海淀区科协和温泉镇政府主办的“科技小公民”青少年人工智能教育实践竞技体验活动在中关村创客小镇举办。本次活动内容由海淀区科协精心设计，分为四个活动区。MakeX 机器人挑战赛：机器人挑战赛、STEAM 嘉年华等形式，既锻炼孩子们的逻辑思维能力和创造能力，又锻炼他们的动手能力，孩子们在竞技的环境中保持高度热情，并在活动中感悟创造、团结协作、快乐分享。太阳能拉力体验活动：孩子们自己搭建的太阳能车以太阳为能量源，经济环保，孩子们可以驾驶自己制作的车辆，体验自己的劳动成果。ESCC 教科文创新赛：以海淀区“三山五园”为竞赛背景，需要孩子们将地理知识、历史文化知识、编程知识，以及力学、热学知识等相融合，锻炼了孩子们的逻辑思维能力、创新能力、动手能力以及团结协作能力，同时还令他们进一步加深了对科技与文化融合的理解。人形机器人竞赛：机器人以人形呈现，生动形象，孩子们通过编程，使机器人完成创意表演——在音乐中起舞，其中既有对艺术和美的探索，也有对逻辑思维能力和编程语言的考验。四个活动区各有特色，重点各不相同，但都使参与者以令人耳目一新的科技创新方式完成自己的杰作。

3. 着眼冬奥，多样化科普方向展示科技生态新应用

2022 年北京冬奥会对生态科技提出了很高需求，预先布局生态环境科普为冬奥会预热一直是海淀区科普的重要内容。北下关街道科协 2018 年 8 月 29 日下午在综合文化中心农科院站开启了 2018 年北下关街道“让科学与生活同行”科普之旅启动仪式。该科普之旅分为两大部分。第一部分为 8 月 29 日的科普之旅启动仪式，活动当天有科普互动及科普展览展示等多种活动，例如，瓦力工厂的机器人编程活动、北下关社区服务中心医生讲解健康救助知识的活动，现场同时设置有奖问答环节，为百姓科普冬奥会及与生

活息息相关的知识；除了科普互动外，还设有科普展览展示，吸引了北京海洋馆、中国气象局、中国地质环境监测院等十多家大型企业参展，现场活动丰富多彩，涵盖气象、动物、艺术、地质、环境等多个方面。其中，北京海洋馆的活体水母展示、中国气象局的科普气象和闯关跑道活动、双榆树消防队的音视频生命探测器展示、铁道文史馆的动车模型展示、北京石刻艺术博物馆的拓片及石刻艺术展示、大钟寺派出所的防诈骗科普、中国地质环境监测院的地质灾害及环境保护展示等得到了现场观众的一致好评。第二部分是8月30～31日为期两天的科普大讲堂及科普参观体验，在科普大讲堂活动期间，海淀区公众积极报名参与中国科普所、中国地质环境监测院、北京海洋馆、大钟寺派出所等8家单位的科普活动。在科普大讲堂中，中国科普研究所副所长、研究员王玉平为观众讲解科普概况，包含科普现状、科普资料来源、科普宣传等多个方面的知识。同时中国地质环境监测院、北京海洋馆等单位的专家学者分别针对地质、海洋等方面进行科普教育。在科普参观体验活动中，人们领略了铁道文史馆、中国钢研展室、中国气象局、海洋国际环境预报中心等单位的相关科普展厅，让日常科学走进普通家庭。

（二）创新科普宣传方式，提升科普活动覆盖率、渗透率

1. 依托国家科普宣传资源，携手央视火爆科普节目，扩大科普效应

2019年海淀区科协携手央视《加油！向未来》节目开展科技周主题活动。该活动全部免费对公众开放，通过科学表演秀开场，引入了展示型、互动体验式、讲解式、讲座式等多种科技展项，现场活动丰富精彩，吸引了大小听众的注意力。其中，展示型科技展项主要包括火箭、卫星、导磁悬浮、果蔬电池、镜子趣味实验、无人机编队飞行表演等；互动体验式科技展项主要包括留声机、楞次定律、真空实验、气泡沉船、滑轮组实验、虚拟书法、激光竖琴、火龙卷、相变花开、看得见的声音、VR驾驶等；展示讲解展项主要包括蝴蝶采蜜、萤火虫发光、蚊子的构造等；科普讲座主要涉及力学、热学、生物学等科学知识，使听众了解科学论证方法和过程；通过“思维

体操”锻炼思辨能力，为广大观众带来视听盛宴。各种活动激发了人们对科学知识的好奇心，进而扩大了科普效应。

2. 开展创新创意大赛，提升海淀区科普的渗透率

海淀区科协2018年举办了“科技公民创新创意大赛”，进一步开展科技公民培育行动，提升海淀区公民科学素质。大赛以“提升科学素养，争做科技公民”为主题，活动面向海淀区公民、个人和团队。大赛是2018年“全国科普日”海淀区的主场活动，200多位参赛者110个项目进入现场专家评审展示阶段，其中：科技创意项目29个，科技发明制作51个，科学设想方案设计30个。参赛选手最小的为9岁，最大的78岁，参与者有海淀的青少年、企业职工、公务员、科技工作者、社区居民、退休干部等等。活动评选出了优秀作品并予以奖励，对于实用性强、社会意义重大的创新创意作品，大赛以专项奖的方式，指导其形成专利，并为其申报专利。

（三）紧扣普惠本质，普及科学意识，提升人民群众科学素质

通过不同主题的科普活动，以贴近人民群众生活为导向，以服务群众科学知识需求为目标，不断提高科普惠及民生的力度，使人民群众的科学素质得到不断提升。

由区科协和区防范和处理邪教问题办公室联合主办的“科技公民舞起来”反邪教科普广场舞展演活动暨2018年海淀区科普之夏主场活动在海淀公园东门广场举行。此次活动的目的是进一步开展科技公民培育行动，提升海淀区公民科学素质，激发“崇尚科学、拒绝迷信、抵制邪教”的自觉意识和热情，打造群众喜闻乐见的科学生活平台，积极助力海淀区创建公共文化服务体系示范区。来自全区各街镇的16支代表队300多名演员参加了展演活动，参与人员有社区居民、在职职工、退伍军人、军嫂等，其中年龄最大的72岁，最小的只有22岁。舞蹈类型涵盖民族舞、戏曲舞蹈、健身操等，其中有不少舞蹈在各项比赛中斩获奖项，还有的参与过北京电视台春晚。活动邀请了中央民族歌舞团专业评委，现场决出一、二、三等奖。同时

现场有丰富的科普互动体验展项，如 3D 打印、VR 虚拟体验、挑战棋类机器人、脑控体验、体感游戏和互动模拟机。

2019 年科普之夏活动通过讲座、互动、体验等形式，面向公众普及多门基础科学知识，培养其实践动手能力，满足社区群众日益增长的科普诉求，提高了区域文明程度、公众科学素质，营造了讲科学、爱科学、学科学、用科学的浓厚氛围。甘家口街道科协紧紧围绕辖区居民文化需求，通过开展科普制作、科普参观、科普讲座、科普阅读等活动，满足人们对科学文化的需求。科普活动内容丰富、形式多样，活动贯穿整个暑期，共开展了 17 场科普活动，涉及环境卫生、军事武器、航天科技、生活常识、人工智能、历史知识等多个方面。科普活动参与者为甘家口街道各社区居民，活动现场愉快和谐，达到了科技文化普及和教育的目的，进一步满足了辖区居民对各类科普文化的需求，提高了辖区居民的科学文化素质和科学生活水平。

（四）着眼人民健康与应急，用健康科普提升居民疾病预防与应急意识

2017 年 9 月 21 日上午，万寿路街道联合国家开放大学、北京药盾公益基金会等单位共同举办了“健康生活公益讲堂”。讲座特别邀请了北京协和医院药剂科原主任张继春教授。来自万寿路街道的近 120 名居民参加了本次讲座，张教授以“安全合理用药保健康”为题，通过多个真实鲜活的案例，为现场居民详细讲解了如何安全用药及不合理用药造成的严重后果。此次讲座不但使现场居民学到了安全用药的相关科学知识，还提高了地区居民的药品安全意识。

2017 年 9 月 22 日，“全国科普日”海淀区主场活动——科普大篷车巡游在上庄镇上庄家园社区广场举行。北京大学口腔医院科普大篷车、北京市疾控中心健康教育科普大篷车、同仁医院科普大篷车——爱眼大巴、自然博物馆科普大篷车——中生代归来等科普设施纷纷出动，现场为社区居民科普健康、科技小知识。活动精彩纷呈，受到社区居民的热烈欢迎，现场一片热

闹景象，居民纷纷表示科普知识非常实用，希望以后多开展此类活动。该活动使500余人受益，发放科普宣传折页、手册1000余份，展出科普展板100多块。

2018年的科普之夏活动期间，北太平庄街道科协组织发动地区37个社区开展形式多样的科普活动，内容涉及食品安全、防灾减灾、防盗防诈骗、安全教育、青少年暑期教育等。活动提高了区域文明程度、公众科学素质。

（五）整合优质资源，服务区域发展，助力区域协同发展

海淀区通过优质资源整合，结合自身区域发展战略，实施《中华人民共和国科学技术普及法》和区域发展有关战略规划，不断为自身发展提供源源不断的动力。

2017年科普之春活动的主题为“科普惠农、科技富民”，该活动在全区7个镇和相关街道展开。4月15日，在上庄镇埼荟沅种植中心举办了北京市科普之春海淀区主场活动，参加活动的近300个家庭不仅享受到科技知识的乐趣，还了解了中国传统农耕文化知识。丰富多彩的科普活动吸引了众多家庭参与其中，现场参与活动的孩子们在设定的区域内体验了翻土、打埂、做畦、施肥等农耕过程，体验了传统风筝的制作，了解了绿色蔬菜栽培知识，增加了相关的科学知识。2017年科普之春活动期间全区各镇也开展了丰富多彩的活动，例如苏家坨镇农业综合服务中心和海淀区农科所联合组织在海淀区苏家坨镇聂各庄村举行果树栽培技术培训班，由北京市海淀区农林科学院张军科教授进行讲解，并在果园里进行实地修剪，传授果树主要病虫害防治经验，让种植户对果树的管理有了更深层次的认识，对果园以后的管理起到至关重要的作用。东升镇充分利用科普宣传栏张贴科普挂图，书写科普活动口号，向居民宣传科普知识，倡导文明生活方式，使社区居民进一步了解了开展“科普之春”系列活动的意义，让科学思想、科学精神、科学知识和科学方法渗透社区的每个家庭。

2019 年科普之春活动的主题是“新时代、新科普、服务乡村振兴”，活动以科学兴趣为导向，以科学表演为展现形式，通过授课导师的实验演示，中间穿插科学原理讲解、趣味问答、互动体验等环节，让学生充分参与、体验科学的魅力。4 月 20 日，在中关村创业公社举办了科普之春海淀区主场活动，活动现场分为展示区、交流区和竞技区，展示了 3D 打印、航空航天科普、实验艺术等多项科普内容，为大众创业、万众创新提供科普支撑，全面提升居民的科学素质。

四　海淀区多样化精品化特色科普的效果分析

海淀区科普工作纵向以时间为轴，每年开展“科普之春”“全国科技活动周”“全国科普日”“科普之夏”等活动，在不同的季节和条件下有针对性地开展不同活动。横向以不同科普活动为轴，重点突出海淀特色，坚持科普助力科技强国建设，提升人民群众科学素养，发挥示范效用惠及民生，提高人民群众生活品质，整合优质资源服务区域发展，助力不同群体进步等，通过多样化精品化的科普产品增强科普效果。

（一）海淀区科普多样化精品化发展社会氛围浓厚，科普实效性较强

以“全国科普日”为例，海淀区“全国科普日”活动紧紧围绕贯彻习近平新时代中国特色社会主义思想，坚持贯彻落实党的十九大以来的中央全会精神，落实《全民科学素质行动计划纲要实施方案（2016—2020 年）》，按照上级有关通知精神要求，推动“创新、协调、绿色、开放、共享”发展理念深入人心，推动全面提升全民科学素质，促进科学普及与科技创新协同发展，围绕为新中国成立 70 周年献礼和北京市重大决策部署等主题，广泛动员社会和居民共同参与，取得良好实效。

全国科普日活动期间，区科协有效动员社会有关力量，调动科普活动的积极性，进一步增强科普活动的吸引力和提高公众的参与度，领导重视、准

备充分、多方参与配合，形成了浓厚的科普氛围，取得了实实在在的成效。通过举办“全国科普日”活动，贯彻实施《全民科学素质行动计划纲要实施方案（2016—2020 年）》，宣传落实《中华人民共和国科学技术普及法》，公众参与度与科普效果都取得较好成效。该活动在全社会广泛普及科学知识，倡导科学方法，传播科学思想，弘扬科学精神，提高了海淀区居民的科学素质。

（二）海淀区科普产品多样化精品化，活动主题明确，活动吸引力强，群众参与度高

海淀区科普活动主题明确，形式多样，各具特色。内容起于百姓生活，居民可以通过对展示内容的了解，展望未来生活。参展项目互动性强，各单位将智能成果科普化，并开发出适合互动的实物、模型、仪器、多媒体等进行游戏互动，活动吸引力强，让参与者在“玩中体验科技”，提高了参与度。

以 2019 年科普之夏活动为例，中关村街道科协为深入推进生活垃圾分类工作，倡导绿色生态、健康环保的生活方式，8 月，携手小企鹅乐园（腾讯视频儿童版）以“童心向文明，垃圾也有朋友圈”为主题，共举办了 4 场线下垃圾分类趣味宣传活动。关于垃圾分类推广的线上活动也在小企鹅乐园 APP 同步进行，线下活动参与人数超过了 100 人，线上活动的参与人数更是达到了 6 万余人，产生了 1500 多个绘本作品。

（三）海淀区多样化精品化科普活动示范性强，在全国影响力大

海淀区是具有全球影响力的科技创新中心，科技创新能力在全球都有较大影响，在全国具有示范引领作用。同时各种科普活动以海淀区为主场，结合现代化传媒手段，在全国产生了很大影响力，对其他地区精品化多样化科普工作的开展提供了很好的示范带动作用。全国科技活动周和科普日主场活动多次选在海淀区举办，通过具有全国影响力的科普活动，进一步展示了海淀区的科技实力，展现出海淀区在建设具有全国影响力的科技创新中心中所取得的优秀成果，对其他地区开展科普工作具有一定的示范引领作用。

五　推动海淀区科普产品进一步多样化精品化可持续发展的对策建议

海淀区科普产品精品化多样化发展在助力科技强国建设，促进人民群众科学素养提升和改善民生方面发挥了巨大作用，但与新时代我国对科普事业发展的要求以及人民群众对美好生活的向往还有一定差距。科普产品精品化多样化发展应更加注重内涵提升，科普工作应更加注重经验总结提升；可持续发展应更加注重社会绩效评估，融入京津冀乃至全国科技发展大局，在全国树立海淀区科普品牌和全国样板。

（一）以供给侧改革为突破口，深挖科普产品内涵

科普产品的供给应该以市场为导向，以供给侧改革为突破口，将更多更精品的科普产品提供给人民群众，以满足广大人民群众对美好生活的向往。科普产品的内涵挖掘要紧紧抓住群众需求，对接区域优势科技资源，使优势资源在科普活动中发挥更大作用。同时，也应该重视科普产品的内在规律，通过提升科普产品的内在品质，进而提高科普实效。内涵式发展要求实现科普产品的优质化和产业化，以满足科普市场的需求。

（二）推动科普理念与实践双升级，深化科学素质建设工作

紧密结合重点人群关心的热点问题开展科普宣传。以北京科学中心海淀分中心建设为抓手，加大对“五类”人群的科普工作力度。继续坚持以人为本、面向大众、贴近生活、注重实效的科普宣传方向，编辑发放科普展板、科普书籍。尤其要加强青少年科普教育工作，有序开展各类竞赛并加强教师培训，切实提高科技辅导员的业务素质和组织能力。同时，海淀区科普产品多样化精品化可持续发展要紧密围绕国家战略，紧密结合社会、经济、科技发展的热点问题、民生问题，推进科普供给侧质量提升，为全

面建成小康社会和建设创新型国家奠定基础。要紧跟公民科普需求的新变化、新特征，与时俱进，能够应用新的技术手段和表现方式，创新科普形式，倡导科学方法，传播科学思想，推动科普理念与实践双升级，全方位推动科普事业发展。

（三）创新科普渠道，努力打造品牌科普服务平台

进一步发挥海淀区域内科技人才众多的优势，推进科普资源共建共享工作，搭建高水平品牌科普服务平台，畅通交流渠道。一是利用中央驻区科研机构、大学院所的科普资源，精选出一支由专家、教授组成的科普讲师队伍，积极开展海淀区创新大讲堂活动，同时动员科技场馆、大众传媒等多方参与，逐步实现海淀区科普资源共建共享；二是开展对海淀区基层科普工作者的培训，培训旨在提高科普工作者科普理论水平，提升科普实践能力，特别是在推动科普理念认识和实践活动双升级的新形势、新要求下，搭建平台，通过科普培训活动，使广大科普工作者充分认识科普管理与服务的重要性，提高科普工作者的组织能力，并充分发挥示范带动作用，掌握开展科普工作的更好方法，从而全面提升海淀区的科普服务水平；三是充分利用科协全方位、多层次的科普工作网络，广泛开展群众性、社会性和经常性的科普活动。

（四）进一步打造海淀科普品牌，融入京津冀乃至全国科技发展大局

海淀区是全国科技创新中心，在全球科技创新领域也有很大影响力。随着京津冀协同发展的趋势更加明显，海淀区科普产品在京津冀乃至全国的影响力必将更加突出，这就要求海淀区科普产品在多样化和精品化的基础上，更加注重对品牌的打造，通过塑造海淀区科普品牌，提升核心竞争力，在全国树立海淀区科普的样板，为我国科普事业发展提供更多支撑。

（五）加强工作经验总结，注重对科普活动的社会绩效评估

多年以来，海淀区依托优势科技资源，将科技资源转化为科普资源，科普

效果取得较大提升，活动多样化精品化特征明显，组织协调各级各类科普活动的能力也有了较大提高，受益人群不断扩大。但是从实际工作情况来看，海淀区科普工作属于做的多说的少，事务性活动多、经验总结和理论提炼少。因此从理论上为科普产品的多样化精品化发展提供支撑，从实际工作中总结分析出海淀区科普产品发展的未来趋势，应该成为促进海淀区科普产品多样化精品化可持续发展的重要选择。另外，海淀区科普活动多样、精品频出、社会效益显著，在经费紧张的情况下能够取得如此成绩确实难能可贵。同时由于政府绩效评估等原因的限制，实际工作中也存在重数字化指标、轻实际效果的现象。特别是科普工作本身是一种内化于心、外化于行的活动，很难从具体的数据化指标上进行评估。海淀区科普工作活动多、受益人群广，加之居民本身科学素养高，所以更难用某几次活动的参与人数、活动项目数量等数据化指标来评估。因此，应该摒弃原来的那种只注重参与人数，而不注重实际效果的绩效评价体系，探索建立使科普入心入脑的社会绩效评估体系。

参考文献

高淑环：《推进北京市科普产业创新工程的建议》，《科协论坛》2018 年第 2 期。

龚晗：《移动互联网技术在科普中的应用探索》，《自然科学博物馆研究》2016 年第 1 期。

李慧涵：《数字时代科普传播的产品形式与新特点》，《中国记者》2018 年第 5 期。

李黎、孙文彬、汤书昆：《科学共同体在科普产业发展过程中的角色与作用》，《科普研究》2013 年第 4 期。

梁恒龙：《关于科普展品功能与形式分析》，《科技风》2015 年第 4 期。

刘广斌、李会卓、尹霖：《我国科普产业统计指标体系构建研究》，《科普研究》2015 年第 6 期。

牛桂芹、章梅芳、吴因、李昕妍：《基于基础数据的北京市科普企业总名录调研》，《科技传播》2019 年第 12 期。

任福君：《新时代我国科普产业发展趋势》，《科普研究》2019 年第 1 期。

向鹏：《基于数字出版的科普产品生产与传播策略》，《出版发行研究》2017 年第 2 期。

杨艳梅：《关于加强全民科学素质工作的思考——以北京市海淀区为例》，《学会》2015 年第 6 期。

章梅芳、吴因、牛桂芹、李昕妍：《北京市部分科普企业发展现状调查研究》，《科普研究》2019 年第 4 期。

赵东平、赵立新、周丽娟：《加强科普产业发展研究　推动科普工作社会化》，《学会》2019 年第 3 期。

赵莉：《新媒体科学传播亲和力的话语建构研究》，博士论文，中国科学技术大学，2014。

周建强、马明草、包明明、张文林：《科普基础设施服务能力评价与科普产业发展研究》，中国科普理论与实践探索——第二十三届全国科普理论研讨会论文，上海，2016。

胡芳、刘哲、庄智一：《科普产业发展要素分析——基于科普相关机构调研》，中国科普理论与实践探索——第二十三届全国科普理论研讨会论文，上海，2016。

《中国科协关于印发〈中国科协关于加强城镇社区科普工作的意见〉的通知》，北大法宝，http：//www. pkulaw. cn/fulltext_ form. aspx/pay/fulltext_ form. aspx？Db = chl&Gid =0e1804915b8479b6bdfb。

《北京市海淀区人民政府关于加快构建现代公共文化服务体系的实施意见》（海政发〔2017〕18 号），北京市海淀区人民政府网站，http：//zyk. bjhd. gov. cn/jbdt/auto10489_51767/zfwj_ 57152/201810/t20181003_ 3525283. shtml。

B.18
西城区构建精细化管理矩阵引领科普服务供给侧改革

毛维娜　李　鹏　孙艳艳*

摘　要： 西城区发挥丰富的科普资源优势，构建了以科普工作联席会议和街道社区为依托的科普工作精细化管理矩阵，利用联席会成员单位业务专长和街区区位优势开展了一系列专题科普活动和亲民科普活动。本报告分析了西城区科普工作概况，梳理了西城区科普工作精细化管理矩阵，总结了西城区科普服务活动品牌化、民生化、精准化、协同化的特色，找出了西城区科普工作在互动性科普活动占比偏低、科普服务对象单一等方面存在问题，提出今后应从拓宽科普服务供给主体、丰富宣传形式与手段等方面进行优化，从而加快西城区科普服务供给侧改革进程。

关键词： 北京西城区　科普工作　精细化管理矩阵

一　引言

根据《北京城市总体规划（2016年—2035年）》，北京将构建“一核一

* 毛维娜，北京市科学技术情报研究所助理研究员，主要研究方向为科技政策及大数据分析；李鹏，《北京科技报》首席记者、评论员，主要研究方向为科学发展与科学传播、传播媒介与信息传播以及文化科技创意产业；孙艳艳，北京市科学技术情报研究所助理研究员，主要研究方向为国外科技创新政策、区域协同创新和科技资源共享。

主一副、两轴多点一区”的城市空间格局，西城区是“一核”的重要构成，是历史文化名城保护的重点地区，是展示国家首都形象的重要窗口地区。[①] 西城区科普工作具有重要意义，持续开展科学、有序、新颖的科学普及活动，将进一步提升首都核心区民众的科学素养，有利于核心区形成学以立志、学以增智、学以创新的良好氛围，构建以西城区科普资源优势助力北京全国科技创新中心建设的良好格局。本报告相关案例资料由北京市西城区科学技术和信息化局提供。

二　西城区科普工作概述

在《中华人民共和国科学技术普及法》、《北京市科学技术普及条例》和《北京市西城区全民科学素质行动计划纲要工作实施方案（2016—2020年）》的指导下，西城区严格践行“政府推动、全民参与、提升素质、促进和谐”的工作方针，区域内科普活动推陈出新，创新氛围持续改善，全民科学素质持续提升。[②] 第九次中国公民科学素质调查结果显示，北京市公民具备科学素质的比例达到 17.56%，西城区公民具备科学素质的比例为 21.4%，高于北京市平均水平，位于全市前列。西城区整体科教实力雄厚，科普资源丰富，市级科普基地共 46 个，区级科普基地共 64 个。西城区每万人科普人员数量多且高素质科普人员占比高达 68%。

近几年来，西城区加强对科普工作的制度化、阵地化、网络化建设，进一步完善区、街道、社区三级科普工作网络，依托科普工作联席会议成员单位和街道社区构建了西城区科普工作精细化管理矩阵。西城区相继启动了多个科普资源建设项目，探索建设科普资源联盟，持续打造政府部门间协作的

① 《〈北京城市总体规划（2016 年—2035 年）〉发布》，中华人民共和国中央人民政府网站，http：//www. gov. cn/xinwen/2017 -09/30/content_ 5228705. htm。

② 《北京市人民政府办公厅关于印发〈北京市全民科学素质行动计划纲要实施方案（2016—2020 年）〉的通知》，北京市人民政府网站，http：//www. beijing. gov. cn/gongkai/guihua/wngh/qtgh/201907/t20190701_ 100005. html。

科普平台。西城区科协建设的科普资源数据库已完成架构搭建和内容设置。西城区社区科普服务大数据精准服务模式研究项目圆满结题，为科普工作走上新台阶提供了充分保障。持续的科普经费投入为科普活动的开展提供了保障。仅2019年区科信局、区科协就投入科普活动专项经费542.25万元，保证了区域重点科普活动的组织开展。“2019年度西城区财政科技专项可持续发展类项目计划”为建设人工智能科技创新实验室、西城文化数字博物馆——中小学在线AI/VR文化科技创客、青少年校外科技创新课程研究应用与示范等5个项目提供了295万元的资金支持。

西城区在全面吸收国家方案的基础上结合西城区科普工作特点，不断推动对特色科普的探索和实践，充实和加强西城区全民科学素质建设的任务和目标，科普工作成效显著。

三　西城区科普工作精细化管理矩阵

（一）科普工作联席会议成员单位发挥业务专长，开展专题科普活动

西城区科信局发挥科普工作联席会议办公室作用，较好地完成了科技周活动组织、全国科普统计调查、科普培训等国家、市、区重点科普工作任务。以2019年西城区科技周主场活动为例，活动现场共设八个活动区25个活动项目，摆放了20块宣传各类安全知识的展板。近600人参加了近4000项次活动。科技周期间，科普工作联席会议成员单位身体力行，街道办事处履行主体责任，科普基地、体验厅积极配合，据不完全统计，西城区在科技周期间组织了200余场活动，14280人次参加。

区科协强力发挥了主力军作用，组织了“读科普精品　享科学生活”阅读季活动、“简约生活·创意无限”设计大赛、科普之夏等区域科普活动，保证西城区科普活动长年不断。“科普之夏”是传统大型科普活动，2019年“科普之夏”活动期间，全区共组织科普参观、科技展览、科学讲座、科技互动体验等科普活动2193场，发放各类宣传资料38554套（册），受众人群近10

万人次。其间，区科协资助10家西城区科普资源单位与街道社区实行对接服务，在15个街道开展主题科普活动51场，有效地提高了社区科普活动水平。为了让居民理解国家科技战略，近距离认识人工智能，2019年9月12日，以“礼赞共和国　智能新生活”为主题的西城区“全国科普日”主场活动——人工智能微型嘉年华活动在中国大百科全书出版社一楼展厅展开。活动现场分为数学思维体验区、工程思维体验区、编程建模体验区、人工智能体验区、百变小强体验区、机器人智能秀场、VEX机器人体验区、循迹机器人体验区八大主题板块，让各个年龄阶层的人都感受到了人工智能的发展及对自身生活的影响，为居民打造了一场互动体验式的科普盛宴。科普工作联席会议成员单位充分挥发业务专长，举办了一系列丰富多样的科普活动。区教委以学校为平台，突出主题活动，将科普活动贯穿全年。科技周期间主办了首届北京市中小学生食育实践活动；暑期面向学生开展了科普联盟公益活动；2019年西城区学生科技节设有天文、自然科学、机器人、科技制作等多个领域的11项科技比赛、活动，以论文答辩、动手制作、海报绘制、实地观测等多种形式为学生搭建展示平台，区内近百所中小学的十余万名学生参与其中。区生态环境局在“6·5”世界环境日、科技周、“9·22”世界无车日等开展主题活动，还与西城区第一图书馆共同举办了“生活垃圾污染现状及治理新思路探讨”环保科技公益讲座。另外，区生态环境局还承办了市生态环境局、区政府在北京动物园举行的“6·5”世界环境日宣传活动，并在全区15个街道开展主题宣传活动。区体育局组织开展了体育科学研究并将成果应用于基层。其与西城区平安医院合作创编了系列弹力围巾操——《坐姿弹力围巾健身操》、《站姿弹力围巾健身操》和《双人弹力围巾健身操》，并在区内外推广。区商务局积极组织企业开展科普活动。菜百公司推出了系列科普书籍——《翡翠》《钻石》《红宝石蓝宝石》。另外，张一元、西单商场、西单购物中心等企业也向形成科普文化服务典范、打造品质文化消费标杆努力。

西城区应急管理局为推动西城区防灾减灾救灾工作的不断发展，提高基层灾害应急反应和紧急救助能力，2019年分三批举办了应急救援员培训班，全区约300名安全员参加了培训。区园林局、区科协共同打造的21家绿色科普驿站开展了各类“园艺文化”推广体验及“绿色科技、多彩生活”系列科普活动，免费为周边居民、游客提供园艺体验活动、讲座和家庭园艺技术培训及咨询等公益服务，普及园林绿化科学知识。

（二）街道社区发挥区位优势，开展亲民科普活动

基层是开展科普活动的“最后一公里”。西城区通过实施街道科普特色项目，将科普工作有机地融入街区建设，鼓励街道结合辖区实际，挖掘街区特色，整合街道属地资源，以“一街一品”的原则，开展科普活动，不断提升街区在科普方面的凝聚力和认同感，逐步使科普工作覆盖全区域。截至目前，西城区 15 个街道全部建立了科协组织，并设有科普专干。所有社区居委会都建有科普小组及专（兼）职人员。现有社区科普宣传员 2500 人，注册科普志愿者 4600 余人，已命名的科普志愿者分队 15 支。日益完善的区科普组织为科普工作的深入开展提供了强有力的保证。

西长安街街道作为“红墙意识”发源地，积极响应区科协“科技周”、“科普之夏”和“践行红墙意识、共享科技生活”等主题活动，开展好科普进社区、科普进院落、科普进家庭的“三进”工作。深挖“红墙文化”内涵，积极探索创新常态下科普工作的新动态，加大科普精准化、信息化、社会化建设工作力度，围绕中心、服务大局，全面完成了各项工作任务。以开展“红墙杯合唱节”为契机，完善地区科学文化素质交流平台。例如在国家大剧院成功举办第十二届“红墙杯”合唱节，此次文化活动以“壮丽七十年　颂歌新时代”为主题，此项活动作为地区有水准、有传承、有代表性的红墙品牌活动，受到中央国家机关、企事业单位、学校的高度关注。共有 13 支合唱团 800 余人参加了演出，活动展示了各单位良好的精神风貌，加强了各单位的协同联动，进一步促进了地区科学文化素质的不断提升。

什刹海街道突出地区特色，营造人人“讲科学、爱科学、学科学、用科学”的良好社会氛围，打牢科普创新塔基，多次组织科普活动。什刹海街道有一支放映科普电影的志愿者队伍。周末，他们在北京市西城区什刹海景区闻名遐迩的野鸭岛上，通过《时间简史》《旅行到宇宙边缘》《海

洋》等科普电影及相关科普教育片的放映，传播科学知识，活跃居民文娱生活。为提高辖区内老年人的科学文化素质，丰富老年人的精神文化生活，街道以社区老年科普大学为活动载体，在辖区内 22 个社区开展了 40 场包括智能手机应用、电脑使用、英语口语学习等在内的多种老年科普活动。①

智慧生活科学馆是金融街街道开展科普活动的主阵地。金融街街道以智慧生活馆为平台，联合创新部落、公益绿主妇等社会组织开展各类培训，居民不出街道就能享受丰富多彩的科学文化活动。这里的系列科普活动、唱歌、书法、绘画、智能手机应用培训，以及面向辖区青少年的科技手工制作、少年软笔书法、科学英语等课程受到一致好评。智慧生活科学馆全部内容对居民免费，极大提高了居民的幸福感。

白纸坊街道的科普工作选择以纸文化为重点。纸文化博物馆是街道建成的第一个科普实践基地和校外活动基地。2019 年投资 20 万元完成纸文化博物馆的硬件维护和纸文化博物馆 APP 的升级运维，并开展古法流沙笺技艺体验传承活动。线上 APP 与线下博物馆相结合，将与纸相关的文化、科技、环保、生活、艺术等内容贯穿其中，营造出“知识系统严谨，兼具艺术特色”的青少年科普文化氛围。

大栅栏街道积极争取活动场地，指导和协助社区进行科普活动，以创建科普社区建设为抓手，完善基础设施建设。充分利用百顺社区“国粹苑”京剧文化体验基地、“京韵剧源”京剧文化广场、“文博苑”等场馆，为科普活动提供场所，将科普体验与青少年教育、京剧艺术宣传等结合起来，拓展科普活动形式。举办了第二届“京韵剧源——西城 2019 京剧发祥地艺术季”文化活动，统筹指导相关部门完成公益培训 50 场、公益演出 2 场次、冰雪知识展览 1 次，共惠及居民 9600 人次。

新街口街道加强了非遗进社区与科普活动的结合。依托非遗进社区活

① 《网络科普夕阳红　西城区举办老年人电脑培训班》，北京城市文明网，http://bj.wenming.cn/xc/jwmsxf/201905/t20190508_5106015.shtml。

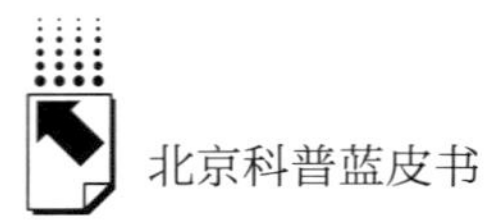

动，加强对辖区非遗传承、文物保护等科普知识的宣传。在社区组织开展了捏糖人、做宫灯、剪纸、制作毛猴、拼七巧板等传统文化体验活动，让居民在学习和体验中感受中华传统文化的博大精深和独特魅力，增强保护文化遗产的意识。

展览路街道以“科学健身·快乐益身·喜迎冬奥”为主题的“冰雪进校园”活动于2019年4月4日在西城外国语学校附属小学正式举行，通过科普小课堂和科普小展板，活动为在场师生们介绍了中华传统冰雪运动的历史，讲解了现代冬奥会的常识，引起了同学们的浓厚兴趣。这次大型科学健身宣传指导体验系列活动，让现场的师生们学习了冰雪运动知识，直观地感受了冰雪运动的乐趣与挑战。

德胜街道与北京市地质研究所合作开展“地质灾害预防科普项目”，2019年举办了两场主题日展览，在10个社区作了专题讲座，在5个社区举办了科普展览，千余名社区居民参加活动。活动普及了地质环境保护知识和避险方法，能够有效地减少或避免地质灾害带来的人员伤亡和财产损失。德胜街道还常年与北京市西城区常青藤可持续发展研究所合作，通过常青藤的专业技术支持，开展垃圾分类与酵素制作、安全讲座、科学知识普及讲座等活动，助力地区科普文化推广。

四　西城区科普服务活动特色

（一）科普活动品牌化

“科普三个一”活动是西城区持续开展十余年的特色科普品牌活动，最先面向领导干部开展，后面向公务员群体，2016年首次以社区科普干部为主体展开。2019年“科普三个一”活动以“进基地　学科学”为主题，以街道为单位，以社区科普干部为主体，参与者在北京市科普基地——中国古动物馆、北京动物园通过观影、听讲座、参观、体验的方式学习科学知识、感受科普活动的魅力。

"春之声，科普汇"是西城区科协2017年开始打造的全新科普品牌。活动从春天开始，历经半年时间，由区层面进行统筹规划、顶层设计，通过每年一个不同的活动主题和载体，提升区域科普活动的品质和服务水平，如2018年以签约形式开展领导干部公务员走进科普场馆活动，2019年结合国庆70周年打造科普阅读季活动等，加强了区域性科普活动的整体性、连贯性和创新性。

2019年"春之声，科普汇"以"读科普精品　享科学生活"为主题，以推荐、阅读科普书籍为引子，倡导全民养成读好书的习惯，助力公众科学素养的提高。"读科普精品　享科学生活"活动在区域内全面展开，各街道社区协同发力，以书为纽带共促民众学以立志、学以增智、学以创新。本次活动的小小科学家专场邀请了理论物理博士、中国科学院大学科普策划人吴宝俊做了"物理学有什么用?"的科普报告。吴宝俊博士从钟表、显微镜、望远镜和枪支入手，引入科学史、科学哲学，用风趣幽默的语言将物理学原理、科学史故事、科学家奇闻等巧妙地融合在一起，为广大青少年呈现了科普大餐。吴宝俊博士还用美国著名物理学家、美国物理学会第一任会长亨利·奥古斯特·罗兰的《为纯科学呼吁》鼓励青少年们投身科学事业，为复兴中华民族贡献一份力量。活动通过问答、领读等形式使青少年与演讲者实现了互动，收到了良好的效果。

（二）科普主题民生化

西城区注重科普活动与民生的结合，近几年来组织多种以低碳环保、垃圾分类为主题的科普活动。"低碳生活"已成为部分西城区居民的生活态度和自觉行动，"废"物也从最初的回收资源、重复利用的物品发展为实用的物件或精巧的装饰。

西城区科协组织开展了"践行环保理念，带头垃圾分类"科普宣传志愿者主题参观体验活动，各街道科协、企业科协、绿色科普驿站、科普资源单位的80名代表赴北京首钢生物质能源科技有限公司参观垃圾分类处理焚烧发电项目，系统学习垃圾焚烧发电的科技知识，了解垃圾由废变宝的过

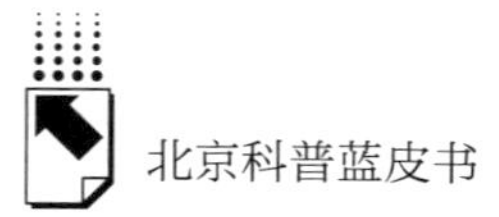

程。西城区城管委采取多种措施加强宣传教育，不断提高居民垃圾分类意识。其组织街道、社区、物业、居民和学生开展“垃圾分类一日游”活动，与社会公益组织合作，聘请专业人员走进学校、商超、企业等开展垃圾分类宣传，受众达到10万人以上。西城区城管委还开展垃圾分类知识讲座，组织环保图画展、演讲比赛、“变废为宝”巧手竞赛等活动，引导广大居民牢固树立垃圾分类思想，推动垃圾减量化、资源化、无害化。西城区城管委还以垃圾分类投放、分类收集、分类运输和分类处理的“四个分类”为抓手，不断推进居住小区垃圾分类达标体系建设。工作人员为垃圾分类创建小区每户居民配备两个户用垃圾桶和730个家用垃圾袋，垃圾袋颜色与桶的颜色相对应，便于分类。他们还发放分类指导手册，引导社区居民进行生活垃圾分类。展览路街道邀请专家为青少年提供了关于垃圾分类的知识讲座。专家通过PPT讲解生活垃圾的现状、可回收垃圾的利用价值、有毒垃圾的危害，让青少年了解生活垃圾的科学分类和处理措施，增强了垃圾分类的自觉性。展览路街道还将此次垃圾分类知识讲座陆续推广到辖区内各社区，希望通过一个孩子带动一个家庭，共同参与到垃圾分类工作之中，用行动创建美丽家园。

为推广区域环保理念和绿色行动，西城区连续举办了“简约生活·创意无限”资源再设计大赛。活动坚持以“节约、创意、智慧、生活”为主旨，发挥大众智慧，充分利用资源的再生性，宣传绿色环保理念。2019年举办的西城区第八届“简约生活·创意无限”资源再设计大赛共征集到2961件创意作品和低碳纪实摄影作品，109件获奖作品入选北京国际设计周“亮点·德胜”分会场，使西城区科普活动走向国际。为了让参赛者更好地理解活动理念，2019年主办方在比赛之前组织参赛选手参观汉能清洁能源展示中心，实地体验绿色能源的利用，并邀请环保设计达人、绿色环保美学专家、资深设计师、景观创意设计师和设计策划人分别在月坛街道、广外街道、金融街街道、天桥街道等举办专题培训，活动具有极强的专业性。活动终评期间，西城科协邀请5位专家分别对实物作品、摄影作品、摄像作品，从原创性、实用性、故事性、美观性、资源再利用性等方面进行综合评定。

现场展示的作品中，有对旧纸盒进行设计加工以图书形式展示读书题材的创意作品，有的反映了工作人员在大街小巷治理整顿的工作故事，也有反映时代变迁、科技进步的摄影作品，多方面体现了倡导绿色生活、保护环境的行动成果。

（三）科普服务精准化

为了提升科普活动效果，西城区设计了特色科普活动，实现了科普服务的精准供给。

1. 培养青少年爱科学、学科学、用科学的好习惯

青少年是科普活动最为重要的受众，为拓展学生的科普知识范围，培养学生爱科学、学科学、用科学的好习惯，西城区多个街道和社区积极行动。

西城区积极通过青少年赛事活动推动科普及科技教育发展，取得了优异成绩。2019 年西城区组队参加第 39 届北京青少年科技创新大赛，获一等奖 31 个，约占北京市获奖数的三分之一，蝉联北京市第一；在第 19 届北京青少年机器人竞赛中，西城区获一等奖 18 个，居全市第一；在第 34 届全国青少年科技创新大赛和第 19 届全国青少年机器人竞赛中，西城区获一等奖 8 个、二等奖 16 个，全国十佳科技辅导员 2 人；在第 17 届“明天小小科学家奖励活动”中西城区获一等奖 4 个、二等奖 8 个。在青少年科教工作水平及普及程度、竞赛成绩等方面，西城区继续保持在北京市甚至在全国领先的地位。

为贯彻落实国务院在《新一代人工智能发展规划》中提出的任务要求，向广大青少年普及推广人工智能相关科普知识和技能，2019 年 6 月 2 日，区科协、区教委主办的“2019 年西城区青少年人工智能创意编程知识竞赛”活动在北京教育学院附属中学举行。本次比赛面向西城区有编程基础的在校初中生及小学生，比赛秉持学生自愿报名参加的原则，主要考查学生运用计算机分析问题、设计算法以及上机编程、调试程序的能力。比赛内容涉及 C + + 程序设计、数据结构、算法设计等相关知识，400 余名中小学

生参加了比赛。

新街口街道在中小学生寒暑假组织开展“恐龙化石 DIY”“智能机器人拼装”“争做环保小使者——单车微治体验”等科普活动，带领社区青少年开阔了眼界，树立了学科学、爱科学的精神。

2. 以亲子教育和家庭教育为载体，带动社区居民感受科学魅力

亲子教育和家庭教育是开展科普活动的重要载体，西城区积极开展以亲子教育和家庭教育为载体的科普主题活动，吸引社区居民参与科普活动。2019 年月坛街道与中国科学院京区科学技术协会合作在中国古动物博物馆开展了“博物馆之夜”月坛街道专场亲子科普活动，大手牵小手，让中青年人参与青少年的科普工作。2019 年 3 月 3 日，在国际劳动妇女节到来之际，区妇联、区科协以“家国情 · 同欢庆”为主题，在天桥艺术中心组织开展“牵手 AI 让家庭生活更美好”科普互动体验活动。活动现场以“智慧生活”为主题，共设置增强现实、创意搭建、智造一堂、机器人总动员、脑科学、热血足球赛六个大型展区。活动激发了家庭参与科普活动的热情，增加了亲子科普活动体验的获得感，近千名女性朋友与家庭一起参与其中。

什刹海街道继续开展“家庭教育促进”项目，建立了“家校—社区—社会组织合力家庭教育模式”，促进亲子交流、家庭融合、家校互动，帮助家长解决孩子共性问题。共举办了 10 场家庭教育主题活动，扩充了两个家园联盟微信交流群，开展了 100 余次家庭教育入户辅导。

（四）科普发展协同化

加强科普资源共建共享、促进京津冀协同发展也是西城区科普工作的一项重要内容。作为支援互助对口单位，应西城区科协邀请，2019 年 5 月 7 日，张家口市科协党组书记、主席席照平带队到西城区交流调研。围绕社区科普、青少年科教、科普资源对接等，双方结合区域特色交流经验，探讨对策，共同创新工作办法，促进科协更好地履行“四服务”职责。2019 年 6 月 27 ~28 日，西城区科协委员一行赴河北省张北县三中、树儿湾小学以及台路沟乡中心小学，为青少年学生提供了 3 场科教讲座和 3 场动手动脑体验

活动，特级教师们给孩子讲科技创新，科教单位负责人组织孩子参与活动，并赠送给孩子们四轴飞行器、学习用品和科教丛书等。西城区科协领导、专家和优秀科技教师还与学校领导和科技老师探讨了培育孩子探究精神和创新思维的方法，共同调研"联合为学校科教兴校搭建平台、为科教老师和孩子搭建科技创新成长成才新路子"。这次交流活动让工作人员感受到了孩子们对科学的渴望，也看到了周边地区科普资源的不足，感受到了首都科普的带动作用。

五　西城区科普工作存在的问题及解决建议

西城区科普工作一直强调在加强基础队伍建设的基础上，与时俱进，不断创新科普手段与内容，科普工作取得了显著成绩，但也存在有待改善的地方，例如相较于传统科普宣传手段，内容新、互动性强的科普活动占比偏低，科普服务对象覆盖面还应进一步扩展和精细化等。西城区作为首都核心区的重要组成，其科普工作应充分结合国家治理体系和治理能力现代化建设目标以及《北京城市总体规划（2016 年—2035 年）》中的战略定位，从科普服务供给主体、科普供给手段、科普服务对象三个方面优化西城区科普工作思路和方向，加快西城区科普服务供给侧改革进程。

（一）以现代治理理念拓宽科普服务供给主体范围

针对科普资源受限和科普专业人才缺乏等科普工作中存在的共性问题，建议西城区从机构和公众两方面拓宽科普服务供给主体范围。首先，充分发挥西城区京央属机构众多的优势，通过建立在京央属机构科普工作联席会议、科普工作站等实现科普资源的央地协同和对接。同时西城区也拥有数量众多的民间社团组织，应利用社团组织运营方式灵活、人脉资源广泛等优势，积极吸引社会力量参与西城区科普活动，将央属机构、民间社团等各方主体力量纳入西城区的科普工作矩阵。其次，利用西城区人员层次高的优势，吸纳具备较高科学素质和科普专业技能的人才，尤其是离退休干部和离退休专业技术人才，通过培养和培训相结合的方式将社会闲置人才力量转化为高层次专职和兼职科普人才。通过拓宽科普服务供给主体范围，完善多主体和人人参与基层科普工作的渠道，加强基层治理与科普工作开展之间的结合，以科普工作助力国家治理体系和治理能力现代化。

（二）以文化创意产业创新科普服务供给手段

近几年来，西城区在信息化技术与科普活动结合方面取得了较好成效，例如创建了西城区文化数字博物馆、西城区科协科普资源数据库等，开展了中小学在线 AI/VR 文化科技创客项目，还进行了“西城区社区科普大数据精准管理及服务模式”等方面的探索研究，打下了较好的数字化科普工作基础。今后应将西城区科普产业与北京大力发展的文化创意产业结合起来，借助动漫、新媒体、视觉艺术等新颖且互动性强的宣传形式创新西城区科普服务供给手段，通过“科普 + 科技 + 创意”的形式破解科普产业困局。同时为实现科普工作良性可持续发展，今后可与文化创意企业或社会组织开展合作，整合已有科普资源，构建政府引导、社会运营的数字化科普平台。依托平台开发互动性较强的科普传播方式，增加在线预约入口，打造集资源共享、科普互动、在线预约、科普动态、活动公告等多种功能于一体的“一站式”科普平台，推广居家科普、远程科普等新的科普服务形式，实现西城区科普服务和科普理念质的飞跃。

（三）以北京市战略定位为导向细化科普服务对象

目前西城区的部分科普活动已经初步实现了服务对象分层，构建了以青少年和社区居民为主要服务对象的精细化科普体系。但是为了适应北京市建设国际一流和谐宜居之都的时代需求，还需要进一步细化科普服务对象，针对相关人群，精准实施科学知识普及活动，力促其素质提升。例如将城镇劳动者等特殊群体纳入科普服务对象体系，开展定制化的科普活动，这样既提升了科普服务供给效果，又可增强北京作为首都的城市亲和力，有助于北京建设成为更加宜居、更加和谐、更加幸福的美好城市。

参考文献

《〈北京城市总体规划（2016 年—2035 年）〉发布》，中华人民共和国中央人民政府网站，http：//www. gov. cn/xinwen/2017 - 09/30/content_ 5228705. htm。

《北京市人民政府办公厅关于印发〈北京市全民科学素质行动计划纲要实施方案（2016—2020 年）〉的通知》，北京市人民政府网站，http：//www. beijing. gov. cn/gongkai/guihua/wngh/qtgh/201907/t20190701_ 100005. html。

《网络科普夕阳红　西城区举办老年人电脑培训班》，北京城市文明网，http：//bj. wenming. cn/xc/jwmsxf/201905/t20190508_ 5106015. shtml。

B.19

朝阳区：典型性、示范性项目驱动科普服务能力提升*

苗润莲　邢杰　李梅**

摘　要： 科普事业的发展需要典型性、示范性项目及特色品牌活动的驱动。本报告梳理了朝阳区的科普发展现状和成效，分析了朝阳区科普循环经济产业园、“索尼探梦”、特色精品科普之旅等典型科普案例，在科普惠民工程建设、科普社区建设以及园区建设与科普教育深度融合等方面为其他地方科普发展提供了借鉴。最后，从科普投入、科普人才建设、科普国际化等方面给出了提升项目驱动朝阳区科普服务能力的对策建议。

关键词： 北京朝阳区　科普服务　科普教育

一　引言

北京提出建设具有全球影响力的科技创新中心目标以后，给朝阳区的科普事业发展带来了新的挑战，也带来了新的发展机遇。朝阳区位于北京市东部，西与东城区、丰台区、海淀区毗邻，北连昌平区、顺义区，东与通州区

---

* 本文相关资料由北京市朝阳区科学技术和信息化局提供。

** 苗润莲，博士，北京市科学技术情报研究所研究员，博士后合作导师，主要研究方向为科技情报、区域发展战略、科技传播；邢杰，北京市朝阳区科学技术和信息化局副主任科员，主要研究方向为科技传播；李梅，北京市科学技术情报研究所副研究员，主要研究方向为区域创新与战略情报。

相连，南与大兴区相邻，地理位置优越，是北京市中心城区中面积最大的一个区，在北京市的发展版图中具有举足轻重的地位。朝阳区是北京市重要的工业基地，区内集中有纺织、电子、化工、机械制造、汽车制造等多种工业企业，相关产业发达。这里也是北京市重要的外事活动区，国际交流频繁。这些特质决定了朝阳区发展科普事业有自己独特的优势，也有自身显著的一些特点。正是立足这些优势和特点，朝阳区以特色科普项目和精品活动为驱动，取得了明显成效，出现了不少值得借鉴的科普典型案例。时代的发展为科普工作赋予了更多的使命，探讨朝阳区科普发展现状与成效，剖析典型案例，总结经验，就目前面临的问题提出建议，对朝阳区实现科普强区和特色发展具有重要意义。

二　朝阳区科普发展现状和成效

朝阳区是北京市科普体量大、发展速度较快的地区，共有公办博物馆28家，民办博物馆21家，街乡办博物馆13家。近年来，朝阳区根据国家和北京市大力发展科普事业的有关政策和精神，依托丰富的科普资源，深度开发特色科普活动，通过科普惠民工程、“科普朝阳”行动计划的实施，有效推动了全民科学素质的提升，还形成了博物馆免费开放日、博物馆进基地、国际博物馆日主题活动等几大品牌活动，科普事业蒸蒸日上。

朝阳区科学技术和信息化局及科协立足百姓科普需求变化，挖掘区域优质科普资源，整合辖区内科普场馆、科普基地、科普体验厅等资源，以全区居民、青少年为受众，丰富科普活动内容，培育科普品牌，创新科技科普活动内容及形式，不断提升科普服务能力，从工作模式、服务内容、协作联动等多层面推进科普工作开展，针对社会关切的节能环保、科技生活、生态旅游、科技惠民等领域组织策划了具有朝阳区特色的科普品牌活动。

（一）大力推进科普惠民工程，提升居民科普素养

2012年至今，朝阳区大力推进科普惠民工程，成功打造了社区科普体

验厅。每家体验厅各具特色，现在已经成了周边居民及青少年十分喜爱的科普活动场所。朝阳区科信局、科协积极引导社会资源参与科普工作，继续开展科普品牌活动，初步形成了“朝阳区科技周”“朝阳科普之旅”“绿色朝阳从我做起”“金葵花科技工作者羽毛球比赛”等科普活动品牌。另外，朝阳区还大力推进中小学科学探索实验室建设，广泛开展贴近基层、贴近居民的科普活动。这些行动对提高居民科学素质，为全区创新驱动发展营造了良好的氛围。

（二）大力实施“科普朝阳”行动计划，全面提升科普服务能力

朝阳区充分发挥科技创新在经济社会发展中的支撑作用，强化区域科技成果示范、应用、推广和技术创新活动，每年面向社会公开征集社会发展科技计划项目。科学技术普及是社会发展科技计划项目重点支持领域之一，朝阳区围绕基层科普能力提升、特色科普活动培育、科技成果宣传展示等方面，组织实施科普项目，为推动全区科普工作奠定了坚实基础。

2019 年，朝阳区科协大力实施“科普朝阳”行动计划，弘扬科学精神，普及科学知识，推广先进技术，传播科学思想和科学方法，促进全民科学素质提高，其主要做法包括如下几方面。①

1. 整合资源，建立健全全民科学素质共建共享机制

结合机构改革，朝阳区科协重新调整并明确了 32 家科普联席会议成员单位，夯实 43 个街乡科协组织建设，提升了各街乡和科普联席会议成员单位科普工作分管领导的业务能力。区科协组建了朝阳区科学教育馆联盟，首批成员包含中国科技馆、中国电影博物馆、国家动物博物馆等在内的 27 家单位，其秉持共建、共商、共享、共赢的理念，分批建成了科普教育航母集群，打造出朝阳科普新名片。另外，区科协还积极着手建立科普资源单位库，从全市范围内优中选优，将具有创新思路和科普实践能力的单位纳入资源库，不断提升科普资源供给服务能力。

① 北京市朝阳区科学技术协会：《2019 年工作总结及 2020 年工作重点》，2019。

2. 开拓创新，大力推进科普理念和科普实践双升级

朝阳区科协创新科普理念和服务模式，打造信息化科普新引擎，针对社会热点和公众关注焦点，定向、精准地将科普信息资源送达目标人群，满足公众多样性、个性化需求，提升科学传播能力，实现科普资源的有效共享和科普服务的全覆盖。继续开展“科技三下乡”“科教进社区”“走进科技殿堂，共享文明生活”“科学嗨翻天”“红领巾科普游园会”“全国科普日朝阳主场活动”等品牌活动，发挥引领优势，创新内容形式，提升科普品牌影响力和公众参与覆盖面，以经常性、群众性、社会性的科普活动，引导人们树立健康、积极的生活观念和生活态度。

3. 通过多项举措，积极组织朝阳区新时代文明实践推动日活动

积极组织朝阳区新时代文明实践活动，例如在红领巾公园举办以“礼赞共和国·智慧新生活”为主题的2019年全国科普日朝阳区主场暨新时代文明实践推动日活动；与区文明办共同举办2019年“金葵花”朝阳区全民科学素质大赛培训会；与区直机关工委共同定期在月末开展新时代文明实践推动日主题活动，组织机关干部参加首都科学讲堂活动，参观北京科学中心、北京陶瓷艺术馆等。

4. 聚焦青少年重点群体，强化科学素质培养提升

朝阳区科协与区教委建立了共同研究、共同实施青少年科技教育的联动机制。举办2019年朝阳区第15届机器人大赛等青少年科技创新赛事，不断开展青少年创客交流活动，把培养未来科学家作为朝阳区科技创新氛围营造的重要元素。为加强人工智能后备人才队伍建设，区科协在初高中学生中开展人工智能知识普及活动，和区教委第一次共同举办了2019年北京青少年信息学科普日活动朝阳区选拔赛，为喜爱编程的青少年搭建成长进步平台。同时加强学校机器人教育基础工作，对获得全国、北京市和区级奖项的学校给予经费支持。

（三）举办特色科普活动，开放优质科普资源，营造创新文化氛围

朝阳区依托优质科普资源，组织了各种特色活动，营造了浓厚的创新文化氛围。“绿色朝阳从我做起”科普宣传活动是区科信局自2017年推出的

特色品牌活动，由北京节能环保中心、节能与环保杂志社承办，着眼于生态文明建设，围绕节能减排、绿色环保，聚焦社会热点、时代背景，每年推出一个主题，是面向全区居民宣传绿色发展理念、普及环保知识的全区性特色科普活动。自开展以来，已推出“关注空气质量”“可再生能源进校园”等主题活动，活动覆盖面广泛，居民及青少年参与积极性高，社会影响较大，活动成果及经验已经具有一定的社会推广价值。2019 年全年区科协开展了 130 多场“科教进社区”活动、40 余次进场馆活动和 127 节“科学嗨翻天”科学课，覆盖近 300 个社区，惠及居民和青少年 2 万多人次。结合全市科学素质大赛，区科协和区文明办共同举办朝阳区居民科学素质大赛，通过线上线下答题赢取科普场馆门票等方式，选拔出朝阳区的科学达（答）人，营造学科学、爱科学、用科学的良好氛围。2019 年度科技周活动，朝阳区采取“1 +3 +3”形式，即主场活动、分会场活动、主题活动相结合，大力在科普活动的特色上做文章。以“科普名家系列讲坛”为主线，邀请中国科学院及中国空间技术研究院的知名学者、科技部中青年科技创新领军人才、专业领域特聘专家等分别在主会场、街乡社区，为民众做大国重器、节能环保、防灾减灾、健康营养等六大类主题科普报告。组织社区居民走进多种形式的科技场所，开阔了大家的视野。发动科普基地开放场馆，深入社区、学校开展活动，为民众奉上科普盛宴，搭建了科普场馆与公众互动的桥梁。科技周期间开展的 15 项特色科普活动，近 2000 人直接参与，让朝阳居民充分感受区域科技发展成果，营造了浓厚的科技创新氛围。此外，朝阳区科信局还通过各种方式，将前沿科技成果带到居民身边。例如科技周活动期间，中科院“科学快车”进朝阳在小关街道奥林匹克文化广场举行，不仅有多种卫星模型展，来自中科院的工作人员还积极回答居民的各种提问，将卫星的原理等知识分享给居民。崔各庄乡京旺家园一区、二区的居民则在科技周期间，尽情感受冰雪运动的魅力。“冬奥来啦”科普嘉年华校园社区科普活动面向社区居民及青少年学生普及冬奥知识，并带来了“点水成冰”“模拟滑雪”“液氮魔术”等冬奥科技体验项目。垡头街道双合家园社区的居民则参与了由北京排水科普馆带来的“小水滴旅行记”等互动实验。

（四）发挥科普教育基地作用，推动青少年科技活动发展

作为全国科技进步示范区和全国科普示范城区，朝阳区始终围绕科普能力提升和创新精神培育，不断丰富科普内容、打造科普精品，大力推进科技惠民工程的实施。2018 年，北京市科委公示了 2015 年度命名的北京市科普基地复核结果及 2018 年北京市科普基地命名结果，朝阳区新增的市级科普基地包括融创空间、北京市方志馆、帕皮科技学院、中国国家地理北京科技文创基地等 4 家教育基地和中船蓝海星（北京）文化发展有限责任公司 1 家研发基地。截止到 2019 年底，朝阳区共创建市级创新型科普社区和社区科普体验厅 23 家，区域内共有市级科普基地 60 家，包括科普教育基地 50 家、科普传媒基地 7 家、科普研发基地 3 家，占全市科普基地的比例为 14.15%，涵盖了中国科学技术馆等国家级综合性场馆、奥林匹克森林公园等独具朝阳特色的大型场馆、北京排水科普馆等专业行业领域场馆等内容丰富、形式多样的科普基地。面向青少年开展的科技体验活动也很丰富。譬如，陈经纶中学组织该校学生及来自德国科隆友好学校的 12 名师生参观汉能光伏科普馆，让孩子们深入了解光伏能源知识；北京市第八十中学管庄分校组织学生走进亿利资源集团，让孩子们了解新能源发展趋势，从小培养他们绿色发展理念；“逐梦星空大国重器科普探秘活动”组织 100 名周边学生走进光合空间企业孵化器，让孩子们切身体验我国在航空航天领域的前沿科技成果，培养青少年的科学兴趣和民族自豪感。

另外，朝阳区是众多大型跨国集团的总部基地，也是北京市实现国际交往中心职能具有举足轻重地位的窗口，怎样利用这种优势地位也是多年来朝阳区工作的重要方面。为此，朝阳区相关政府部门及区科协积极推进国际科技趋势高端论坛，邀请专业领域顶尖专家预测科技发展趋势，展望未来，为科技人才提供学习、学术交流的机会，同时通过论坛的组织，提高朝阳区在科技维度的国际影响力，并搭建吸引科技人才来朝阳的新路径。还积极深入开展科技科普扶贫。区科信局继续牵头组织好科技、科普扶贫结对帮扶工作，重点加强与内蒙古、河北、新疆等 6 个地区扶贫结对点的对接，按照工作方案的要求，组织专家到当地开展技术指导，开展科普活动，受到当地干部群众的欢迎。

三　朝阳区科普典型案例

在推进科普事业的过程中，朝阳区涌现出一些典型的科普或科学传播案例，为北京市乃至全国提供了很好的样本和参考。

（一）园区建设与科普教育深度融合的典型样板：循环经济产业园

科普教育功能是园区功能的重要组成部分，各类园区的涌现对我国科普教育起到了重要的作用。近年来，将园区建设与科普教育深度融合日益成为各个园区实现自我价值、提高影响力的新路径。朝阳区循环经济产业园就是其中之一，它通过不断完善垃圾循环经济链条，与高校合作打造了循环经济教育示范基地，成为我国发展循环经济模式和传播循环经济具有重大示范意义的样本。

随着我国经济发展速度以及城市化进程的加快，经济发展与环境保护之间产生了日益突出的矛盾，其中垃圾问题就是城市的巨大负担。要有效解决这个问题，大力发展循环经济、打造循环经济产业是一种很好的思路。在北京市政府、区政府及社会各界的广泛关注与支持下，朝阳区政府按照《北京市全面推进生活垃圾处理工作的意见》，统筹规划，优先划拨土地资源，于 2002 年率先在朝阳区金盏乡南部开始组建朝阳循环经济产业园。经过多年的发展和实践，这个占地面积 4636 亩的环经济产业园发展出了独特的循环经济发展模式，成为技术先进、管理规范、环境优美、文明和谐，集固废处理、再生资源循环利用、环保科教功能于一体的示范园区。从本质上而言，循环经济是一种生态经济发展模式，其要求把经济活动组织成一个“资源—产品—再生资源”的反馈式流程，其特征是低开采、高利用、低排放。朝阳循环经济产业园自建设以来，始终以可持续发展理念为核心，集卫生填埋、垃圾焚烧、餐厨垃圾资源化处理等设施技术为一体，不断推进垃圾的减量化、资源化和无害化，成为我国循环经济发展利用的一个标杆。2014 年该园区还被国家发改委等四部委正式列为“国家循环经济教育示范基地”

单位。

园区建设与科普教育全面融合、发挥科普的教育功能和示范价值是循环经济产业园提升社会价值的重要抓手。多年来，朝阳循环经济产业园的建设坚持科学发展观，不仅让这里成为能够满足朝阳区社会经济发展的大型生活垃圾综合利用循环经济园区和绿色生态园，也成为具备环保教育功能的青少年教育基地。

现在，这里的循环经济教育基地也正在规划建设，预计投资6000万元，占地面积1.68公顷，由教育展览和科研示范区两部分组成：一是依托园区齐全的固废处理设施，建设环保教育展示场所，以“固废、环境、科技”为主题，通过互动、体验等方式，向广大居民和青少年普及固废处理及相关环保知识，在提高民众文明程度等方面发挥积极作用；二是建设固废处理科学研究平台，扩大与科研院所及高等院校的技术合作，对固废处理技术以及设备、工艺的改进和创新进行深入研究，推动全市固废处理行业发展。[①] 下一步，园区将继续发挥“弘扬科学精神，普及科学知识，传播科学思想，倡导科学方法”的科普传播平台的作用，吸引更多的中小学生和社会公众走进垃圾处理设施现场，了解更多的环保科普知识，助推广大群众形成科学认知垃圾、积极进行垃圾分类、支持环保事业的良好社会氛围。

（二）“索尼探梦”打造企业科普样本

企业不仅是科技创新的主体，也是科普教育的主力军。企业是众多产品的直接生产者，与广大社会公众关系密切，企业科普不仅能够为科普事业发展助力，还可以帮助企业开拓新的市场需求点，为企业发展创造更多机遇。另外，一些企业发展科普也是自身发展的客观需求。现在很多运用新知识、新技术以及创造高附加值产品的企业面临严峻的国内外市场挑战，激烈竞争的大环境对企业实施科普提出了历史性的新要求。[②] 索尼（中国）有限公司

① 中商产业研究院：《北京市朝阳循环经济产业园项目案例》，2018年8月1日，http://www.sohu.com/a/244577897_350221。

② 康娜：《企业科普主体作用研究》，北京工业大学硕士学位论文，2012。

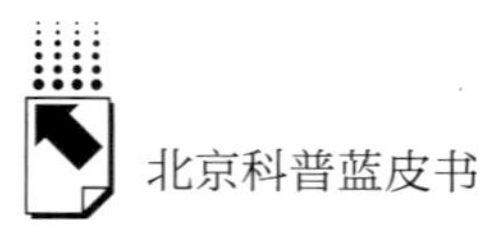

（简称“索尼公司”）充分利用自身技术特点，发挥各类媒介优势，利用资源和特点发挥自身技术优势，建设了以“光”与“声音”为主题的公益性科普场馆，打造了企业科普典型样本。

“索尼探梦”科技馆位于朝阳公园内，占地约2800平方米，是由索尼公司出资并提供全面支持，主要面向青少年儿童的公益性科技馆，这也是世界上第一家“光与声音”的科技馆。2006年10月30日，该科技馆正式与社会公众见面。到2019年底，已经有300多万名中国乃至世界各地的观众参观“索尼探梦”科技馆。

最近几十年以来，消费电子发展日新月异，相关技术令人目不暇接。尽管人们一直在使用某些功能，却对背后的技术知之甚少。“索尼探梦”展示了众多广泛应用在消费电子领域的先进技术，给广大青少年和儿童创造了一个深刻认识和感悟奇妙科学的场所。

经常举办具有互动性的科普活动也是“索尼探梦”科技馆的重要特色，这里的“探梦实验室”“闪电百科二选一”“实验梦工场”“科学童话剧”等一些优秀的节目将科学性与趣味性很好地结合在一起，要么幽默风趣，要么轻松活泼，让参与者很轻松地沉浸到科学的大餐中。此外，“索尼探梦”科技馆还经常就社会热点事件策划一些主题性的活动，充分展现了企业在科普领域的实力和担当。

据调查，在北京中小学生及其父母中，知道“索尼探梦”的人超过半数。据了解，建馆之后的10年中，有不少孩子来馆超过百次，他们迷上了这里，从小学一直玩到高中。这个被索尼公司定位为纯公益的项目，很好地履行了企业推动科普的社会责任，项目负责人用自己的理念引领青少年走近科学、探索科学，也为企业参与科普提供了一个很好的参考样本：公私合作科普项目作为开展科普活动和发展科普事业的新形式，能有效发挥社会组织和政府部门的优势，实现公私“双赢”。①

① 尤获：《公私合作科普项目利益相关者及其管理模式分析——以“索尼探梦”项目为例》，《中国科普理论与实践探索——公民科学素质建设论坛暨第十八届全国科普理论研讨会论文集》，2011。

（三）互动式科普深度游的摇篮：特色精品科普之旅

长期以来，很多科普活动过于简单，单向宣传色彩浓厚，互动性和趣味性不足，一直为不少人所诟病。北京市朝阳区近些年的科普之旅活动在互动式活动中的探索和实践，为很多基层科协组织培训科普干部、升级改造科普活动形式提供了很好的参考样本。区科信局、区科协充分整合科技场馆、科普基地等科普资源，立足民众科普需求，精心打造具有朝阳特色的科普之旅推介线路，通过在社区内广泛宣传、集中组织参观体验、引导鼓励街乡组织社区居民走进场馆参观体验等形式，让民众在活动中了解科技前沿动态，学习科学知识，提高科学素养。自 2011 年活动开展以来，有 6000 余人直接参与到活动中，间接带动 2 万余人次走进场馆，了解科技，活动深受民众欢迎。

北京海洋馆科普研究活动就是其中一例。2018 年，北京市朝阳区科学技术协会北京海洋馆举办了“金葵花 · 2018 年北京海洋馆科普研究活动”，吸引了全区 30 多名小朋友及科普干部参加，让他们体验了一次与众不同的海洋知识科普。为了避免打扰海洋动物以及接触外来的感染源，通常北京海洋馆海洋动物的生活区并不对普通游客开放。因此，本次体验对参与活动的人而言，是十分难得的机会。在活动过程中，凡是遇到具有代表性的海洋生物，专业人员都会进行比较深入而又有趣的讲解，因此备受欢迎。

2018 ~ 2019 年，朝阳区开展了一系列特色精品科普之旅活动，具体如表 1 所示。

表 1　朝阳区开展的部分科普之旅活动

项目名称	活动组织时间	活动地点	服务人群
创新创意之旅	2018 年 7 月 20 日	中国科学院高能物理研究所中科院八达岭太阳能热发电实验电站	43 个街道办事处、地区办事处科普工作人员代表
智慧城市之旅	2018 年 7 月 13 日	中国计量科学研究所	43 个街道办事处、地区办事处科普工作人员代表
安全健康之旅	2018 年 9 月 27 日	中国科学院心理研究所 慈铭健康体检管理集团股份有限公司	朝阳区市级科普基地科普工作人员

续表

项目名称	活动组织时间	活动地点	服务人群
科技探梦之旅	2018 年 10 月 18 日	三元牛奶科普馆 活动 3D 博物馆	43 个街道办事处、科普基地科普工作人员
高精尖科研之旅	2019 年 5 月 19 日	中科院北京基因组研究所 中科院国家动物博物馆	管庄乡社区科普工作者及社区居民
农科生态之旅	2019 年 8 月 15 日	延庆区 2019 年中国北京世界园艺博览会	朝阳区市级科普基地科技科普工作人员
健康安全之旅	2019 年 10 月 29 日	2022 年冬奥会冬残奥会组织委员会 北京凤凰岭国家地震紧急救援训练基地	43 个街道办事处、地区办事处科普工作人员代表
奥运科技之旅	2019 年 10 月 30 日	中国电影博物馆 国家体育场(鸟巢) 奥运规划馆	43 个街道办事处、地区办事处工作人员代表

科普深度游对我国其他基层科协系统开展科普活动具有很重要的启示作用。在我国，科协组织的一项重要工作职能就是广泛开展形式多样的科普活动，提高民众的科学素质，但是因为科学传播意识不足、人才匮乏等多方面的原因，长期以来，很多科普活动形式大于内容。内容单调、时间短，只能走马观花似的浏览是很多科普活动共同的弊病。并且越是边远地区，越需要进行科普的地方，往往越是如此。时至今日，在科普活动日开展几场具有宣传性质的科普活动，是部分地方基层科协组织所采取的主要方式，有时由于专家资源不足，搞活动时仅仅布置一下进行简单的展览，发放有关科普传单，就算完成了活动任务。这样的活动形式，效果自然也不理想。

随着技术和传播手段的发展，现在人类社会已经进入高度信息化的时代，不管是广大社会公众还是青少年群体，大家获取信息的渠道和平台都变得越来越多样化。就科协组织而言，单论科普功能，如果其组织的活动没有足够的吸引力，将会越来越难以激起公众的兴趣。现在形势的发展也迫切需要科协组织探索新的科学传播手段与科普活动方式。

北京市朝阳区科协的互动式深度科普活动探索和实践证明，在这个信息高度发达的时代，唯有开发和打造互动式的深度科普活动，才会引起活动对象的兴趣及探索欲望，这样也才能获得更好的科学传播效果。另外，社会公众尤其是广大青少年群体依旧存在很多接受科学信息的误区和盲区，只有在与专业人士的深度互动中才能发现问题，并让科学的信息得到传播。因此，多开发和探索具有互动式的深度科普活动，已经成为基层科协组织发挥科普职能的重要实现方式。

（四）节水文化与示范小区：茉藜园社区

北京属于资源型重度缺水地区，人均水资源占有量不足300立方米，是世界人均水资源占有量的1/30、全国人均水资源占有量的1/8，远远低于国际人均1000立方米的缺水下限。如何解决北京水资源紧缺问题？除了依靠南水北调工程等外地调水工程，还需要充分调动人们的节水意识。社区是社会的基本单元。在我国，建设和谐社会的基础在社区，加强和创新社会管理的重心在社区，提高全民科技文化素质的根基也在社区。着力加强社区科普工作对落实《全民科学素质行动计划纲要》十分重要。[①] 因此，节约用水应从社区开始。

茉藜园社区是在节水方面走在前列的社区。社区自2009年建成以"水"为主题的文化科普中心后，依托科普中心开展广泛的节水宣传教育和丰富多彩的科普活动，居民也纷纷走出家门参与到节能环保的实践中来。随便走入一户居民家，会看到厨房里、卫生间里都放着塑料桶，他们将收集到的淘米水、洗菜水、淋浴水等按不同的水质重复利用；水龙头都采用节水型的，能有效节水80%，节约用水成为居民的自觉行为。

目前，该社区有居民3558户12000余人。在这个小区里，注重节水的家庭占了绝大多数。他们通过普及科学用水的常识、推介节水器具等做法，

---

① 吴晶、崔静：《更加扎实有效做好建设节水型社会科普工作　在全社会形成节约用水合理用水的良好风尚》，《经济日报》2011年9月19日，第2版。

一年可节水 3 万多吨。这些水可供 300 多户家庭用一年。节水、节约的成果得到了社区居民的广泛认可，中水的日均回收量近 700 吨，已接近设计处理量的 90%。

节水还给茉藜园小区带来了大片“绿色”。该小区的绿化面积占小区总面积的 50% 以上，信步社区内，随处可见成荫的绿树、大块的草坪、品类繁多的观赏花。养护这些绿化景观的“功臣”就是小区里“自产自销”的中水。这是由于小区在设计之初就规划了中水的大面积使用，因此小区里配备有独立的中水处理室，中水处理设备每天 24 小时运转，可输出达标中水近 700 吨。这些中水一部分流回业主家中的马桶水箱，另一部分则用于灌溉、养护小区的绿化景观。如今，这个社区的节水文化远近闻名，一系列关于水资源合理利用的科普展板以及诸多活动经常吸引社会各界人士、社区居民、学生前来参观。

（五）以创新性科普社区建设为抓手，打造“一社一品”的典范：来广营地区

北京市创新性科普社区建设是北京市推进民生科技的一项重要工作，旨在整合社会各类科技资源，推进先进适用技术在社区中的应用，优化社区科普环境，提高社区居民生活质量和管理水平，加强社区科普能力建设，提升社区居民科学素质。它是以营造社区科普气氛为目的，以整合资源为手段，以建立群众自我管理、自我服务、自我教育机制和科普工作社会化运作机制为保障，打造的政府、社会、企事业单位相互融合、相互作用的新型社区。自 2009 年北京市科学技术委员会命名首批创新性科普社区以来，各区积极响应，出现了一大批具有特色的创新性科普社区，来广营地区就是以创新性科普社区建设为主要抓手，打造“一社一品”的典范。

来广营地区共有 18 个社区居委会，常住人口 17 万人。面对如此庞大的居民群体，为了做好居民的科普工作，提升每一名外来居民的科学素养及其归属感和认同感，来广营地区工委、办事处在不断强化社区硬件、队伍、品

牌等建设的同时，抓住特色科普主题，全力打造“一社一品”新社区。来广营地区科普工作的主要思路分为四步：一是确立“以人为本、服务居民、打造品牌、形成机制”的科普工作思路；二是把握特色，统筹规划，挖掘地区科普资源，使一个社区建设一个特色主题，将科普工作与居民实际需求相结合；三是在此基础上继续创新科普活动形式，开展中小学生科普一日游、节约用水知识竞赛等活动，以保证群众参与的热情，还聘请专家、市区科协领导到社区为科普工作出谋划策，提高社区科普工作建设水平；四是充分发挥科普工作助推器作用，促进社区建设，同时增强社区居民的归属感和认同感，提升地区社区公共服务水平。

来广营的特色科普经验尤其值得关注。在特色科普思路的指引下，特色科普品牌在来广营其他社区相继开花结果：茉藜园社区节约用水活动全国闻名；清友园科普主要围绕食品安全和健康布局；绣菊园科普通过电子手段促进中小学生提高对科学的兴趣和解答青春期心理困惑；莲葩园科普通过数据和实验让居民了解生活中的碳排放量，促进居民低碳生活、绿色出行。来广营的特色科普实践也为其他社区推进科普工作提供了一些可以参考的经验和样本。

四　提升朝阳区项目驱动科普服务能力的对策建议

科普工作是实施科教兴国战略的一项基础性工作，是提高全民科学文化素质的重要任务，是社会主义精神文明建设的重要组成部分。习近平总书记在 2016 年 5 月全国科技创新大会、两院院士大会、中国科协第九次全国代表大会上提出：科技创新与科学普及同等重要，是创新发展的两翼。近年来，朝阳区根据国家和北京市科普发展有关政策和精神，整合并深入挖掘科普资源，通过实施科普惠民工程、“科普朝阳”行动计划以及科技周等特色精品科普活动，提升了科普支撑服务能力和对外影响力，努力营造创新文化氛围，出现了一批具有典型意义的实践案例，值得借鉴推广，但朝阳区科普在科普经费、科普供需、科普发展以及科普国际化方面仍存在一些短板、困

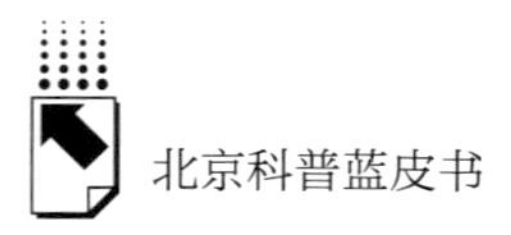

难以及挑战。基于上述分析，针对项目驱动朝阳区科普事业的发展提出如下几点建议。

（一）加强科普投入，拓宽经费筹集渠道

依托现有科普资源优势，以特色精品项目和创新活动为驱动，积极争取持续的科普经费，同时，应多渠道筹集科普发展资金，根据发展形势，未来多渠道筹集科普发展资金应该成为主要方向。在世界范围内，科普发展资金都是多样化的，在西方很多发达国家，除了政府的支持，企业和其他组织的赞助也是十分重要的力量，未来朝阳区可以通过政策予以引导。此外，也可以鼓励更多有实力和条件的高科技企业投身科学传播和科普事业的建设与发展中，如索尼公司打造的“索尼探梦”科技馆。政府可以在政策与税收等方面予以倾斜和优惠。

此外，还可以通过资本市场创新科普发展资金的运作模式，为科普发展提供更为坚实的资金保障。科普属于公益事业，资本具有天然的逐利性，表面上看起来双方是一对天然的矛盾体，但实际上在很多新兴科技领域和科技文化创意领域，可以找到共赢模式。资本为其前期的科技创意、科学文化传播提供支撑，从崛起的科技创意、科学文化影视公司获得收益。这种模式在未来应该具有较大的发展空间，甚至让科普发展资金自身走入良性循环的阶段。

（二）充分发挥基层社区及社会团队在科普中的作用，积极发掘和培养高层次科普专业人才

基层社区和村庄是社会组织系统最基本的单元，直接面对各阶层民众群体，是推动科普工作落地十分得力的帮手。朝阳区推动科普工作，要更大力度地发挥基层社区的作用。不断提高社区和村庄相关工作人员的基本科学素质和业务能力，便于有关项目和活动的落地与执行。在执行的过程中，需要防止只是经费和项目到位但实质工作并不到位的形式主义问题。社区和村庄科普的核心是让居民受益，推动其基本科学素质的提高，一切项目和活动都

是为之服务。另外，志愿者和社会团队也是科普工作的重要力量，很多志愿者和社会团队往往是某个领域的翘楚，譬如有的志愿者本身就是某个领域的专家，有的社会团队常年坚持科普，已经形成了较强的组织能力和号召力。充分发挥他们的作用，科普效果往往事半功倍。朝阳区可以制定针对志愿者和社会团队实施科普的经费扶持、奖励机制，鼓励更多的人参与到科普行动中，从而有助于其提供更好的科普产品和服务。

北京市打造世界科技创新中心，公民基本科学素质是极为重要的支撑，这需要更多的科普专业人才涌现，从而进一步推动科普事业的发展。科普专业人才是朝阳区科普发展的原动力，也是科普工作和公民科学素质建设的第一资源。朝阳区的优势是创新型、高科技型企业众多，这里也是各种创新性人才的集聚之地，这为朝阳区科普事业发展提供了充分的条件和保障。因此，朝阳区在科普工作的推进中必须创新思维，充分利用好这些资源，并将其转化为科普工作创新的重要支撑力量。一方面，要通过大型科普活动、示范项目，发掘、整合和培养科普专业人才队伍，让有能力的科普人才有充分施展才华的舞台；另一方面，采取与高校院所合作或与专业性科普培训机构（基地）合作的方式，培养科普创作创意、科普活动策划以及互联网和移动互联网等平台科普内容和形式创新等领域的高层次科普人才，还可以通过人才引进政策，积极引进高层次科普人才。

在发现、培养和引进科普人才的过程中，朝阳区要打破体制机制的束缚，高度重视体制外科普人才及相关机构的作用。实际上，现在在很多领域中，体制外的科普人才已经成为科普发展的主力军，这是不容忽视的。

（三）发挥资源和地位优势，搭建国际化科普交流平台和通道

朝阳区是北京市国际交往中心建设的核心区，《朝阳分区规划（国土空间规划）（2017 年—2035 年）》中关于朝阳区在国际化方面一些明确的功能定位，为朝阳区科普事业走向国际化提供了有利的条件且指明了方向。与北京市其他区相比，朝阳区有着不可比拟的国际化优势，朝阳区应充分发挥自身的区位优势，借助举办国际外事活动、国际会议等机遇，搭建国际化科普

交流平台，积极开展国际科普交流与合作，促进更多的国际科普活动落地朝阳区，提高其国际影响力和竞争力。朝阳区外国人众多，可以以望京、亚运村、麦子店、三里屯等外国人较多的社区为载体，加快建设各具特色的国际化社区，实现科普活动国际化。

同时，朝阳区科普相关部门需要对区域内长期居住的外国居民的需求有充分的把握，并针对他们不同的语言特点、文化特征、生活起居、饮食习惯、卫生习惯、宗教信仰等，制定有针对性的科普实施方案并予以落实，搭建方便的国际化科普交流平台和通道。这一方面是为之提供科普服务，弥补科普在不同群体方面的漏洞和短板；另一方面，通过这样的方式，可以促进不同国家人民思想和观念的碰撞与交流，有助于推动朝阳区科技创新。

（四）充分运用“互联网+”等新技术，构建区域科普生态网络，创新科普传播机制和方式

科学普及离不开现代化科技手段的支撑，随着信息技术的发展，人类现在已经进入万物互联的时代，“互联网+”可以在各个领域、各个角落予以实现。“互联网+”与“科普”深度融合能够打破时空限制，满足公众的科普需要，传播效果显著。朝阳区在落实科普惠民工程、科技周活动、“科普朝阳”行动计划等重大举措的过程中，要充分利用“互联网+”，构建全媒体科普知识发布和传播的机制，建立以受众为中心的科普传播链条，通过多点交互，生成网状的传播渠道和科普资源共享网络。[①] 另外，基层社会的发展，良好的生态网络是至关重要的方面，科普是生态网络建设的重要环节。朝阳区在推进科普发展的过程中，要不断强化科普生态网络。科普生态网络建设已经成为科普工作在基层推进的重要方式和方向，通过资源共享的方式不仅能缓解片区不平衡，也能够缓解科普领域的不平衡。

---

① 潘琳、周兵：《“互联网+”背景下社会科学普及的传播机制与创新路径研究》，《新媒体研究》2018年第22期。

此外，现在微博、微信、抖音等媒介已成为各类信息被大众认知的新兴通道和主要通道，随着5G技术的推广应用，更为新型的渠道和平台还会兴起，这给今后的科普工作带来了意识形态、内容供给、传播模式等方面的崭新挑战，同时是科普工作发展的新机遇。朝阳区的科普工作要积极跟上这些新趋势，不断创新科普传播机制和方式。

在运用新技术的过程中，还需要竭力避免重形式轻内容的倾向，科普内容始终是整个科普工作的灵魂，如果不注重内容，形式和技术再好，效果也会大打折扣，有时甚至会浪费大量的科普资金。

五 结语

根据《朝阳分区规划（国土空间规划）（2017年—2035年）》，朝阳区应建设成为国际一流的商务中心区、国际科技文化体育交流区、各类国际化社区的承载地、创新引领的首都文化窗口区、大尺度生态环境建设示范区和高水平城市化综合改革先行区，这也体现了朝阳区在北京未来发展战略棋局中至关重要的地位。当前，我国正处于经济转型发展的关键期，北京建设具有全球影响力的科技创新中心，也给朝阳区赋予了更多的责任。朝阳区需要“充分把握国家与首都创新战略的方向与需求，着力延展国际化功能优势，强化科技创新的前瞻布局和融通发展，聚焦国际科技创新服务，打造国际科技创新服务聚集地，抢占全球创新链高端分工。发挥中关村朝阳园主阵地作用，强化科技服务与创新资本功能，提升技术集成能力、配置能力与转化能力。着力培育新业态和新模式，全面支撑高精尖产业体系构建。促进国际科技创新展示、交流与合作，搭建参与全球科技创新的重要平台。强化政策与制度创新，培育一批特色鲜明的产业集聚区，将朝阳区建设成为联结全球科技网络的创新节点”。①

---

① 北京市朝阳区委、区政府和北京市规划自然资源委：《朝阳分区规划（国土空间规划）（2017年—2035年）》，2019。

朝阳区发展科普事业有自身独特的优势，其整体经济实力雄厚、高精尖产业众多，并且很多领域已经形成了规模性优势。展望未来，它们在资源提供、平台建设、人才供给等方面，为朝阳区科普事业的发展奠定了重要基础，未来还会在社会资本、资金支持科普方面发挥巨大的作用。作为北京市的经济强区，朝阳区的科普工作在新形势下也需要面向经济建设主战场开拓发展，在服务科技成果转化上找结合，在发展科普产业上找突破。

参考文献

北京市朝阳区科学技术协会：《2019 年工作总结及 2020 年工作重点》，2019。

中共北京市朝阳区委党校案例研究组：《北京市朝阳循环经济产业园发展模式的探索与启示》，人民网，2016 年 8 月 2 日，http://theory.people.com.cn/n1/2016/0802/c401815-28604241.html。

中商产业研究院：《北京市朝阳循环经济产业园项目案例》，2018 年 8 月 1 日，http://www.sohu.com/a/244577897_350221。

康娜：《企业科普主体作用研究》，北京工业大学硕士学位论文，2012。

索尼（中国）有限公司：《关于我们》，索居探梦网站，2009 年 4 月 3 日，https://www.sony.com.cn/ses/museum_info/g/。

尤荻：《公私合作科普项目利益相关者及其管理模式分析——以“索尼探梦”项目为例》，《中国科普理论与实践探索——公民科学素质建设论坛暨第十八届全国科普理论研讨会论文集》，2011。

吴晶、崔静：《更加扎实有效做好建设节水型社会科普工作在全社会形成节约用水合理用水的良好风尚》，《经济日报》2011 年 9 月 19 日，第 2 版。

潘琳、周兵：《“互联网+”背景下社会科学普及的传播机制与创新路径研究》，《新媒体研究》2018 年第 22 期。

北京市朝阳区委、区政府和北京市规划自然资源委：《朝阳分区规划（国土空间规划）（2017 年—2035 年）》，2019。

附　录

附录1　中国省级科普发展指数（2008~2017年）

表1　中国整体科普发展指数（2008～2017年）

年份	2008年	2009年	2010年	2011年	2012年	2013年	2014年	2015年	2016年	2017年
指数	26.79	30.88	33.23	35.13	39.52	40.79	43.55	43.59	44.81	45.4

表2　中国31个省（自治区、直辖市）科普发展指数（2008～2017年）

省(区、市)	2008年	2009年	2010年	2011年	2012年	2013年	2014年	2015年	2016年	2017年
北　京	2.96	3.19	3.57	3.65	4.15	4.01	4.29	4.55	5.08	4.81
天　津	0.5	0.74	0.77	0.93	1.18	1.13	0.99	1.03	1.08	0.73
河　北	0.78	0.75	0.96	0.96	1.07	0.98	1.1	1.18	1.18	1.23
山　西	0.47	0.4	0.61	0.74	0.74	0.73	0.68	0.53	0.59	0.64
内蒙古	0.35	0.51	0.6	0.76	0.82	0.86	0.77	0.97	0.81	0.95
辽　宁	0.96	1.26	1.37	1.4	1.51	1.59	1.56	1.63	1.68	1.3
吉　林	0.46	0.34	0.44	0.47	0.63	0.63	0.24	0.13	0.16	0.33
黑龙江	0.47	0.55	0.56	0.57	0.54	0.6	0.56	0.57	0.72	0.7
上　海	1.49	1.72	2.4	2.35	2.74	3.22	5.52	3.37	3.5	3.59
江　苏	1.65	2.04	2.2	2.52	2.67	2.9	3.1	3.22	2.99	3.08
浙　江	1.55	1.81	2.05	1.86	2.1	2.17	2.32	2.26	2.53	2.65
安　徽	0.82	1.02	1.2	1.22	1.1	1.3	1.35	1.25	1.27	1.4
福　建	0.89	0.86	0.92	1.11	1.3	1.22	1.4	1.69	1.32	1.56
江　西	0.63	0.66	0.79	0.77	0.75	0.75	0.83	0.87	0.91	1.01
山　东	0.89	1.31	1.19	1.31	1.57	1.81	2.24	2.21	1.84	1.81
河　南	1.15	1.2	1.28	1.33	1.6	1.22	1.34	1.05	1.43	1.45
湖　北	1.23	1.57	1.73	1.73	1.78	1.79	2.01	2.15	2.11	2.17
湖　南	1.01	1.11	1	1.11	1.43	1.44	1.34	1.34	1.58	1.67
广　东	1.85	2.42	2.15	1.94	1.86	1.85	1.9	2.26	2.57	2.28
广　西	0.9	0.89	0.83	0.81	1.1	1.05	0.89	1.09	1.18	1.23
海　南	0.17	0.3	0.31	0.33	0.33	0.32	0.25	0.25	0.29	0.36
重　庆	0.46	0.62	0.69	0.74	0.75	1.05	1.07	1.4	1.26	1.19
四　川	1.2	1.4	1.25	1.43	1.96	1.74	1.86	1.67	1.69	2.28

续表

省(区、市)	2008年	2009年	2010年	2011年	2012年	2013年	2014年	2015年	2016年	2017年
贵　州	0.6	0.55	0.55	0.66	0.83	0.91	0.81	1	0.92	0.88
云　南	1.25	1.16	1.08	1.33	1.44	1.61	1.59	1.89	2	1.8
西　藏	0.01	0.05	0.04	0.07	0.05	0.1	0.09	0.19	0.16	0.17
陕　西	0.71	0.81	0.93	1.05	1.25	1.38	1.22	1.23	1.49	1.5
甘　肃	0.48	0.51	0.38	0.52	0.63	0.68	0.69	0.8	0.86	0.82
青　海	0.15	0.16	0.4	0.28	0.37	0.27	0.27	0.39	0.34	0.34
宁　夏	0.2	0.25	0.23	0.27	0.3	0.34	0.27	0.31	0.34	0.38
新　疆	0.55	0.72	0.75	0.91	0.97	1.14	1	1.11	0.93	1.09

表3　中国31个省（自治区、直辖市）科普人员发展指数（2008～2017年）

省(区、市)	2008年	2009年	2010年	2011年	2012年	2013年	2014年	2015年	2016年	2017年
北　京	0.21	0.28	0.31	0.25	0.29	0.34	0.27	0.25	0.31	0.29
天　津	0.08	0.11	0.13	0.11	0.13	0.12	0.12	0.11	0.12	0.11
河　北	0.13	0.14	0.14	0.15	0.17	0.17	0.19	0.24	0.23	0.32
山　西	0.13	0.11	0.17	0.21	0.21	0.18	0.16	0.14	0.16	0.1
内蒙古	0.09	0.11	0.15	0.21	0.17	0.18	0.21	0.17	0.17	0.19
辽　宁	0.17	0.2	0.23	0.25	0.28	0.28	0.2	0.22	0.23	0.23
吉　林	0.1	0.1	0.12	0.12	0.17	0.17	0.04	0	0.04	0.07
黑龙江	0.09	0.1	0.1	0.1	0.09	0.1	0.09	0.08	0.1	0.09
上　海	0.16	0.17	0.21	0.23	0.25	0.27	0.29	0.31	0.33	0.36
江　苏	0.26	0.29	0.36	0.37	0.4	0.43	0.56	0.68	0.58	0.69
浙　江	0.23	0.25	0.25	0.24	0.27	0.29	0.23	0.23	0.3	0.26
安　徽	0.2	0.2	0.22	0.28	0.21	0.23	0.3	0.28	0.35	0.32
福　建	0.17	0.17	0.16	0.16	0.2	0.14	0.17	0.21	0.19	0.19
江　西	0.15	0.16	0.16	0.15	0.15	0.13	0.14	0.17	0.18	0.2
山　东	0.19	0.24	0.24	0.2	0.24	0.38	0.46	0.4	0.35	0.42
河　南	0.33	0.33	0.31	0.35	0.37	0.32	0.34	0.3	0.33	0.34
湖　北	0.26	0.33	0.34	0.32	0.31	0.31	0.33	0.31	0.35	0.37
湖　南	0.33	0.32	0.22	0.27	0.32	0.35	0.3	0.29	0.38	0.34
广　东	0.27	0.26	0.25	0.26	0.25	0.25	0.25	0.26	0.39	0.29
广　西	0.15	0.14	0.13	0.13	0.15	0.13	0.12	0.14	0.15	0.19
海　南	0.03	0.05	0.04	0.04	0.04	0.03	0.02	0.02	0.02	0.03
重　庆	0.11	0.08	0.09	0.09	0.1	0.1	0.1	0.15	0.16	0.18
四　川	0.28	0.3	0.26	0.28	0.35	0.34	0.33	0.31	0.28	0.34
贵　州	0.14	0.1	0.08	0.09	0.12	0.09	0.1	0.12	0.13	0.14
云　南	0.21	0.22	0.21	0.24	0.24	0.28	0.23	0.26	0.28	0.28
西　藏	0	0	0	0.02	0.01	0.01	0.01	0.02	0.02	0.01

续表

省(区、市)	2008 年	2009 年	2010 年	2011 年	2012 年	2013 年	2014 年	2015 年	2016 年	2017 年
陕 西	0. 15	0. 19	0. 24	0. 28	0. 38	0. 32	0. 3	0. 26	0. 33	0. 3
甘 肃	0. 1	0. 11	0. 05	0. 1	0. 13	0. 14	0. 13	0. 16	0. 19	0. 15
青 海	0. 03	0. 03	0. 02	0. 03	0. 05	0. 04	0. 04	0. 04	0. 03	0. 04
宁 夏	0. 02	0. 03	0. 03	0. 03	0. 04	0. 06	0. 04	0. 03	0. 05	0. 05
新 疆	0. 07	0. 11	0. 11	0. 13	0. 13	0. 14	0. 12	0. 1	0. 1	0. 11

表 4 中国 31 个省（自治区、直辖市）科普经费发展指数（2008 ~ 2017 年）

省(区、市)	2008 年	2009 年	2010 年	2011 年	2012 年	2013 年	2014 年	2015 年	2016 年	2017 年
北 京	2. 04	2. 1	2. 45	2. 47	2. 82	2. 57	2. 92	3. 1	3. 47	3. 39
天 津	0. 13	0. 2	0. 22	0. 21	0. 28	0. 28	0. 29	0. 26	0. 28	0. 3
河 北	0. 09	0. 14	0. 25	0. 22	0. 28	0. 22	0. 3	0. 34	0. 47	0. 4
山 西	0. 14	0. 14	0. 17	0. 21	0. 21	0. 19	0. 22	0. 13	0. 13	0. 27
内蒙古	0. 05	0. 1	0. 18	0. 22	0. 28	0. 34	0. 2	0. 38	0. 29	0. 39
辽 宁	0. 22	0. 46	0. 4	0. 4	0. 43	0. 46	0. 48	0. 56	0. 58	0. 39
吉 林	0. 06	0. 07	0. 11	0. 1	0. 14	0. 14	0. 05	0. 06	0. 03	0. 07
黑龙江	0. 05	0. 08	0. 09	0. 12	0. 11	0. 16	0. 13	0. 11	0. 2	0. 21
上 海	0. 63	0. 75	1. 29	1. 17	1. 43	1. 83	4. 06	1. 85	1. 92	2. 08
江 苏	0. 53	0. 78	0. 87	1. 09	1. 16	1. 19	1. 34	1. 45	1. 28	1. 31
浙 江	0. 6	0. 83	0. 98	0. 87	1. 01	1. 05	1. 25	1. 13	1. 19	1. 38
安 徽	0. 18	0. 28	0. 4	0. 41	0. 39	0. 46	0. 47	0. 44	0. 46	0. 56
福 建	0. 31	0. 25	0. 31	0. 44	0. 54	0. 57	0. 73	0. 73	0. 54	0. 81
江 西	0. 13	0. 16	0. 21	0. 26	0. 25	0. 25	0. 31	0. 34	0. 32	0. 38
山 东	0. 19	0. 25	0. 28	0. 4	0. 6	0. 53	0. 71	0. 74	0. 83	0. 62
河 南	0. 2	0. 22	0. 31	0. 34	0. 43	0. 3	0. 4	0. 32	0. 42	0. 48
湖 北	0. 33	0. 47	0. 55	0. 59	0. 58	0. 57	0. 76	0. 95	0. 95	0. 95
湖 南	0. 25	0. 37	0. 3	0. 37	0. 48	0. 45	0. 48	0. 49	0. 65	0. 63
广 东	0. 65	1. 23	1. 04	0. 88	0. 86	0. 88	0. 98	1. 28	1. 25	1. 19
广 西	0. 18	0. 28	0. 25	0. 27	0. 53	0. 58	0. 39	0. 51	0. 6	0. 53
海 南	0. 04	0. 1	0. 09	0. 09	0. 09	0. 11	0. 09	0. 12	0. 18	0. 13
重 庆	0. 15	0. 24	0. 29	0. 36	0. 36	0. 52	0. 52	0. 79	0. 68	0. 59
四 川	0. 24	0. 37	0. 34	0. 42	0. 57	0. 6	0. 72	0. 64	0. 66	1. 09
贵 州	0. 15	0. 18	0. 2	0. 35	0. 44	0. 58	0. 43	0. 56	0. 51	0. 45
云 南	0. 32	0. 32	0. 35	0. 53	0. 62	0. 7	0. 77	1. 01	1	0. 82
西 藏	0	0. 03	0. 02	0. 01	0. 01	0. 04	0. 03	0. 1	0. 04	0. 1

续表

省(区、市)	2008 年	2009 年	2010 年	2011 年	2012 年	2013 年	2014 年	2015 年	2016 年	2017 年
陕　西	0. 1	0. 19	0. 21	0. 27	0. 34	0. 43	0. 37	0. 43	0. 47	0. 56
甘　肃	0. 05	0. 06	0. 04	0. 05	0. 11	0. 13	0. 18	0. 21	0. 24	0. 2
青　海	0. 02	0. 03	0. 23	0. 07	0. 13	0. 09	0. 08	0. 2	0. 13	0. 17
宁　夏	0. 05	0. 07	0. 06	0. 1	0. 09	0. 09	0. 07	0. 08	0. 1	0. 15
新　疆	0. 13	0. 17	0. 18	0. 24	0. 33	0. 44	0. 35	0. 36	0. 27	0. 4

表 5　中国 31 个省（自治区、直辖市）科普重视程度发展指数（2008～2017 年）

省(区、市)	2008 年	2009 年	2010 年	2011 年	2012 年	2013 年	2014 年	2015 年	2016 年	2017 年
北　京	0. 04	0. 04	0. 03	0. 03	0. 04	0. 04	0. 03	0. 03	0. 03	0. 03
天　津	0. 03	0. 09	0. 1	0. 09	0. 09	0. 09	0. 04	0. 03	0. 03	0. 02
河　北	0. 01	0. 01	0. 01	0. 01	0. 01	0. 01	0. 01	0. 01	0. 01	0. 02
山　西	0. 02	0. 01	0. 02	0. 03	0. 02	0. 02	0. 02	0. 01	0. 01	0. 01
内蒙古	0. 01	0. 02	0. 03	0. 04	0. 03	0. 03	0. 03	0. 02	0. 02	0. 03
辽　宁	0. 02	0. 02	0. 02	0. 02	0. 02	0. 02	0. 02	0. 02	0. 03	0. 02
吉　林	0. 01	0. 02	0. 02	0. 02	0. 03	0. 03	0. 01	0. 01	0. 01	0. 01
黑龙江	0. 01	0. 02	0. 01	0. 01	0. 02	0. 02	0. 05	0. 01	0. 01	0. 01
上　海	0. 02	0. 03	0. 04	0. 04	0. 04	0. 04	0. 05	0. 04	0. 05	0. 05
江　苏	0. 01	0. 03	0. 03	0. 03	0. 03	0. 08	0. 08	0. 07	0. 06	0. 07
浙　江	0. 03	0. 03	0. 03	0. 03	0. 03	0. 03	0. 02	0. 02	0. 03	0. 03
安　徽	0. 01	0. 02	0. 02	0. 05	0. 03	0. 02	0. 02	0. 01	0. 02	0. 02
福　建	0. 03	0. 03	0. 03	0. 03	0. 04	0. 02	0. 02	0. 03	0. 02	0. 02
江　西	0. 02	0. 02	0. 02	0. 02	0. 01	0. 01	0. 01	0. 01	0. 01	0. 02
山　东	0. 01	0. 02	0. 01	0. 01	0. 01	0. 02	0. 02	0. 02	0. 01	0. 01
河　南	0. 01	0. 02	0. 02	0. 02	0. 02	0. 01	0. 01	0. 02	0. 02	0. 02
湖　北	0. 02	0. 03	0. 03	0. 03	0. 03	0. 02	0. 02	0. 02	0. 02	0. 02
湖　南	0. 02	0. 03	0. 03	0. 04	0. 04	0. 03	0. 03	0. 02	0. 03	0. 02
广　东	0. 01	0. 02	0. 04	0. 02	0. 01	0. 01	0. 02	0. 01	0. 02	0. 01
广　西	0. 02	0. 02	0. 02	0. 02	0. 02	0. 02	0. 01	0. 01	0. 02	0. 02
海　南	0. 02	0. 03	0. 02	0. 02	0. 02	0. 01	0. 01	0. 02	0. 02	0. 01
重　庆	0. 02	0. 02	0. 02	0. 02	0. 02	0. 08	0. 08	0. 03	0. 03	0. 02
四　川	0. 02	0. 02	0. 02	0. 02	0. 03	0. 02	0. 02	0. 02	0. 02	0. 02
贵　州	0. 02	0. 03	0. 03	0. 03	0. 03	0. 02	0. 02	0. 03	0. 02	0. 02
云　南	0. 03	0. 03	0. 04	0. 03	0. 03	0. 04	0. 04	0. 04	0. 04	0. 03
西　藏	0	0. 01	0. 01	0. 02	0	0. 01	0. 01	0. 02	0. 01	0. 01

续表

省(区、市)	2008年	2009年	2010年	2011年	2012年	2013年	2014年	2015年	2016年	2017年
陕 西	0.02	0.02	0.02	0.03	0.03	0.03	0.03	0.02	0.03	0.02
甘 肃	0.01	0.02	0.01	0.03	0.02	0.03	0.03	0.02	0.03	0.02
青 海	0.02	0.02	0.04	0.03	0.06	0.02	0.02	0.02	0.06	0.02
宁 夏	0.02	0.04	0.02	0.03	0.04	0.04	0.03	0.04	0.04	0.03
新 疆	0.02	0.02	0.02	0.02	0.02	0.02	0.02	0.01	0.02	0.02

表6 中国31个省（自治区、直辖市）科普传媒发展指数（2008~2017年）

省(区、市)	2008年	2009年	2010年	2011年	2012年	2013年	2014年	2015年	2016年	2017年
北 京	0.17	0.2	0.21	0.26	0.29	0.32	0.27	0.38	0.32	0.33
天 津	0.03	0.04	0.05	0.04	0.04	0.06	0.07	0.06	0.07	0.05
河 北	0.07	0.06	0.06	0.08	0.09	0.08	0.09	0.09	0.05	0.06
山 西	0.04	0.03	0.03	0.05	0.05	0.07	0.04	0.05	0.04	0.04
内蒙古	0.02	0.04	0.04	0.04	0.08	0.04	0.05	0.1	0.03	0.04
辽 宁	0.06	0.08	0.12	0.09	0.09	0.09	0.13	0.13	0.14	0.1
吉 林	0.05	0.02	0.04	0.03	0.03	0.03	0.02	0.01	0.01	0.03
黑龙江	0.03	0.04	0.03	0.03	0.03	0.02	0.02	0.05	0.03	0.04
上 海	0.07	0.08	0.09	0.1	0.14	0.15	0.16	0.17	0.16	0.14
江 苏	0.1	0.12	0.12	0.09	0.08	0.09	0.08	0.12	0.06	0.1
浙 江	0.07	0.07	0.15	0.14	0.09	0.07	0.12	0.13	0.19	0.09
安 徽	0.05	0.07	0.06	0.04	0.05	0.08	0.07	0.05	0.05	0.04
福 建	0.04	0.05	0.06	0.05	0.05	0.04	0.02	0.09	0.04	0.04
江 西	0.04	0.04	0.05	0.04	0.05	0.08	0.07	0.08	0.1	0.08
山 东	0.07	0.09	0.06	0.06	0.07	0.09	0.12	0.11	0.06	0.05
河 南	0.1	0.09	0.09	0.07	0.07	0.07	0.05	0.05	0.07	0.06
湖 北	0.1	0.1	0.07	0.09	0.09	0.1	0.11	0.12	0.08	0.06
湖 南	0.07	0.07	0.1	0.06	0.08	0.08	0.04	0.03	0.05	0.08
广 东	0.09	0.08	0.07	0.08	0.08	0.08	0.07	0.11	0.17	0.11
广 西	0.06	0.06	0.05	0.05	0.06	0.05	0.03	0.05	0.04	0.05
海 南	0.01	0.02	0.02	0.03	0.03	0.01	0.01	0.02	0.02	0.01
重 庆	0.03	0.07	0.07	0.03	0.04	0.05	0.04	0.06	0.07	0.06
四 川	0.07	0.1	0.09	0.07	0.22	0.07	0.07	0.11	0.06	0.07
贵 州	0.06	0.03	0.04	0.02	0.03	0.03	0.03	0.03	0.02	0.02
云 南	0.07	0.06	0.05	0.04	0.07	0.08	0.06	0.09	0.08	0.06
西 藏	0	0	0.01	0.01	0.01	0.01	0.01	0.02	0.01	0.01

续表

省(区、市)	2008 年	2009 年	2010 年	2011 年	2012 年	2013 年	2014 年	2015 年	2016 年	2017 年
陕　西	0.05	0.05	0.06	0.06	0.06	0.06	0.07	0.08	0.06	0.07
甘　肃	0.04	0.05	0.04	0.05	0.05	0.05	0.05	0.06	0.07	0.05
青　海	0.01	0.01	0.02	0.02	0.02	0.02	0.01	0.03	0.02	0.02
宁　夏	0.02	0.01	0.01	0.01	0.01	0.01	0.01	0.02	0.01	0.01
新　疆	0.04	0.08	0.09	0.07	0.05	0.08	0.06	0.12	0.03	0.06

表 7　中国 31 个省（自治区、直辖市）科普活动发展指数（2008 ~ 2017 年）

省(区、市)	2008 年	2009 年	2010 年	2011 年	2012 年	2013 年	2014 年	2015 年	2016 年	2017 年
北　京	0.32	0.37	0.35	0.37	0.42	0.41	0.37	0.43	0.52	0.39
天　津	0.16	0.24	0.21	0.41	0.56	0.5	0.4	0.49	0.51	0.2
河　北	0.32	0.24	0.31	0.29	0.3	0.29	0.3	0.3	0.24	0.25
山　西	0.1	0.07	0.13	0.14	0.14	0.14	0.13	0.11	0.13	0.13
内蒙古	0.12	0.16	0.13	0.15	0.13	0.15	0.14	0.14	0.13	0.14
辽　宁	0.3	0.28	0.35	0.36	0.37	0.38	0.36	0.34	0.33	0.27
吉　林	0.17	0.07	0.07	0.1	0.15	0.15	0.05	0	0.03	0.08
黑龙江	0.18	0.18	0.18	0.18	0.17	0.17	0.14	0.15	0.16	0.17
上　海	0.29	0.34	0.4	0.41	0.47	0.47	0.49	0.51	0.54	0.5
江　苏	0.52	0.54	0.54	0.65	0.7	0.75	0.64	0.58	0.67	0.59
浙　江	0.45	0.39	0.41	0.35	0.41	0.39	0.37	0.39	0.48	0.46
安　徽	0.25	0.27	0.3	0.22	0.22	0.25	0.24	0.23	0.22	0.26
福　建	0.23	0.25	0.21	0.26	0.26	0.22	0.24	0.28	0.21	0.26
江　西	0.22	0.16	0.23	0.18	0.17	0.18	0.17	0.16	0.16	0.2
山　东	0.21	0.29	0.16	0.2	0.2	0.3	0.4	0.47	0.24	0.29
河　南	0.38	0.37	0.37	0.36	0.4	0.41	0.34	0.21	0.37	0.33
湖　北	0.24	0.33	0.35	0.34	0.37	0.41	0.38	0.34	0.34	0.37
湖　南	0.24	0.21	0.22	0.22	0.28	0.3	0.26	0.25	0.23	0.28
广　东	0.39	0.4	0.32	0.31	0.29	0.24	0.21	0.2	0.26	0.22
广　西	0.4	0.29	0.28	0.24	0.2	0.18	0.21	0.26	0.22	0.27
海　南	0.05	0.07	0.07	0.07	0.07	0.06	0.04	0.04	0.04	0.06
重　庆	0.1	0.11	0.14	0.14	0.15	0.21	0.21	0.2	0.15	0.17
四　川	0.41	0.39	0.34	0.43	0.5	0.49	0.49	0.38	0.39	0.43
贵　州	0.17	0.15	0.14	0.12	0.16	0.13	0.17	0.2	0.17	0.15
云　南	0.53	0.4	0.32	0.35	0.35	0.36	0.34	0.32	0.41	0.39
西　藏	0	0	0	0.01	0.01	0.02	0.01	0.01	0.01	0.01

续表

省(区、市)	2008 年	2009 年	2010 年	2011 年	2012 年	2013 年	2014 年	2015 年	2016 年	2017 年
陕　西	0. 3	0. 24	0. 28	0. 29	0. 3	0. 38	0. 31	0. 25	0. 4	0. 34
甘　肃	0. 21	0. 2	0. 13	0. 2	0. 23	0. 24	0. 23	0. 26	0. 26	0. 23
青　海	0. 06	0. 05	0. 04	0. 07	0. 06	0. 05	0. 06	0. 06	0. 07	0. 05
宁　夏	0. 05	0. 06	0. 06	0. 05	0. 05	0. 06	0. 07	0. 07	0. 06	0. 06
新　疆	0. 24	0. 26	0. 27	0. 33	0. 29	0. 31	0. 3	0. 33	0. 33	0. 3

表 8　中国 31 个省（自治区、直辖市）科普场馆发展指数（2008 ~ 2017 年）

省(区、市)	2008 年	2009 年	2010 年	2011 年	2012 年	2013 年	2014 年	2015 年	2016 年	2017 年
北　京	0. 19	0. 21	0. 22	0. 27	0. 3	0. 32	0. 44	0. 37	0. 42	0. 37
天　津	0. 07	0. 06	0. 06	0. 07	0. 08	0. 08	0. 09	0. 09	0. 07	0. 06
河　北	0. 16	0. 16	0. 19	0. 21	0. 21	0. 21	0. 21	0. 21	0. 17	0. 19
山　西	0. 05	0. 05	0. 09	0. 11	0. 11	0. 12	0. 12	0. 09	0. 11	0. 08
内蒙古	0. 04	0. 08	0. 08	0. 1	0. 13	0. 13	0. 15	0. 16	0. 16	0. 16
辽　宁	0. 2	0. 23	0. 25	0. 28	0. 31	0. 36	0. 37	0. 36	0. 38	0. 3
吉　林	0. 06	0. 06	0. 08	0. 09	0. 11	0. 11	0. 07	0. 05	0. 05	0. 07
黑龙江	0. 1	0. 13	0. 14	0. 13	0. 13	0. 14	0. 13	0. 17	0. 2	0. 19
上　海	0. 32	0. 34	0. 38	0. 4	0. 41	0. 46	0. 47	0. 49	0. 5	0. 46
江　苏	0. 23	0. 29	0. 28	0. 29	0. 31	0. 36	0. 4	0. 32	0. 35	0. 33
浙　江	0. 17	0. 23	0. 24	0. 24	0. 3	0. 34	0. 32	0. 37	0. 34	0. 44
安　徽	0. 12	0. 19	0. 2	0. 22	0. 21	0. 26	0. 26	0. 24	0. 17	0. 2
福　建	0. 11	0. 13	0. 14	0. 17	0. 22	0. 22	0. 22	0. 36	0. 31	0. 24
江　西	0. 08	0. 11	0. 11	0. 12	0. 12	0. 1	0. 12	0. 1	0. 14	0. 14
山　东	0. 22	0. 42	0. 44	0. 43	0. 46	0. 49	0. 52	0. 48	0. 35	0. 42
河　南	0. 12	0. 17	0. 17	0. 19	0. 32	0. 12	0. 19	0. 15	0. 21	0. 21
湖　北	0. 27	0. 31	0. 38	0. 37	0. 39	0. 38	0. 4	0. 4	0. 36	0. 39
湖　南	0. 1	0. 12	0. 13	0. 16	0. 23	0. 23	0. 24	0. 24	0. 24	0. 32
广　东	0. 43	0. 44	0. 44	0. 39	0. 37	0. 39	0. 37	0. 4	0. 47	0. 45
广　西	0. 09	0. 09	0. 1	0. 11	0. 14	0. 11	0. 13	0. 11	0. 15	0. 18
海　南	0. 01	0. 03	0. 07	0. 08	0. 08	0. 09	0. 08	0. 03	0. 02	0. 12
重　庆	0. 05	0. 09	0. 09	0. 09	0. 09	0. 09	0. 12	0. 17	0. 17	0. 17
四　川	0. 17	0. 22	0. 19	0. 21	0. 3	0. 21	0. 23	0. 21	0. 29	0. 33
贵　州	0. 06	0. 07	0. 06	0. 06	0. 06	0. 06	0. 06	0. 06	0. 07	0. 11
云　南	0. 1	0. 13	0. 13	0. 15	0. 13	0. 14	0. 14	0. 18	0. 19	0. 21
西　藏	0	0	0	0. 01	0. 01	0. 01	0. 01	0. 02	0. 07	0. 02

续表

省(区、市)	2008 年	2009 年	2010 年	2011 年	2012 年	2013 年	2014 年	2015 年	2016 年	2017 年
陕　西	0. 08	0. 12	0. 13	0. 12	0. 14	0. 15	0. 15	0. 19	0. 2	0. 21
甘　肃	0. 06	0. 08	0. 1	0. 1	0. 09	0. 09	0. 07	0. 09	0. 08	0. 16
青　海	0. 02	0. 03	0. 05	0. 06	0. 05	0. 06	0. 05	0. 05	0. 04	0. 05
宁　夏	0. 05	0. 04	0. 05	0. 06	0. 06	0. 07	0. 05	0. 07	0. 08	0. 08
新　疆	0. 06	0. 08	0. 09	0. 12	0. 14	0. 15	0. 16	0. 2	0. 18	0. 21

表 9　热点地区科普发展指数（2008～2017 年）

区域总体科普发展指数										
地区	2008 年	2009 年	2010 年	2011 年	2012 年	2013 年	2014 年	2015 年	2016 年	2017 年
京津冀	4. 24	4. 68	5. 3	5. 54	6. 4	6. 12	6. 38	6. 76	7. 34	6. 77
长三角	4. 69	5. 57	6. 65	6. 73	7. 51	8. 29	10. 94	8. 85	9. 02	9. 32
泛珠三角	8. 5	9. 35	8. 88	9. 49	11	10. 89	10. 87	12. 06	12. 46	13. 07
区域内各省(区、市)平均发展指数										
地区	2008 年	2009 年	2010 年	2011 年	2012 年	2013 年	2014 年	2015 年	2016 年	2017 年
京津冀	1. 4133	1. 5600	1. 7667	1. 8467	2. 1333	2. 0400	2. 1267	2. 2533	2. 4467	2. 2567
长三角	1. 5633	1. 8567	2. 2167	2. 2433	2. 5033	2. 7633	3. 6467	2. 9500	3. 0067	3. 1067
泛珠三角	0. 9444	1. 0389	0. 9867	1. 0544	1. 2222	1. 2100	1. 2078	1. 3400	1. 3844	1. 4522

注:京津冀地区:北京、天津、河北;长三角地区:上海、江苏、浙江;泛珠三角地区:福建、江西、湖南、广东、广西、海南、四川、贵州、云南。

表 10　东、中、西部科普发展指数（2008～2017 年）

区域总体科普发展指数										
地区	2008 年	2009 年	2010 年	2011 年	2012 年	2013 年	2014 年	2015 年	2016 年	2017 年
东部	13. 69	16. 4	17. 89	18. 36	20. 48	21. 2	24. 67	23. 65	24. 06	23. 4
中部	6. 24	6. 85	7. 61	7. 94	8. 57	8. 46	8. 35	7. 89	8. 77	9. 37
西部	6. 86	7. 63	7. 73	8. 83	10. 47	11. 13	10. 53	12. 05	11. 98	12. 63
区域内各省(区、市)平均发展指数										
地区	2008 年	2009 年	2010 年	2011 年	2012 年	2013 年	2014 年	2015 年	2016 年	2017 年
东部	1. 2445	1. 4909	1. 6264	1. 6691	1. 8618	1. 9273	2. 2427	2. 1500	2. 1873	2. 1273
中部	0. 7800	0. 8563	0. 9513	0. 9925	1. 0713	1. 0575	1. 0438	0. 9863	1. 0963	1. 1713
西部	0. 5717	0. 6358	0. 6442	0. 7358	0. 8725	0. 9275	0. 8775	1. 0042	0. 9983	1. 0525

注:东部:北京、天津、河北、辽宁、上海、江苏、浙江、福建、山东、广东、广西、海南;中部:山西、内蒙古、吉林、黑龙江、安徽、江西、河南、湖北、湖南;西部:重庆、四川、贵州、云南、西藏、陕西、甘肃、宁夏、青海、新疆。

附录2　北京各区科普发展指数（2008～2017年）

表1　北京各区科普发展指数（2008～2017年）

各区	2008年	2009年	2010年	2011年	2012年	2013年	2014年	2015年	2016年	2017年
东城区	0.88	1	2.44	1.22	2.28	1.22	1.27	2.43	2.35	2.43
西城区	7.9	1.61	1.79	2.5	2.73	3.21	3.16	2.58	3.17	2.99
朝阳区	5.53	3.86	3.31	4.56	5.6	4.74	4.92	4.04	6.58	17.65
丰台区	0.74	0.39	0.36	0.75	0.76	1.01	0.8	0.91	0.82	2.7
石景山区	0.4	0.33	0.57	0.5	0.42	0.69	0.46	0.64	0.51	0.39
海淀区	3.22	7.41	6.72	4.13	4.6	3.48	4.52	5.59	6.98	5.83
门头沟区	0.25	0.28	0.15	0.2	0.23	0.39	0.34	0.61	0.3	0.36
房山区	0.44	0.17	0.12	0.08	0.44	0.65	0.19	0.43	0.57	0.51
通州区	0.34	0.15	0.57	0.56	0.36	0.3	0.25	0.33	0.47	0.65
顺义区	0.37	0.34	0.24	0.17	0.3	0.32	0.28	0.34	0.42	1.05
昌平区	0.65	1.01	0.8	0.6	0.78	1.08	0.73	0.87	0.89	0.98
大兴区	0.76	0.44	0.52	0.59	0.47	2.01	0.82	0.71	0.23	1.58
怀柔区	0.2	0.07	0.12	0.21	0.14	0.17	1	0.4	0.23	0.86
平谷区	0.32	0.16	0.15	0.11	0.2	0.19	0.29	0.46	0.25	0.6
密云区	0.36	0.22	0.16	0.16	0.44	0.39	0.4	0.46	0.34	0.49
延庆区	0.71	0.16	0.15	0.14	0.36	0.42	0.47	0.45	0.43	1.2

表2　北京各区科普人员发展指数（2008～2017年）

各区	2008年	2009年	2010年	2011年	2012年	2013年	2014年	2015年	2016年	2017年
东城区	0.23	0.3	0.5	0.4	0.41	0.4	0.44	0.33	0.47	0.69
西城区	0.55	0.39	0.36	0.39	0.44	0.96	0.5	0.43	0.52	0.55
朝阳区	0.78	0.87	0.93	1.08	1.04	1.23	0.95	0.63	1.34	1.13
丰台区	0.07	0.09	0.07	0.16	0.15	0.18	0.18	0.18	0.18	0.19
石景山区	0.06	0.05	0.06	0.14	0.11	0.08	0.09	0.03	0.03	0.07
海淀区	0.82	1.62	1.94	0.96	1.3	0.9	0.77	1.29	1.31	0.72
门头沟区	0.04	0.04	0.03	0.04	0.03	0.06	0.05	0.07	0.13	0.14
房山区	0.11	0.08	0.04	0.03	0.17	0.26	0.09	0.08	0.12	0.11
通州区	0.03	0.02	0.03	0.04	0.08	0.07	0.04	0.08	0.1	0.23
顺义区	0.04	0.08	0.08	0.05	0.05	0.09	0.05	0.07	0.32	0.19
昌平区	0.07	0.18	0.11	0.08	0.08	0.26	0.19	0.21	0.09	0.09

续表

各区	2008 年	2009 年	2010 年	2011 年	2012 年	2013 年	2014 年	2015 年	2016 年	2017 年
大兴区	0. 19	0. 16	0. 14	0. 12	0. 16	0. 21	0. 27	0. 27	0. 01	0. 03
怀柔区	0. 03	0. 02	0. 03	0. 02	0. 03	0. 03	0. 12	0. 1	0. 09	0. 22
平谷区	0. 05	0. 04	0. 04	0. 04	0. 06	0. 05	0. 12	0. 16	0. 15	0. 1
密云区	0. 04	0. 07	0. 09	0. 04	0. 06	0. 06	0. 06	0. 08	0. 09	0. 06
延庆区	0. 08	0. 07	0. 07	0. 07	0. 06	0. 1	0. 12	0. 09	0. 1	0. 09

表 3　北京各区科普经费发展指数（2008～2017 年）

各区	2008 年	2009 年	2010 年	2011 年	2012 年	2013 年	2014 年	2015 年	2016 年	2017 年
东城区	0. 93	0. 09	0. 54	0. 26	0. 51	0. 38	0. 55	0. 65	0. 46	0. 45
西城区	20. 44	0. 56	0. 84	0. 98	0. 94	0. 69	0. 83	0. 34	0. 51	0. 87
朝阳区	8. 26	0. 98	0. 72	1. 33	1. 42	2. 12	1. 96	2. 99	1. 64	1. 56
丰台区	0. 56	0. 03	0. 26	0. 73	0. 73	0. 36	0. 4	0. 63	0. 6	0. 46
石景山区	0. 15	0. 04	0. 02	0. 02	0. 02	0. 04	0. 04	0. 25	0. 12	0. 04
海淀区	6. 83	1. 85	1. 82	1. 02	1. 25	1. 25	1. 51	0. 38	2. 44	2. 91
门头沟区	0. 14	0. 06	0. 02	0. 03	0. 03	0. 04	0. 04	0. 1	0. 06	0. 06
房山区	0. 25	0. 03	0. 03	0. 01	0. 05	0. 08	0. 05	0. 07	0. 07	0. 07
通州区	0. 18	0. 01	0. 01	0. 03	0. 05	0. 1	0. 1	0. 08	0. 09	0. 1
顺义区	0. 27	0. 02	0. 03	0. 02	0. 02	0. 07	0. 03	0. 03	0. 03	0. 09
昌平区	0. 63	0. 53	0. 55	0. 53	0. 54	0. 06	0. 06	0. 27	0. 18	0. 04
大兴区	0. 44	0. 05	0. 05	0. 05	0. 09	0. 09	0. 14	0. 06	0. 08	0. 06
怀柔区	0. 14	0. 03	0. 03	0. 03	0. 04	0. 03	0. 04	0. 09	0. 06	0. 04
平谷区	0. 27	0. 03	0. 05	0. 02	0. 04	0. 07	0. 02	0. 03	0. 02	0. 03
密云区	0. 33	0. 06	0. 03	0. 03	0. 04	0. 03	0. 03	0. 1	0. 08	0. 06
延庆区	0. 46	0. 04	0. 04	0. 04	0. 04	0. 13	0. 11	0. 08	0. 09	0. 11

注：由于数值较小，表中数据在原有计算数据基础上乘以 10 得到，以便于观察。

表 4　北京各区科普重视程度发展指数（2008～2017 年）

各区	2008 年	2009 年	2010 年	2011 年	2012 年	2013 年	2014 年	2015 年	2016 年	2017 年
东城区	0. 26	0. 04	0. 15	0. 07	0. 12	0. 1	0. 1	0. 09	0. 09	0. 09
西城区	3. 34	0. 12	0. 13	0. 13	0. 09	0. 09	0. 09	0. 03	0. 04	0. 09
朝阳区	3. 08	0. 25	0. 08	0. 1	0. 12	0. 13	0. 1	0. 1	0. 17	0. 14
丰台区	0. 28	0. 02	0. 06	0. 13	0. 09	0. 04	0. 04	0. 04	0. 1	0. 05
石景山区	0. 15	0. 06	0. 03	0. 03	0. 04	0. 04	0. 03	0. 04	0. 07	0. 03

续表

各区	2008 年	2009 年	2010 年	2011 年	2012 年	2013 年	2014 年	2015 年	2016 年	2017 年
海淀区	1. 17	0. 31	0. 19	0. 11	0. 12	0. 07	0. 09	0. 04	0. 05	0. 07
门头沟区	0. 1	0. 07	0. 02	0. 02	0. 02	0. 02	0. 02	0. 03	0. 09	0. 05
房山区	0. 15	0. 02	0. 01	0. 01	0. 02	0. 03	0. 01	0. 02	0. 02	0. 02
通州区	0. 14	0. 02	0. 01	0. 01	0. 02	0. 02	0. 01	0. 01	0. 03	0. 03
顺义区	0. 16	0. 03	0. 03	0. 01	0. 01	0. 03	0. 03	0. 03	0. 02	0. 02
昌平区	0. 45	0. 38	0. 17	0. 15	0. 14	0. 02	0. 02	0. 04	0. 07	0. 01
大兴区	0. 3	0. 05	0. 03	0. 03	0. 03	0. 03	0. 03	0. 03	0. 01	0. 01
怀柔区	0. 13	0. 03	0. 03	0. 03	0. 04	0. 03	0. 04	0. 04	0. 05	0. 03
平谷区	0. 22	0. 03	0. 03	0. 02	0. 03	0. 02	0. 01	0. 02	0. 02	0. 03
密云区	0. 26	0. 05	0. 02	0. 02	0. 03	0. 03	0. 03	0. 04	0. 05	0. 03
延庆区	0. 53	0. 05	0. 04	0. 04	0. 04	0. 05	0. 08	0. 05	0. 05	0. 05

表 5　北京各区科普传媒发展指数（2008～2017 年）

各区	2008 年	2009 年	2010 年	2011 年	2012 年	2013 年	2014 年	2015 年	2016 年	2017 年
东城区	0. 02	0. 02	0. 05	0. 06	0. 2	0. 05	0. 06	0. 23	0. 2	1. 17
西城区	0. 16	0. 08	0. 05	0. 16	0. 16	0. 31	0. 21	0. 23	0. 23	0. 65
朝阳区	0. 44	0. 27	0. 32	0. 37	0. 32	0. 37	0. 23	0. 31	0. 27	12. 54
丰台区	0. 01	0	0. 01	0. 04	0. 04	0. 03	0. 03	0. 03	0. 09	1. 43
石景山区	0. 01	0. 01	0	0. 01	0	0. 14	0. 06	0. 08	0. 07	0. 13
海淀区	0. 14	0. 33	0. 34	0. 21	0. 29	0. 21	0. 17	0. 38	0. 25	1. 42
门头沟区	0. 01	0	0	0. 01	0. 01	0. 01	0	0. 01	0	0. 01
房山区	0. 01	0	0	0	0. 01	0. 01	0. 01	0. 01	0. 01	0. 16
通州区	0	0	0	0. 01	0	0	0	0. 01	0	0. 09
顺义区	0	0	0	0	0	0	0	0. 02	0. 01	0. 42
昌平区	0. 01	0. 02	0. 01	0. 01	0. 01	0. 02	0. 03	0. 03	0. 02	0. 5
大兴区	0. 02	0. 01	0	0	0	0. 01	0. 01	0. 01	0. 02	1. 19
怀柔区	0. 01	0	0. 01	0. 01	0. 01	0. 01	0	0. 03	0. 01	0. 44
平谷区	0	0	0	0	0. 01	0	0	0. 01	0. 01	0. 46
密云区	0	0	0	0	0. 01	0. 01	0. 01	0. 01	0. 01	0. 26
延庆区	0. 01	0. 01	0	0	0. 01	0. 01	0. 01	0. 02	0. 01	0. 84

表 6　北京各区科普活动发展指数（2008～2017 年）

各区	2008 年	2009 年	2010 年	2011 年	2012 年	2013 年	2014 年	2015 年	2016 年	2017 年
东城区	0.23	0.53	1.63	0.61	1.3	0.58	0.49	1.51	1.43	0.36
西城区	1.24	0.92	1.1	1.65	1.72	1.49	1.81	1.3	1.93	1.11
朝阳区	0.05	1.87	1.37	2.31	1.84	1.57	2.15	2.44	3.76	2.4
丰台区	0.21	0.17	0.09	0.26	0.19	0.63	0.23	0.43	0.21	0.76
石景山区	0.05	0.02	0.29	0.15	0.07	0.24	0.09	0.34	0.15	0.04
海淀区	0.04	4.21	3.31	1.99	2.34	1.88	2.54	2.12	3.45	3.04
门头沟区	0	0.06	0	0.05	0.08	0.22	0.18	0.35	0	0.08
房山区	0.13	0.05	0.06	0.04	0.22	0.15	0.07	0.22	0.41	0.12
通州区	0.06	0.03	0.45	0.42	0.04	0.12	0.1	0.08	0.2	0.23
顺义区	0.13	0.21	0.11	0.09	0.23	0.16	0.16	0.13	0.05	0.14
昌平区	0.05	0.36	0.45	0.29	0.34	0.6	0.31	0.32	0.41	0.3
大兴区	0.17	0.09	0.17	0.26	0.15	1.36	0.3	0.39	0.11	0.25
怀柔区	0	0	0.04	0.13	0.05	0.08	0.12	0.12	0.07	0.04
平谷区	0	0.07	0.07	0.04	0.09	0.1	0.08	0.06	0.06	0.02
密云区	0.01	0.05	0	0.03	0.12	0.11	0.14	0.15	0.07	0.02
延庆区	0.02	0.01	0.02	0.01	0.15	0.15	0.15	0.19	0.17	0.12

注：科技竞赛次数和实用技术培训两项二级指标自 2009 年开始统计，因此以 2009 年为标杆期，2008 年指数值记为 0。

表 7　北京各区科普场馆发展指数（2008～2017 年）

各区	2008 年	2009 年	2010 年	2011 年	2012 年	2013 年	2014 年	2015 年	2016 年	2017 年
东城区	0.05	0.11	0.05	0.05	0.19	0.06	0.13	0.21	0.12	0.08
西城区	0.56	0.04	0.06	0.07	0.22	0.28	0.46	0.55	0.41	0.51
朝阳区	0.35	0.51	0.54	0.56	2.14	1.24	1.3	0.26	0.88	1.29
丰台区	0.11	0.1	0.09	0.09	0.22	0.1	0.28	0.17	0.17	0.22
石景山区	0.11	0.19	0.18	0.18	0.2	0.18	0.18	0.13	0.17	0.12
海淀区	0.37	0.76	0.76	0.75	0.44	0.28	0.8	1.72	1.68	0.29
门头沟区	0.09	0.11	0.1	0.09	0.09	0.09	0.08	0.15	0.07	0.08
房山区	0.02	0.01	0.01	0	0.02	0.2	0.01	0.1	0	0.1
通州区	0.08	0.08	0.08	0.08	0.22	0.08	0.08	0.14	0.14	0.07
顺义区	0.02	0.01	0.02	0.02	0.01	0.02	0.03	0.1	0	0.27
昌平区	0.01	0.02	0.01	0.02	0.16	0.17	0.17	0.24	0.29	0.08

续表

各区	2008 年	2009 年	2010 年	2011 年	2012 年	2013 年	2014 年	2015 年	2016 年	2017 年
大兴区	0.03	0.12	0.18	0.18	0.11	0.39	0.2	0.01	0.08	0.09
怀柔区	0.01	0.01	0.01	0.02	0.02	0.02	0.72	0.11	0.01	0.13
平谷区	0.02	0.01	0.01	0	0.01	0	0.07	0.21	0	0
密云区	0.02	0.04	0.04	0.05	0.22	0.18	0.16	0.17	0.12	0.11
延庆区	0.02	0.01	0.01	0.01	0.1	0.1	0.1	0.1	0.09	0.08

表 8 北京城市区域科普发展指数（2008～2017 年）

城市区域科普发展指数										
区域	2008 年	2009 年	2010 年	2011 年	2012 年	2013 年	2014 年	2015 年	2016 年	2017 年
核心功能区	8.780	2.610	4.230	3.720	5.010	4.430	4.430	5.010	5.520	5.420
城市功能拓展区	9.890	11.990	10.960	9.940	11.380	9.920	10.700	11.180	14.890	26.570
城市发展新区	2.560	2.110	2.250	2.000	2.350	4.360	2.270	2.680	2.580	4.770
生态涵养发展区	1.840	0.890	0.730	0.820	1.370	1.560	2.500	2.380	1.550	3.510
城市区域各区平均发展指数										
区域	2008 年	2009 年	2010 年	2011 年	2012 年	2013 年	2014 年	2015 年	2016 年	2017 年
核心功能区	4.390	1.305	2.115	1.860	2.505	2.215	2.215	2.505	2.760	2.710
城市功能拓展区	2.473	2.998	2.740	2.485	2.845	2.480	2.675	2.795	3.723	6.643
城市发展新区	0.512	0.422	0.450	0.400	0.470	0.872	0.454	0.536	0.516	0.954
生态涵养发展区	0.368	0.178	0.146	0.164	0.274	0.312	0.500	0.476	0.310	0.702

注：核心功能区：东城区、西城区；城市功能拓展区：朝阳区、海淀区、丰台区、石景山区；城市发展新区：通州区、顺义区、大兴区、昌平区、房山区（北京科普统计数据中不包含亦庄开发区，故不列该区）；生态涵养发展区：门头沟区、平谷区、怀柔区、密云区、延庆区。

Abstract

The National Science and Technology Innovation Center is a new strategic positioning given to Beijing by the Party Central Committee under the national innovation-driven strategy. As the region with the most abundant science popularization resources in the country, Beijing has the responsibility to serve the national strategy, give full play to high-quality science popularization resources, and further play a leading role in the construction of the national science and technology innovation center.

In this Point, the Beijing Science and Technology Communication Center and the Chinese Academy of Social Sciences released the third "Beijing Science Popularization Blue Book: Beijing Science Popularization Development Report (2019 – 2020)". Based on the first two parts, this book focuses on the core goal of building a technological innovation center with global influence, focusing on the supply-side structural reform of science and technology, technological support to win the new crown epidemic prevention and control battle, three cities and one district Construction, international development and other key content, conduct research from multiple angles, levels, and channels to help enhance the capacity building of Beijing's popular science.

This book is divided into 5 parts: the main report, the supply side, the popular science, the internationalization, and the case. The main report summarizes the highlights of the management and resource construction of the Beijing Science Popularization Organization in recent years, calculates the Beijing Science Development Index, and interprets 2020. Key tasks of science popularization, strengthening the open cooperation of science popularization and popularization among key populations, and providing countermeasures and suggestions on the national innovation-driven strategy of science popularization services in Beijing; supply side articles on the promotion of science public service capacity, high-quality development of science popularization resources, youth science popularization work, and science supply capacity Strengthen and use big data technology in scientific work to carry out theoretical discussions; research on the concept of Beijing's popular science, enhance the popularization of Beijing's philosophy and social sciences, develop special research on the development of new media and new formats of Beijing's popular science and the integration of Beijing, Tianjin and Hebei's popular science; Internationalization section summarizes the experience of social resource services in Beijing Science Popularization, the "Three Cities and One District" series of science popularization activities, the construction of the Science and Technology Week event platform, and Beijing Science Popularization Internationalization; the case chapter from Beijing, Tianjin and Hebei through big data technology collaboration and The related cases of science popularization of Chinese medicine in response to the new crown epidemic show the tremendous role of science popularization.

This book provides data support and theoretical support for Beijing to better carry out science popularization work with rich data, vivid cases, and in-depth analysis, and strives to provide useful reference for Beijing and national science popularization workers.

Keywords: Science Popularization Industry; "Big Popular Science"; Science Popularization Internationalization

Contents

Ⅰ General Report

B. 1 Report on the Development of Science Popularization in Beijing (2019 ~ 2020)

Li Qun, Sun Yong, Gao Chang, Deng Aihua and Liu Tao / 001

Abstract: Beijing's science popularization work is guided by Xi Jinping's new era of socialist ideas with Chinese characteristics, coordinated advancement, and participation of social organizations to strengthen the capacity of science popularization, build a science and technology innovation center with global influence for Beijing, and build a world-class harmonious and livable capital. Create a good environment for innovation and culture. The report summarizes the development achievements of Beijing's science popularization in 2019. According to calculations, the Beijing science popularization development index in 2017 was 4.81, a decrease of 0.27 compared to 2016. The growth of Beijing's science popularization career changed from high-speed growth to medium-high speed. There has been no change. The development of science popular media, especially new media, has provided greater impetus for Beijing's science popularization. The "East, West, Chao, Hai" four districts are the main engines for the development of science popularization in Beijing. From the implementation of special science popularization activities, strengthen the popularization and popularization of science popularization among key populations. propose. The report summarizes and evaluates the development of Beijing's popular science under the major tasks of building a national science and technology innovation center. Provided scientific decision basis and research materials for Beijing science popularization work.

Keywords: Science Popularization; Citizen Scientific Literacy; Comprehensive Evaluation of Science Popularization

Ⅱ Supply Side Reports

B. 2 Research on the Public Service Ability of Beijing's Science Popularization *Qiu Chengli* / 038

Abstract: popular science public service is an important part of urban popular science. Beijing has good science popularization infrastructure, high quality science popularization resources and perfect science popularization service system, thus creating a good condition and platform for the development of science popularization in Beijing. Beijing vigorously strengthen the construction of science and technology museum, museum of science and technology category, the construction of a number of popular science base, popular science community public service facilities, promote the scientific research institutions and universities open to the public to carry out the science popularization activities, organize public science popularization activities of Beijing science and technology week, funding science popularization creation and publishing, pay attention to the construction of professional science talent team, set up a series of science communication and professional title, the walk in the forefront of the national public science popularization service capacity, the enthusiasm of public participation in science is very high, the Beijing municipal public science popularization ability is in the lead, the Beijing municipal science and technology innovation ability enhancement, the construction of the national science and technology innovation center has played an important basic role.

Keywords: Public Service of Science Popularization; Science Popularization Facilities; Science Popularization Activities

B. 3 Study on High Quality Supply of Beijing Popular Science

Sun Wenjing, Gao Chang / 051

Abstract: Beijing popular science keeps top-ranked nationwide. This paper analyzes Beijing popular science supply form six aspects: human resources, areas, funds, mediums, activities, and innovation. Analyzing characteristics of Beijing popular science, this paper points out the main problems of Beijing popular science supply facing the new needs and environments, and puts forward the way to improve Beijing popular science supply.

Keyword: Supply of Popular Science; Popular Science Resources; Beijing

B. 4 Beijing Youth Science and Technology Club Science and Technology Talent Early Exploration and Practice of Discovery and Cultivation

Zhu Guangqing, Zhou Lin and Yan Fang / 064

Abstract: This article around the Beijing youth science and technology (hereinafter referred to as the club) for 20 years exploration practice in youth science and technology talents training, development of club since its inception, the club's science education practice experience and deep insight into results, comparing the club science education practice and the U. S. STEM education the similarities and differences, in order to cultivate talents of science and technology in our country and the practice of science education reform and development to provide the reference.

Keywords: Youth Science and Technology Club; Science and Technology Talent; Model of Science Education

B. 5 Advices of Prevent and Dissolve Major Risks and Enhance the Supply Capacity of Beijing Popular Science Services

Wang Wei / 075

Abstract: With the frequent occurrence of various public emergencies, There are huge challenges to the social public safety. The new requirements for the science popularization services supply had been put forward. The article starts with coping with the status quo and challenges of the science popularization ability to handle emergency public events, and proposes to improve the service system, strengthen policies and regulations, enhance the construction of science popularization positions and talent teams, strengthen the integration of information resources, and expand the main activities of science popularization to prevent and resolve major risks. Suggestions to enhance the supply capacity of Beijing science popularization services.

Keywords: Public Emergencies; Emergency Science Popularization; Popularization Science Service Supply

B. 6 Supply Side Reform of Science Popularization in the Era of Big Data

—*Research on the Supply Mode of "Intelligence +" Science Popularization in Beijing*

Bi Ran, *Sun Yong* / 085

Abstract: With the advent of the era of big data, the continuous development and maturity of cloud computing, big data and artificial intelligence technology provide a new powerful starting point for the supply side reform in the field of science popularization. In the era of big data, the supply and demand of science popularization have changed profoundly, which has a huge impact on traditional science popularization. Therefore, it is imperative to reform the supply side of traditional science popularization by using the increasingly mature new technology to carry out the new mode of "intelligent plus" science popularization. This paper first analyzes the feasibility and challenges of "intelligent plus" science popularization from the perspective of technology, then introduces Beijing's advanced practice in "intelligent plus Science Popularization", and summarizes it as the Beijing supply mode of "intelligent plus" science popularization of "point, line and surface", finally, from the establishment of science popularization information platform, the technical analysis of science popularization demand and the enhancement of science popularization personnel's learning of new technology Some suggestions are put forward.

Keywords: Intelligent Plus Science Popularization; Supply-side Reform in Science Popularization; Big data; Cloud Computing

Ⅲ "Big Science Popularization" Reports

B. 7 Research on the Idea of Beijing Promotes "Big Science Popularization" *Niu Guiqin* / 102

Abstract: This paper has studied the idea that Beijing promotes "Big Science Popularization" based on Communication theory, from the multiple dimensions such as Science Popularization subjects, resources, content, method and effect etc. Firstly, the idea of Science Popularization has been defined and the concept of "Big Science Popularization" has been explained up-to-date. Secondly, it has been analyzed that the fusion idea that Science Popularization work in Beijing should follow in accordance with the relevant policy. Thirdly, the innovations of Fusion Science Popularization Idea in Beijing has been be excavated by analyzing innovation practices of Science Popularization work in recent years (especially typical cases). At last, we puts forward some suggestions for the development in the future in the light of the new demand.

Keywords: "Big Science Popularization"; Fusion Science Popularization; Science Popularization Idea

B. 8 Promoting the Popularization of Beijing's Philosophy and Social Sciences

Liu Tao / 133

Abstract: For a long time, the focus of science popularization has been on the aspects of natural science and technology, and the popularization of scientific spirit and ideas has been absent. Based on the significance of popularizing science in philosophy and society, this report puts forward some suggestions on promoting the popularization of philosophy and social science, combining with the construction of Beijing science and technology innovation center and cultural center, in the aspects of system and mechanism connection, popularization of social science and creation of popular works.

Keywords: Philosophy and Social Sciences; Natural Sciences; Science Popularization

B. 9 Research on the New Development of the New Form of Beijing Science Popularization New Media

Liu Jiwei, Min Suqin, Zhou Yiyang and Qu Wen / 142

Abstract: Based on the development of new media for science popularization in Beijing, this report analyzes the changes and differences in the dissemination of science popularization under the new form, points out the advantages and disadvantages in the current work of science popularization. The countermeasures and Suggestions are given from the following aspects: the fusion of popular science communication forms, the allocation of science popularization resources, the updating of science popularization concept, and the mechanism of science popularization work, so as to promote the science popularization of Beijing.

Keywords: "Big Science Popularization"; Science Popularization New Media; Popular Science Communication

B. 10 The Integration and Trends of Culture and Technology in Beijing-Tianjin-Hebei *Hou Yuwei*, *Li Mao* / 159

Abstract: The coordination of culture is an important breakthrough in the development of Beijing-Tianjin-Hebei, while the integrated development of culture and technology is an important starting point and the main way for the coordination of Beijing-Tianjin-Hebei. The deep integration of culture and technology in the Beijing-Tianjin-Hebei region promotes the coordinated development of Beijing-Tianjin-Hebei. It also helps to strengthen the transformation and upgrading of the cultural industry in the region, improve quality and efficiency, and it is more conducive to the transformation and development of the Beijing-Tianjin-Hebei region. This article analyzes the connotation and mechanism of the integration of culture and science and technology, then sorts out and analyzes the current status of the development of the integration of culture and technology in Beijing-Tianjin-Hebei, points out the problems in the current integration and development, and finally points out the key trends of integration of culture and technology in Beijing-Tianjin-Hebei. .

Keywords: Beijing-Tianjin-Hebei Integration; Cultural Synergy; Technology Integration

Ⅳ Internationalization Reports

B. 11 Research on Two-way Internationalization Development of Science Popularization Industry in Beijing *Si Haiping*, *Gao Chang* / 169

Abstract: With the increasing innovation of science and technology products and services, Beijing's popular science industry needs two-way international development and a more open and rich format environment, so that the science and technology industry can continue to extend to the depth and breadth, and maintain sustained and healthy development. This report first analyzes the theoretical and practical significance of the bidirectional internationalization development of the science and technology industry, and then examines the current situation of the two-way internationalization of the science and technology industry, and explores the problems existing in the process of "going global" and "bringing in". Finally, it puts forward some policy suggestions on how to strengthen and optimize the two-way internationalization development of the science and technology industry.

Keywords: Beijing; Popular Science Industry; Two-way Internationalization

B. 12 To Build A Brand of Science Popularization in Beijing and Enhance the International Influence of Science Popularization in China *Li Enji*, *Hao Qin* / 184

Abstract: The popularization of science in Beijing has progressed from the popularization of scientific knowledge in the traditional sense to the stage of "big popularization of science", including the popularization of science, the dissemination of science and technology, and the construction of scientific quality. At this stage, the spread of science and technology and science in order to realize from the local to the transition of the organic combination of localization and regionalization, internationalization, must strengthen scientific brand cultivation, and the "Beijing" much starker choices-and graver consequences-in "popularization of science and technology development planning, also for Beijing science development in the next five years to make the system planning and forward-looking layout, put forward " foster more than five science brand activities with national or international influence ". In view of this, this report takes Beijing popular science brands as the research object, summarizes the current situation and problems of existing brand activities in Beijing, and tries to propose targeted brand cultivation strategies based on the successful experience of Edinburgh international science festival.

Keywords: Popular Science Brand; International Influence; Edinburgh International Science Festival

B. 13 Research on the Construction of Beijing's "Three Cities and One District" to Lead China's Popular Science Internationalization *Zu Hongdi* / 197

Abstract: "Three cities and one district" is the main platform for Beijing to build a national science and technology innovation center, which provides a good support for the development of high-tech industries. The popularization of major scientific and technological achievements of the "Three Cities and One District" main platform will greatly satisfy the public's need for awareness, understanding, familiarity and even use of high-end scientific and technological resources. This article summarizes the science popularization work carried out in the "three cities and one district" in the past three years, analyzes the challenges facing the internationalization of science popularization in the "three cities, one district", and points out the limitations of the internationalization of science popularization in the "three cities and one district" . The countermeasures and suggestions for the internationalization of science popularization in Beijing's "three cities and one district" are put forward.

Keywords: "Three Cities and One District"; Popular Science Internationalization; Popular Science Brand Activity

V Case Reports

B. 14 The New Theory and Technology Advance of Historic Conservation Supported by Scientific Technology

Xu Wenjie / 208

Abstract: Historic conservation has systematically developed for only a century in China. Because of the rapid development of social science and natural science, conservators have achieved in-depth recognition and understanding of the concept and practice of conservation. The restoration technology has also advanced greatly. In recent years, the conservation field has had heated discussions over theory and principles. More high-tech equipment, technologies and methods have been introduced into conservation practices. This report provides a brief review on the new concepts and advanced technologies adopted in conservation practice and takes a look into the future for museums in Beijing area.

Keywords: Historic Conservation Concept; Historic Conservation Technology; Beijing Museums

B. 15 Scientific Fight the 2019-nCov Eepidemic-Based on Beijing-Tianjin-Hebei Epidemic Distribution Map Query and Daily Situation Analysis System

Mao Weina, Yu Yixin, Tong Aixiang and Miao Runlian / 220

Abstract: Since the occurrence of 2019-nCov, the vast number of scientific and technological workers have contributed to epidemic prevention and resistance with their full strengths, devoted themselves to scientific research, participated in the popularization of science. BJSTINFO had studied and implemented the important instructions of general secretary xi jinping, developed the advantage of science and technology intelligence agencies, Organization scientific research personnel in the fields of big data information analysis and geographic information systems in the first time, production released the Beijing-Tianjin-Hebei space-time analysis, the Beijing daily daily epidemic outbreak space-time analysis briefing, and emergency launch the Beijing-Tianjin-Hebei epidemic distribution map query system, visualization of the outbreak of real-time data can be converted to popular science materials, help promote science and resistance to disease.

Keywords: 2019-nCov Pneumonia; Visualization; Beijing-Tianjin-Hebei

B. 16　Play the Role of Blockchain in Science Popularization

Li Qun, Li Ye and Chen Yiyan / 230

Abstract: Science popularization is an important way to improve the scientific quality of citizens. The emergence of emerging technologies has promoted the evolution and innovation of the popular science model. This report explains the characteristics of blockchain technology, analyzes the application prospects of blockchain technology in science popularization in detail, and combines the current situation of science popularization in Beijing to optimize the allocation of science popularization resources, guarantee of funding for scientific popularization, and scientific work planning the future outlook. Finally, the possible negative effects of blockchain technology in the popularization work are summarized, and countermeasures and suggestions such as the development of "green popular science blockchain" and the improvement of relevant laws and regulations are put forward.

Keywords: Blockchain; Popular Science Work; Technology Empowerment

Ⅵ Regional Reports

B. 17 Diversified and High-Quality Development of Popular Science Products in Haidian District

Zhou Xuezheng, Mao Weina Zhang Hongyuan and Liu Lingli / 241

Abstract: The science popularization resources is abundant in Haidian District, Beijing. The work of science popularization focuses on serving the overall circumstances of the center and closely following the construction of the National Science and Technology Innovation Center. The activities of science popularization are distinctive, which is showing the diversification and high quality of science popularization products. On the one hand, the 'National Science Popularization Day' home activities, 'National Science and Technology Week' activities, 'Spring of Science Popularization' activities and 'Summer of Science Popularization' activities should be fully utilized, on the other hand, various kinds of science popularization activities towards various groups should be carry out as well. Combining hot spots and market demands, Haidian District' s superiority of science popularization endowment could be brought into full play. Through the investigation and case study, this report provides relevant development suggestions in terms of the connotation development , performance evaluation of science popularization activities and brand service. Which provides help for Haidian Science Popularization development to be integrated into Beijing-Tianjin-Hebei region, in terms of construction of national science and technology innovation center, establishment of Haidian science popularization brand, and creation of national example.

Keywords: Haidian District; Science Popularization Products; Science Popularization Brand

B. 18　Building a Refined Management Matrix to Lead Popular Science Services Supply-Side Reform in Beijing Xicheng District

Mao Weina, Li Peng and Sun Yanyan / 260

Abstract: Xicheng District takes advantages of science popularization resources and constrcts a delicacy management matrix of science popularization based on the joint association of science popularization work and street community. A series of characteristic and pro-people science popularization activities have been carried out with the business expertise of the members of the joint association and the district location advantages. In recent years, Xicheng District has shown great characteristics in science popularization branding, democracy, accuracy and coordination, but there are lower than in interactive science popularization activities and still some larger space in service objects of science popularization. The suggestion is that in the future, the principal part of science popularization service and the forms and means of science popularization content supply should be improved, so as to accelerate the supply-side reform of science popularization services in Xicheng district

Keywords: Beijing Xicheng District; Science Popularization Work; Refined Management Matrix

B. 19　Chaoyang District: Typical and Demonstrative Projects Drive Science and Technology Service Capability Enhancement

Miao Runlian, Xing Jie and Li Mei / 274

Abstract: The development of science popularization needs to be driven by typical cases and special events. By making use of its resources endowment advantage and the rich resources of science in Beijing, Chaoyang District fully arouse the enthusiasm of the grass-roots in popular science demonstration project and characteristic activities. They have created a characteristic way of popular science development in utilization of resources, creation activities and construction of community science popularization. It provides reference for the development of science popularization in other places.

Keywords: Beijing Chaoyang District; Popular Science Service; Popular Science Education

皮书

智库报告的主要形式
同一主题智库报告的聚合

✧ 皮书定义 ✧

皮书是对中国与世界发展状况和热点问题进行年度监测，以专业的角度、专家的视野和实证研究方法，针对某一领域或区域现状与发展态势展开分析和预测，具备前沿性、原创性、实证性、连续性、时效性等特点的公开出版物，由一系列权威研究报告组成。

✧ 皮书作者 ✧

皮书系列报告作者以国内外一流研究机构、知名高校等重点智库的研究人员为主，多为相关领域一流专家学者，他们的观点代表了当下学界对中国与世界的现实和未来最高水平的解读与分析。截至 2020 年，皮书研创机构有近千家，报告作者累计超过 7 万人。

✧ 皮书荣誉 ✧

皮书系列已成为社会科学文献出版社的著名图书品牌和中国社会科学院的知名学术品牌。2016 年皮书系列正式列入“十三五”国家重点出版规划项目；2013~2020 年，重点皮书列入中国社会科学院承担的国家哲学社会科学创新工程项目。

S 基本子库
UB DATABASE

中国社会发展数据库（下设 12 个子库）

整合国内外中国社会发展研究成果，汇聚独家统计数据、深度分析报告，涉及社会、人口、政治、教育、法律等 12 个领域，为了解中国社会发展动态、跟踪社会核心热点、分析社会发展趋势提供一站式资源搜索和数据服务。

中国经济发展数据库（下设 12 个子库）

围绕国内外中国经济发展主题研究报告、学术资讯、基础数据等资料构建，内容涵盖宏观经济、农业经济、工业经济、产业经济等 12 个重点经济领域，为实时掌控经济运行态势、把握经济发展规律、洞察经济形势、进行经济决策提供参考和依据。

中国行业发展数据库（下设 17 个子库）

以中国国民经济行业分类为依据，覆盖金融业、旅游、医疗卫生、交通运输、能源矿产等 100 多个行业，跟踪分析国民经济相关行业市场运行状况和政策导向，汇集行业发展前沿资讯，为投资、从业及各种经济决策提供理论基础和实践指导。

中国区域发展数据库（下设 6 个子库）

对中国特定区域内的经济、社会、文化等领域现状与发展情况进行深度分析和预测，研究层级至县及县以下行政区，涉及地区、区域经济体、城市、农村等不同维度，为地方经济社会宏观态势研究、发展经验研究、案例分析提供数据服务。

中国文化传媒数据库（下设 18 个子库）

汇聚文化传媒领域专家观点、热点资讯，梳理国内外中国文化发展相关学术研究成果、一手统计数据，涵盖文化产业、新闻传播、电影娱乐、文学艺术、群众文化等 18 个重点研究领域。为文化传媒研究提供相关数据、研究报告和综合分析服务。

世界经济与国际关系数据库（下设 6 个子库）

立足“皮书系列”世界经济、国际关系相关学术资源，整合世界经济、国际政治、世界文化与科技、全球性问题、国际组织与国际法、区域研究 6 大领域研究成果，为世界经济与国际关系研究提供全方位数据分析，为决策和形势研判提供参考。

法律声明